浙江省普通高校"十三五"新形态教材
工业软件产教融合职业技能人才培养系列教材

U0192397

UG NX 12.0 产品创新设计实战精讲

赵 军 王媛媛 著

电子工业出版社
Publishing House of Electronics Industry
北京·BEIJING

内 容 简 介

本书融合大量的真实项目案例和实践素材，详细地介绍了一些产品或零部件在使用UG软件进行产品设计中的操作步骤，可以为机械类、设计类等专业的学生在UG软件技能、产品创新设计等众多实践实训环节中提供必要的创新思维引导方法和用三维设计软件进行设计的技巧。本书可以帮助学生增强对产品创新设计的感性认识，熟悉三维设计软件进行产品设计的完整流程，掌握产品设计技能的必要途径。

本书共6章，全部以案例讲解为主，其中，第1章讲解过滤盘、PDA面板、座椅曲面等较为简单的零部件或曲面产品的UG软件建模过程；第2章讲解电动车安全充电插座设计案例；第3章讲解转换插头创新设计案例；第4章讲解户外防水插座创新设计案例；第5章讲解硅胶米糕模具创新设计案例；第6章讲解太阳能随身充外观创新设计案例。其中第2、3、5章都是真实的企业项目案例，第4、6章都是国内设计大赛获奖作品的设计案例，具有较高的创新性和实践性。同时，每个案例章节后面都有相应的视频和课外拓展资源等新形态的电子资源，读者只需用手机扫描二维码即可进入学习和下载，对于提高学生创新设计技能和UG软件设计实践水平非常有效。

未经许可，不得以任何方式复制或抄袭本书之部分或全部内容。

版权所有，侵权必究。

图书在版编目（CIP）数据

UG NX 12.0 产品创新设计实战精讲/赵军，王媛媛著. —北京：电子工业出版社，2022.3
ISBN 978-7-121-43102-9

Ⅰ.① U…　Ⅱ.①赵…　②王…　Ⅲ.①工业产品-产品设计-计算机辅助设计-应用软件
Ⅳ.① TB472-39

中国版本图书馆CIP数据核字（2022）第042712号

责任编辑：康静
印　　刷：北京盛通数码印刷有限公司
装　　订：北京盛通数码印刷有限公司
出版发行：电子工业出版社
　　　　　北京市海淀区万寿路173信箱　　邮编　100036
开　　本：787×1092　1/16　　印张：17　　字数：425.6千字
版　　次：2022年3月第1版
印　　次：2025年1月第4次印刷
定　　价：52.00元

凡所购买电子工业出版社图书有缺损问题，请向购买书店调换。若书店售缺，请与本社发行部联系，联系及邮购电话：（010）88254888，88258888。

质量投诉请发邮件至 zlts@phei.com.cn，盗版侵权举报请发邮件至 dbqq@phei.com.cn。

本书咨询联系方式：（010）88254609，hzh@phei.com.cn。

前　　言

如何成为一个好的工业设计师呢？一个优秀的工业设计师应该具备灵活的创新思维能力、熟练的手绘表达技能、较强的设计软件应用能力和优秀的设计基本素养。本书从项目实战化的角度对UG NX 12.0软件的应用和实操进行了详细的讲解。

本书可以为设计类、机械类等专业的学生、初入行者、助理设计师等人群在UG软件命令熟悉、应用实操等方面提供必要的学习指导和参考。本书可以帮助读者增强对产品设计的感性认识，提升他们对产品结构、外观等设计方面的细节感知。 阅读本书可以使读者熟悉产品设计的完整流程，掌握产品设计中UG等设计软件的作用和应用方式，了解如何利用UG软件进行产品细节和结构设计。本书最大的特点就是实践性强，理论与实际结合，案例多而新，而且大部分案例都是企业真实项目设计案例或是国内外知名竞赛的设计获奖案例，这些案例不仅可以启发读者的创新灵感，还详细地演示了UG建模过程，对读者的学习、理解很有帮助。

在当今社会计算机技术日益盛行的今天，许多设计师只顾掌握软件的基本操作，认为只要熟练掌握电脑软件就可以驰骋设计界了，但是，从长远来看，电脑设计软件只是一种工具。只有真正理解设计的方法、产品细节和结构的塑造原理、创新思维与方法，才能合理地应用设计软件进行产品设计。本书的案例一般都比较简单，使用的软件命令往往不会太深奥，命令重复性较多，但基本都是按照设计师对于产品设计的理解和设计的常用技巧进行的UG建模展示，因此借鉴性较强。

本书编写尚有不足之处，敬请批评指正。

目 录

第1章 UG产品设计基础案例

【学习目标】

◎ 了解过滤盘的 UG 建模过程。

◎ 了解 PDA 面板的 UG 建模过程。

◎ 了解座椅的曲面 UG 建模过程。

◎ 了解玩具火车车厢细节及结构 UG 建模过程。

【重点难点】

◎ 拉伸、旋转、镜像特征、边倒圆、加厚、壳体等命令的应用。

◎ 各种命令在产品设计中的参数设置。

1.1　过滤盘设计

本实例介绍了一个简单榨汁机过滤盘的设计过程。例中主要讲述旋转、拉伸、阵列特征、拔模、边倒圆等特征命令的应用。在创建特征的过程中，特别要注意所用命令的使用细节和注意事项。过滤盘设计效果图如图 1.1.1 所示。

过滤盘的零件模型及相关的模型树如图 1.1.2 所示。

图 1.1.1　过滤盘设计效果图

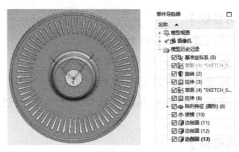

图 1.1.2　过滤盘的零件模型及其模型树

Step 1. 新建文件。单击 📄 "新建"按钮，系统弹出"新建"对话框。在 模板 区域中选取模板类型为 🔩 模型，在 名称 文本框中输入文件名称"Guolvpan"，单击 确定 按钮，进入建模环境。

Step 2. 创建如图 1.1.3 所示的旋转特征 1。单击下拉菜单中的 插入(S) → 设计特征(E) → 🛢 "旋转"按钮；单击"旋转"对话框中的"绘制截面"按钮 🔲 ，系统弹出"创建草图"对话框，选取 XY 基准平面为草图平面①，单击 确定 按钮，绘制如图 1.1.4 所示的截面草图，然后退出草图环境；在绘图区域中选取 YC 基准轴为旋转轴，并选取原点为指定点；在"旋转"对话框 限制 区域的 开始 下拉列表中选择 📏值 选项，并在其下的 角度 文本框中输入"0"，在 结束 下拉列表中选择 📏值 选项，并在其下的 角度 文本框中输入"360"，其他参数采用系统默认设置；单击 确定 按钮，完成旋转特征 1 的创建。

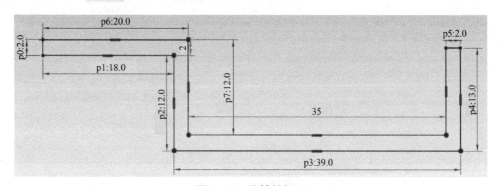

图 1.1.3　旋转特征 1

---

① 注：此处无斜体参照软件界面保留正体，下同。

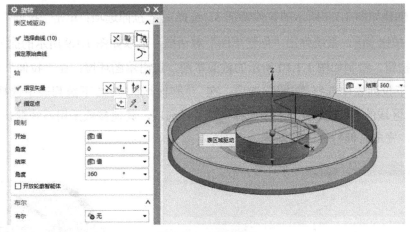

图 1.1.4　截面草图

Step 3. 创建如图 1.1.5 所示的拉伸特征 2。单击下拉菜单中的 插入(S) → 设计特征(E) → "拉伸"按钮；单击"拉伸"对话框中的"绘制截面"按钮 ，系统弹出"创建草图"对话框，选取如图 1.1.6 所示的面为草图平面，单击 确定 按钮，绘制如图 1.1.7 所示的圆，退出草图环境；在"拉伸"对话框限制区域的 开始 下拉列表中选择 贯通 选项；在 限制 区域的 结束 下拉列表中选择 贯通 选项，在 布尔 区域的 布尔 下拉列表中选择 减去 选项，其他参数采用系统默认设置；单击 确定 按钮，完成拉伸特征 2 的创建。

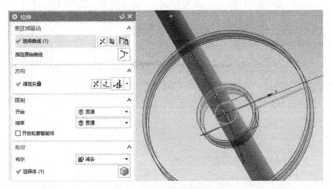

图 1.1.5　拉伸特征 2

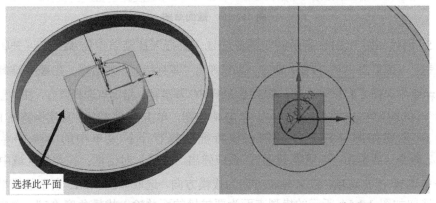

图 1.1.6　草图平面　　　　　　　**图 1.1.7　绘制图**

Step 4. 创建如图 1.1.8 所示的拉伸特征 3。选择 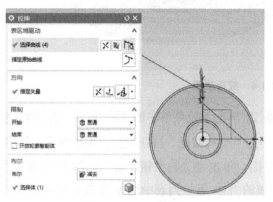拉伸选项；单击"拉伸"对话框中的"绘制截面"按钮 ，系统弹出"创建草图"对话框，选取如图 1.1.9 所示的面为草图平面，单击 确定 按钮，绘制如图 1.1.10 所示的截面草图，退出草图环境；在"拉伸"对话框 限制 区域的 开始 下拉列表中选择 贯通 选项；在 限制 区域的 结束 下拉列表中选择 贯通 选项，在 布尔 区域的 布尔 下拉列表中选择 减去 选项，其他参数采用系统默认设置；单击 确定 按钮，完成拉伸特征 3 的创建。

图 1.1.8　拉伸特征 3

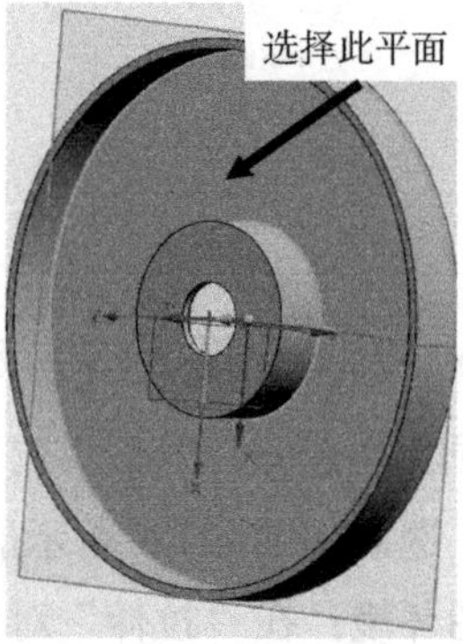

图 1.1.9　草图平面

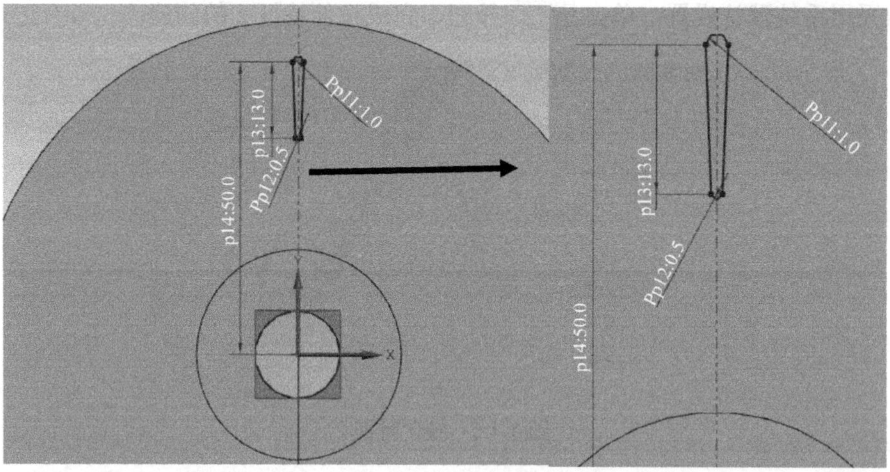

图 1.1.10　截面草图

Step 5. 创建如图 1.1.11 所示的实例特征 1。执行下拉菜单中的 插入(S) → 关联复制(A) → 阵列特征 （或单击 按钮）命令，系统弹出"阵列特征"对话框。在 部件导航器 中选择拉伸 6，在 布局 中选择 圆形 选项，指定矢量 选择 ZC 基准轴，指定点选择原点，在 数量 文本框中输入"60"，在节距角文本框中输入"6"，单击 是 按钮，单击 确定 按钮完成实例特征 1 的创建。

Step 6. 创建如图 1.1.12 所示的拔模特征。执行下拉菜单中的 插入(S) → 细节特征(L) → 拔模(T)... 命令（或单击 拔模 按钮），系统弹出"拔模"对话框；在类型区域中指定矢量 的下拉列表中选择 ZC↑ 选项，以 Z 轴正方向为拔模方向，选取如图 1.1.13 所示的模型表面为固定平面，选取如图 1.1.14 所示的模型表面为要拔模的面并输入拔模角度"5"；单击"拔模"

对话框中的 确定 按钮，完成拔模特征的创建。

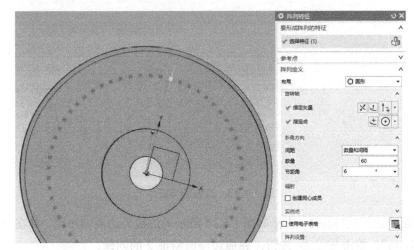

图 1.1.11　实例特征 1

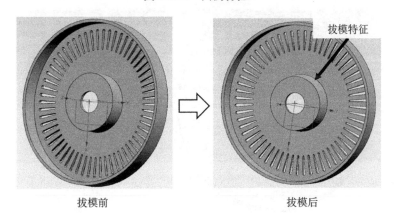

拔模前　　　　　　　　　　　　　　拔模后

图 1.1.12　拔模特征

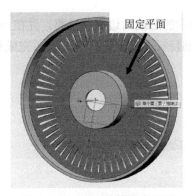

图 1.1.13　定义拔模固定平面

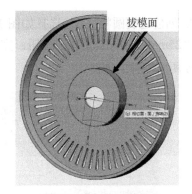

图 1.1.14　定义拔模面

Step 7. 创建边倒圆特征 1。执行下拉菜单中的 插入(S) → 细节特征(L) → 边倒圆(E) 命令（或单击 按钮）在 选择边 区域单击 按钮，选择如图 1.1.15 所示的边线为边倒圆参照，并在半径 1 文本框中输入"4"。单击 确定 按钮，完成边倒圆特征 1 的创建。

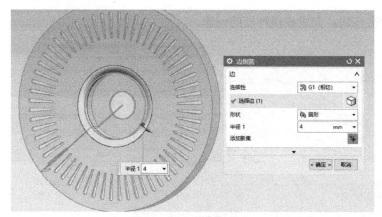

图 1.1.15 边倒圆特征 1

Step 8. 创建边倒圆特征 2。选择如图 1.1.16 所示的边线为边倒圆参照,并在 半径 1 文本框中输入"2mm"。单击 确定 按钮,完成边倒圆特征 2 的创建。

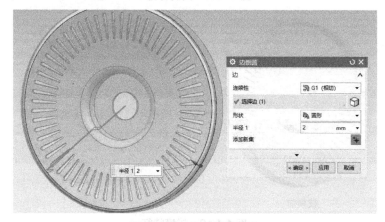

图 1.1.16 边倒圆特征 2

Step 9. 创建边倒圆特征 3。选择如图 1.1.17 所示的边线为边倒圆参照,并在 半径 1 文本框中输入"25mm"。单击 确定 按钮,完成边倒圆特征 3 的创建。边倒圆后完成整个模型,如图 1.1.18 所示零件的创建。

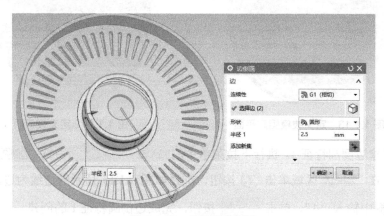

图 1.1.17 边倒圆特征 3

图 1.1.18　边倒圆后完成整个模型零件的创建

注：扫此二维码可下载相应数字资源（含视频及拓展课外资源）。

★提示

　　拔模是为了在模具制造中方便脱模而必须设置的一个步骤，拔模的类型有从平面、从边、与面相切、至分型边四种类型。

　　拔模特征应注意的问题：

　　（1）根据选定的拔模类型，UG 会自动判断某些输入，但您仍要明确指定其他输入，当提供足够的输入后，UG 就能显示结果预览。

　　（2）可为多个体添加一个拔模特征。

　　（3）无论拔模类型是什么，都必须选择一个脱模方向。通常，脱模方向是模具或冲模为了与部件分开而必须移动的方向。

　　（4）如果要拔模的面的法向移向脱模方向，则拔模为正。在一个拔模特征中，可以指定多个拔模角并将每个角指定给一组面。

1.2 PDA 面板设计

PDA 面板的 UG 设计效果如图 1.2.1 所示。

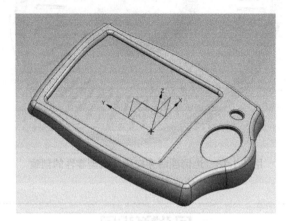

图 1.2.1 PDA 面板 UG 设计效果

PDA 面板的 UG 建模树如图 1.2.2 所示。

+ 模型视图		☑☐ 缝合 (20)	✔
+ ✔摄像机		☑☐ 修剪体 (21)	✔
− 模型历史记录		☑☐ 草图 (22) "SKET...	✔
☑ 基准坐标系 (0)	✔	☑☐ 草图 (23) "SKET...	✔
☑☐ 基准平面 (1)	✔	☑☐ 草图 (24) "SKET...	✔
☑ 固定基准轴 (2)	✔	☑☐ 扫掠 (25)	✔
☑ 固定基准轴 (3)	✔	☑☐ 修剪和延伸 (26)	✔
☑☐ 草图 (4) "SKETC...	✔	☑☐ 修剪和延伸 (27)	✔
☑☐ 基准平面 (5)	✔	☑☐ 草图 (28) "SKET...	✔
☑☐ 草图 (6) "SKETC...	✔	☑☐ 草图 (29) "SKET...	✔
☑☐ 通过曲线组 (7)	✔	☑☐ 扫掠 (30)	✔
☑☐ 拉伸 (8)	✔	☑☐ 延伸片体 (31)	✔
☑☐ 修剪体 (9)	✔	☑☐ 修剪和延伸 (32)	✔
☑☐ 草图 (10) "SKET...	✔	☑☐ 修剪和延伸 (33)	✔
☑☐ 草图 (11) "SKET...	✔	☑☐ 缝合 (34)	✔
☑☐ 扫掠 (12)	✔	☑☐ 边倒圆 (35)	✔
☑☐ 镜像特征 (13)	✔	☑☐ 边倒圆 (36)	✔
☑☐ 缝合 (14)	✔	☑☐ 边倒圆 (37)	✔
☑☐ 修剪片体 (15)	✔	☑☐ 草图 (38) "SKET...	✔
☑☐ 修剪片体 (16)	✔	☑☐ 拉伸 (39)	✔
☑☐ 草图 (17) "SKET...	✔	☑☐ 草图 (40) "SKET...	✔
☑ 点 (18)	✔	☑☐ 草图 (41) "SKET...	✔
☑☐ 基准平面 (19)	✔	☑☐ 拉伸 (42)	✔
☑☐ 缝合 (20)	✔	☑☐ 加厚 (43)	✔
☑☐ 修剪体 (21)	✔	☑☐ 边倒圆 (44)	✔
☑☐ 草图 (22) "SKET...	✔	☑☐ 边倒圆 (45)	✔
☑☐ 草图 (23) "SKET...	✔		

图 1.2.2 PDA 面板 UG 构建模型树

Step 1. 新建文件。执行下拉菜单中的 文件(F) → 📄 新建(N)... 命令，系统弹出"新建"对话框。在 模板 区域中选取模板类型为 🟦 模型 ，在 名称 文本框中输入文件名称 PDA，单击 确定 按钮，进入建模环境。

Step 2. 单击 🗋 基准平面(D)... 图标，在 类型 区域的下拉列表中选择 📐 按某一距离 选项，选择 XZ 平面，向负方向偏置 60mm，创建一个平行于 XC-ZC 的基准平面。单击 确定 按钮。

Step 3. 单击 🗋 基准平面(D)... 目录下的"基准轴"图标，创建 XC 和 ZC 两根基准轴。

Step 4. 单击对话框中的"绘制截面"按钮 🔳 草图 ，系统弹出"创建草图"对话框。以第一步创建的基准平面为绘图平面，绘制如图 1.2.3 所示的草图。注意在绘图时先绘制"R250"的圆弧和一条长度为 90mm、距离 XC 轴为 18mm 的水平参考线，约束"R250"圆弧的圆心在 YC 轴上，并标好圆弧和水平参考线的有关尺寸，完成之后单击 🏁 完成草图 按钮。

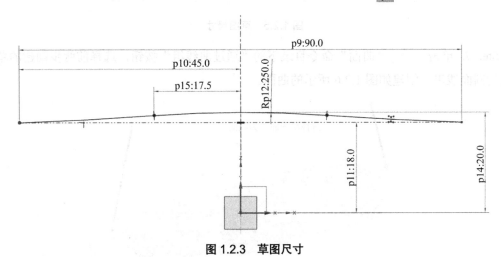

图 1.2.3　草图尺寸

Step 5. 单击 🗋 基准平面(D)... 图标，向正方向偏置 60mm，创建一个新的平行于 XC-ZC 的基准平面，如图 1.2.4 所示。

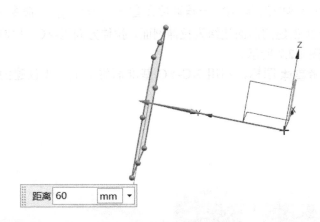

图 1.2.4　创建新的基准平面

Step 6. 单击 🔳 草图 图标，以上一步创建的基准平面为绘图平面，绘制如图 1.2.5 所示的草图。样条曲线的绘制方法同上图，完成之后单击 🏁 完成草图 按钮。

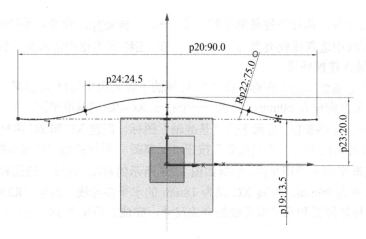

图 1.2.5　草图尺寸

Step 7. 单击  "曲面"命令目录下的"通过曲线组"按钮，选择前两步创建的草图曲线为剖面线串，创建如图 1.2.6 所示的曲面。

选择草图曲线为剖面

图 1.2.6　通过曲线组绘制曲面

Step 8. 执行下拉菜单中的 插入(S) → 设计特征(E) → 拉伸(X)... 命令（或单击 "拉伸"按钮），选择上一步创建的曲面边缘为拉伸剖面，拉伸方向为-ZC，拉伸起始值为 0，结束值为 25mm，结果如图 1.2.7 所示。

Step 9. 单击 修剪体 图标，利用 XC-YC 基准面修剪上一步创建的曲面，如图 1.2.8 所示。

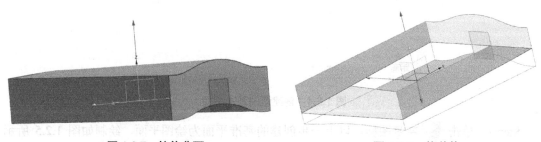

图 1.2.7　拉伸曲面　　　　　　　　　　图 1.2.8　修剪体

Step 10. 单击 ▦ 草图图标，以 XC-YC 基准面为绘图平面，绘制如图 1.2.9 所示的草图。

Step 11. 单击 ▦ 草图图标，以 XC-ZC 基准面向+YC 方向偏置 60mm 创建的基准面为绘图平面，绘制如图 1.2.10 所示的草图。注意参考线的下端点是捕捉图 1.2.9 中"R60"圆弧的端点绘制，"R15"圆弧的上下端点分别落在顶部和底部轮廓线上。

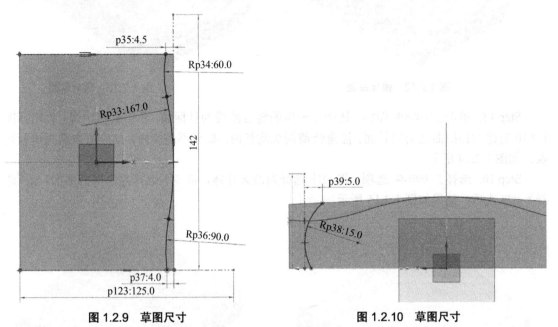

图 1.2.9　草图尺寸　　　　　　图 1.2.10　草图尺寸

Step 12. 单击 ▦ "曲面"命令目录下的"扫掠"图标，以图 1.2.9 绘制的曲线为引导线串，以图 1.2.10 绘制的曲线为剖面线串，创建扫掠曲面，结果如图 1.2.11 所示。

Step 13. 单击 ▦ "更多"命令目录下的"镜像特征"按钮，以 YC-ZC 面为镜像面，把上一步创建的曲面镜像到另一侧，如图 1.2.12 所示。

Step 14. 执行下拉菜单中的 插入 -> 组合 -> 缝合 命令，选择顶面为目标体，4 个侧面为工具体，将顶面和 4 个侧面缝合，如图 1.2.13 所示。

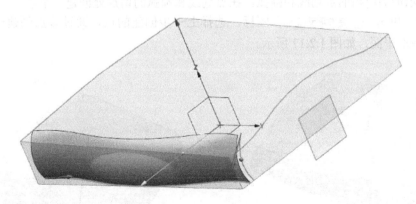

图 1.2.11　扫掠曲面

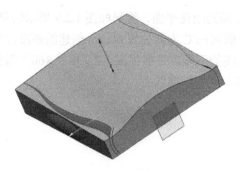

图 1.2.12 镜像曲面

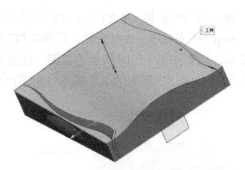

图 1.2.13 缝合曲面

Step 15. 单击 🖊 **修剪片体** 图标，选择上一步的缝合曲线为目标面，单击鼠标中键，再选择图 1.2.10 创建的扫掠曲面为刀具面。注意修剪箭头均朝内，如果不是朝内，则应双击箭头进行切换，如图 1.2.14 所示。

Step 16. 选择 🖊 **修剪片体** 选项，将 目标 选择为两条片体，将 边界 选择为中间的曲面，区域 选择 ◉ 放弃 选项，结果如图 1.2.15 所示。

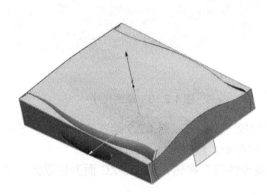

图 1.2.14 修剪片体

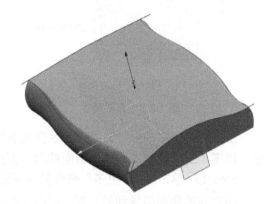

图 1.2.15 修剪片体

Step 17. 单击 菜单：插入 -> 基准/点 -> 点 图标，再选择 类型 下的 交点 选项，选择如图 1.2.16 中所示箭头所指的点划线和圆弧，在点划线和圆弧的切点处创建一个点。

Step 18. 单击 ☐ 基准平面(D)... 图标，选择上一步创建的点，通过该点创建一个平行于 XC-YC 的基准平面，如图 1.2.17 所示。

图 1.2.16 点

图 1.2.17 基准平面

Step 19. 单击 ▦ **修剪体** 按钮，利用上一步创建的基准平面修剪曲面，留下上半部分，如图 1.2.18 所示。

Step 20. 单击 🗔 **草图** 按钮，以图 1.2.17 创建的基准平面为绘图平面，绘制一段 "R240" 的圆弧，圆心约束在水平基准轴上，并与右侧相切，如图 1.2.19 所示。

Step 21. 单击 🗔 **草图** 按钮，以 YC-ZC 面为绘图平面，绘制一段 "R22" 的圆弧，并与右侧边相切，如图 1.2.20 所示。

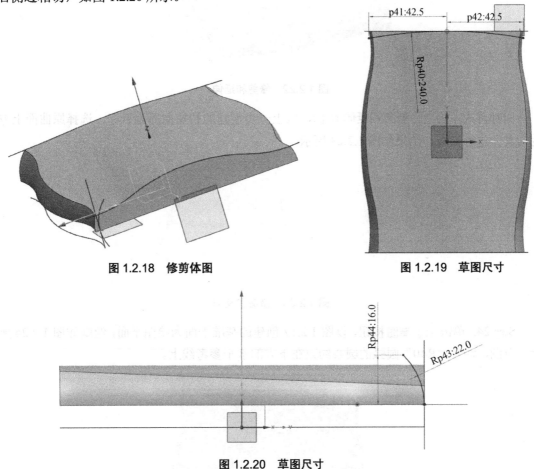

图 1.2.18　修剪体图　　　　　图 1.2.19　草图尺寸

图 1.2.20　草图尺寸

Step 22. 选择 🗇 **沿引导线扫掠** 选项，以 "R240" 的圆弧为引导线串，以 "R22" 的圆弧为剖面线串，创建扫掠曲面，结果如图 1.2.21 所示。

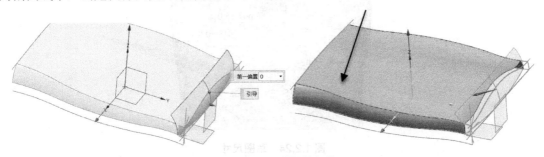

图 1.2.21　沿引导线扫掠

Step 23. 单击 ⬚ **修剪和延伸** 图标，在 **修剪和延伸类型** 对话框下选择 ⬚ **直至选定** 选项，然后选择原曲面为目标面，单击鼠标中键，再选择上一步创建的扫掠曲面为刀具面。注意修剪箭头均朝内，如果不是朝内，则应双击箭头进行切换，如图 1.2.22 所示。

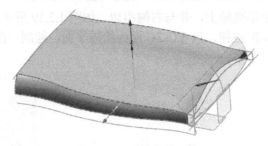

图 1.2.22　修剪和延伸

同时再次单击 ⬚ **修剪和延伸** 图标，以上一步创建的扫掠曲面为目标，选择原曲面上方为刀具面进行修剪，结果如图 1.2.23 所示。

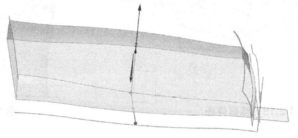

图 1.2.23　修剪和延伸

Step 24. 单击 ⬚ 草图按钮，以图 1.2.17 创建的基准平面为绘图平面，绘制如图 1.2.24 所示的草图，注意"R40"圆弧的圆心约束在下方的水平参考线上。

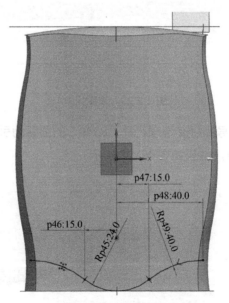

图 1.2.24　草图尺寸

Step 25. 单击 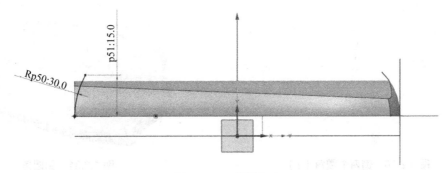 草图按钮，以 YC-ZC 面为绘图平面，绘制一段 "R30" 的圆弧，并与侧边相切，如图 1.2.25 所示。

图 1.2.25　草图尺寸

Step 26. 单击 **沿引导线扫掠** 图标，以图 1.2.24 绘制的草图为引导线串，以上一步绘制的 "R30" 的圆弧为剖面线串，创建扫掠曲面，结果如图 1.2.26 所示。

同时，由于长度不够，选择 **延伸片体** 选项，延伸上一步所拉伸的曲面，结果如图 1.2.27 所示。

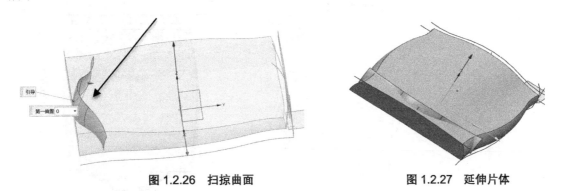

图 1.2.26　扫掠曲面　　　　　　　　　　图 1.2.27　延伸片体

Step 27. 单击 **修剪和延伸** 按钮，在 修剪和延伸类型 对话框下选择 直至选定选项，然后选择原曲面为目标面，单击鼠标中键，再选择上一步创建的扫掠曲面为刀具面。注意修剪箭头均朝内，如果不是朝内，则应双击箭头进行切换，结果如图 1.2.28 所示。

同时，再次单击 **修剪和延伸** 按钮，选择上一步创建的扫掠曲面为目标面，选择原曲面为刀具面进行修剪。结果如图 1.2.29 所示。

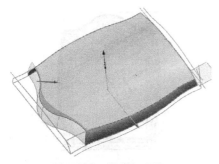 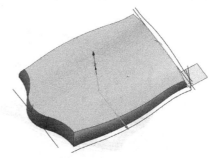

图 1.2.28　修剪和延伸　　　　　　　　　图 1.2.29　修剪和延伸

Step 28. 单击 "边倒圆"命令图标，倒如图 1.2.30 所示的两个圆角，半径为"5"。

Step 29. 同样方法绘制如图 1.2.31 所示的两个倒圆角，半径为"4"。

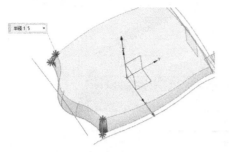

图 1.2.30　倒两个圆角（1）

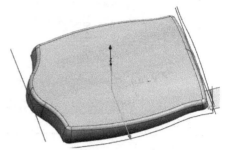

图 1.2.31　倒圆角

Step 30. 同样方法倒如图 1.2.32 所示的两个圆角，半径为"4"。

Step 31. 单击 草图图标，以 XC-YC 面为绘图平面，绘制如图 1.2.33 所示的草图，两个圆角半径均为"2"。

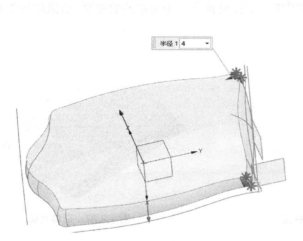

图 1.2.32　倒两个圆角（2）

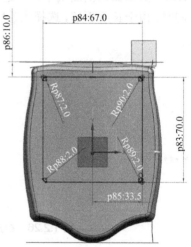

图 1.2.33　草图尺寸

Step 32. 单击 "拉伸"图标，选择上一步创建的草图为拉伸剖面，拉伸方向为+ZC，拉伸起始值为 0，结束值为 25mm，并与主体 减去 ，切出荧屏，如图 1.2.34 所示。

Step 33. 单击 草图 图标，以 XC-YC 面为绘图平面，绘制如图 1.2.35 所示的草图，椭圆的长半轴为 15mm，短半轴为 9mm。

图 1.2.34　拉伸

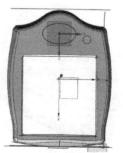

图 1.2.35　草图尺寸

Step 34. 单击 "拉伸"图标，选择上一步创建的草图为拉伸剖面，拉伸方向为+ZC，拉伸起始值为 0，结束值为 25mm，并与主体 减去 ，切出按键孔，如图 1.2.36 所示。

Step 35. 单击 加厚 按钮，将前面创建的片体向内加厚 2mm，如图 1.2.37 所示。

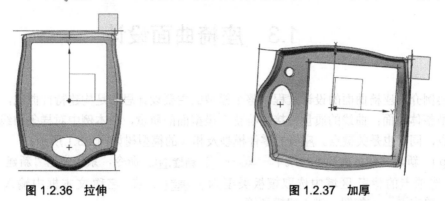

| 图 1.2.36　拉伸 | 图 1.2.37　加厚 |

Step 36. 将原曲面隐藏或 移动至图层 。

Step 37. 单击 "边倒圆"命令图标，荧屏处的外边缘倒 "R1.8" 的圆角，椭圆和圆形按键孔的外边缘倒 "R0.5" 的圆角。PDA 面板最终完成结果如图 1.2.38 所示。

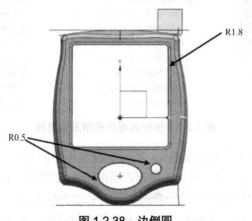

图 1.2.38　边倒圆

注：扫此二维码可观看相应数字资源（含视频及拓展课外资源）。

★提示

PDA 面板属于先曲面后实体的建模方式，此类零件重点在于草绘图的创建，把握好零件草绘尺寸，然后运用曲面建模方法形成曲面，再将曲面加厚即形成实体。

1.3 座椅曲面设计

本实例介绍座椅曲面的设计过程。整个模型的主要设计思路是构建特性曲线，通过曲线得到模型整体曲面；曲线的质量直接影响整个模型面的质量，在本例中对样条曲线的调整是一个难点，同时也是关键点。座椅的零件模型及相应的模型树如图 1.3.1 所示。

Step 1. 新建文件。执行下拉菜单 文件(F) → 📄 新建(N)… 命令，系统弹出"新建"对话框。在 模型 选项卡的 模板 区域中选取模板类型为 📄 模型 ；在 名称 文本框中输入文件名称"chair"，单击 确定 按钮，进入建模环境。

图 1.3.1 座椅的零件模型及模型树

Step 2. 创建如图 1.3.2 所示的草图 1。执行下拉菜单中的 插入(S) → 🔠 在任务环境中绘制草图(V) 命令，系统弹出"创建草图"对话框；选取 YZ 基准平面为草图平面，单击 确定 按钮，进入草图环境。执行下拉菜单中的 插入(S) → 曲线(C) → ⌇ 艺术样条(D)… 命令（或在草图工具栏中单击"艺术样条"按钮 ⌇），系统弹出"艺术样条"对话框，在"艺术样条"对话框类型区域的下拉列表中选择 ⌇ 根据极点 选项，绘制如图 1.3.2 所示的草图 1，在"艺术样条"对话框中单击 确定 按钮；双击如图 1.3.2 所示的草图 1，执行下拉菜单中的 分析(L) → 曲线(C) → ⌇ 显示曲率梳(C) 命令，在图形区显示曲线的曲率梳，拖动草图曲线控制点，使其曲率梳呈现如图 1.3.3 所示的光滑形状。在"艺术样条"对话框中单击 确定 按钮，执行下拉菜单中的 分析(L) → 曲线(C) → ⌇ 显示曲率梳(C) 命令，取消曲率梳的显示；单击 🎏 完成草图按钮，退出草图环境。

Step 3. 创建如图 1.3.4 所示的基准平面 1。执行下拉菜单中的 插入(S) → 基准/点(D) → 🗋 基准平面(D)… 命令，系统弹出"基本平面"对话框；在 类型 区域的下拉列表中选择 🗐 按某一距离选项。 在平面参考区域单击 ⊕ 按钮，选取 YZ 基准平面为对象平面；在偏置区域的距离文本框中输入"160"，单击 ✕ 按钮，定义 XC 基准轴的反方向为参考方向，其他参数采用系统默认设置；单击 确定 按钮，完成基准平面 1 的创建。

Step 4. 创建如图 1.3.5 所示的草图 2。执行下拉菜单中的 插入(S) → 🔠 在任务环境中绘制草图(V)

命令，系统弹出"创建草图"对话框；选取基准平面 1 为草图平面，选取 Z 轴为竖直方向参考，单击 确定 按钮，进入草图环境，绘制如图 1.3.5 所示的草图 2；单击 完成草图 按钮，退出草图环境。

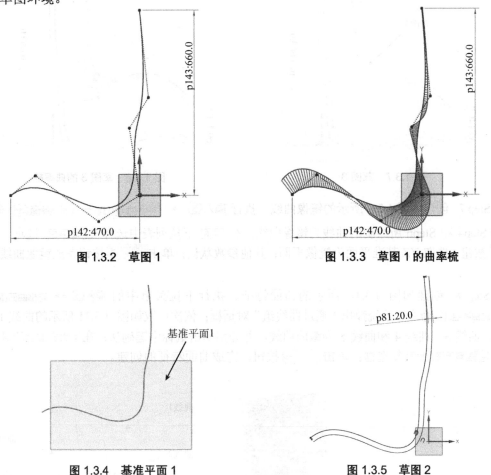

图 1.3.2　草图 1　　　　　　　　图 1.3.3　草图 1 的曲率梳

图 1.3.4　基准平面 1　　　　　　　图 1.3.5　草图 2

Step 5. 创建如图 1.3.6 所示的基准平面 2。执行下拉菜单中的 插入(S) → 基准/点(D) → 基准平面(D)... 命令，系统弹出"基本平面"对话框；在 类型 区域的下拉列表中选择 按某一距离 选项，选取 YZ 基准平面为对象平面；在 偏置 区域的 距离 文本框中输入"270"，单击 按钮，定义 XC 基准轴的反方向为参考方向，其他参数采用系统默认设置；单击 确定 按钮，完成基准平面 2 的创建。

Step 6. 创建如图 1.3.7 所示的草图 3。执行下拉菜单中的 插入(S) → 在任务环境中绘制草图(V) 命令，系统弹出"创建草图"对话框；选取基准平面 2 为草图平面，选取 Z 轴为竖直方向参考，单击 确定 按钮，进入草图环境，绘制如图 1.3.7 所示的草图 3（草图 3 的曲率梳如图 1.3.8 所示，参照 Step2 中调整曲率梳的方法），单击 完成草图 按钮，退出草图环境。

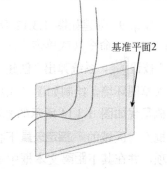

图 1.3.6　基准平面 2

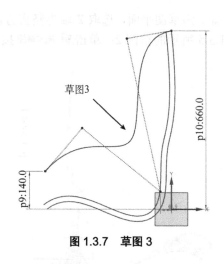

图 1.3.7　草图 3

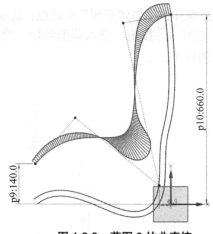

图 1.3.8　草图 3 的曲率梳

　　Step 7. 创建如图 1.3.9 所示的镜像曲线。执行 插入(S) → 派生曲线(U) → 镜像(M) 命令；选择 Step4 和 Step6 所绘制的曲线为镜像曲线；在 平面 下拉列表中选择 现有平面 选项，并单击 按钮，选取 YZ 基准平面为镜像平面；其他参数默认；单击 确定 按钮完成镜像曲线的创建。

　　Step 8. 创建如图 1.3.10 所示的曲面特征。执行下拉菜单中的 插入(S) → 网格曲面(M) → 通过曲线组(T)... 命令，系统弹出"通过曲线组"对话框；依次选取如图 1.3.11 所示的曲线 1、曲线 2、曲线 3、曲线 4 和曲线 5 为截面曲线，并分别单击鼠标中键确认；在输出曲面选项区域中选中 ☑ 垂直于终止截面 复选框；单击 确定 按钮，完成曲面特征的创建。

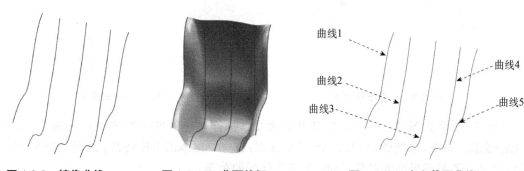

图 1.3.9　镜像曲线　　　　**图 1.3.10　曲面特征**　　　　**图 1.3.11　定义截面曲线**

　　Step 9. 创建如图 1.3.12 所示的拉伸特征 1。执行下拉菜单中的 插入(S) → 设计特征(E) → 拉伸(X)... 命令（或单击 按钮），系统弹出"拉伸"对话框；单击对话框中的"绘制截面"按钮，系统弹出"创建草图"对话框。选取基准平面 2 为草图平面，单击 确定 按钮，进入草图环境，绘制如图 1.3.13 所示的截面草图（参照 Step2 中调整曲率梳的方法，使其曲率梳呈现如图 1.3.14 所示的光滑形状），单击 完成草图 按钮，退出草图环境；在"拉伸"对话框方向区域的 指定矢量下拉列表中选择 XC 选项，在限制区域开始下拉列表中选择 值选项，并在其下距离文本框中输入"−50"；在限制区域结束下拉列表中选择 值选项，并在其下距离 文本框中输入"600"；在布尔区域下拉列表中选择 无选项，其他参数采用系统默认设置；单击 确定 按钮，完成拉伸特征 1 创建。

图 1.3.12　拉伸特征 1

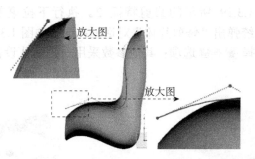
图 1.3.13　截面草图

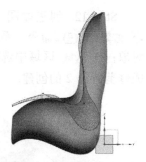
图 1.3.14　截面草图的曲率梳

Step 10. 创建如图 1.3.15 所示的修剪特征 1。执行下拉菜单中的 插入(S) → 修剪(T) → ⬠ 修剪片体(R)... 命令，系统弹出"修剪片体"对话框；选择如图 1.3.16 所示的目标体和边界对象；在 区域 区域中选中 ● 保留 单选项；其他参数采用系统默认设置；单击 确定 按钮，完成修剪特征 1 的创建。

图 1.3.15　修剪特征 1

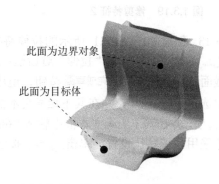
此面为边界对象

此面为目标体

图 1.3.16　定义目标体和边界对象

Step 11. 创建如图 1.3.17 所示的拉伸特征 2。执行下拉菜单中的 插入(S) → 设计特征(E) → ⊞ 拉伸(X)... 命令，系统弹出"拉伸"对话框；选取 XZ 基准平面为草图平面；绘制如图 1.3.18 所示的截面草图；单击 🏁 完成草图 按钮，退出草图环境；在"拉伸"对话框限制区域 开始 下拉列表中选择 值选项，并在其下距离文本框中输入"−50"；在限制区域结束下拉列表中选择 值选项，并在其下距离文本框中输入"300"；在布尔区域下拉列表中选择 无选项，其他参数采用系统默认设置；单击 确定 按钮，完成拉伸特征 2 的创建。

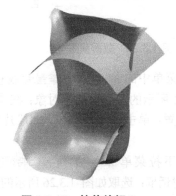
图 1.3.17　拉伸特征 2

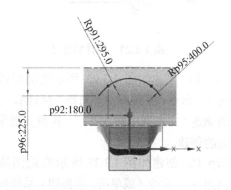
图 1.3.18　截面草图

Step 12. 创建如图 1.3.19 所示的修剪特征 2。执行下拉菜单中的 插入(S) → 修剪(T) → ⬧ 修剪片体(R)... 命令，系统弹出"修剪片体"对话框；选择如图 1.3.20 所示的目标体和边界对象；在 区域 区域中选择 ⦿ 保留 选项；其他参数采用系统默认设置；单击 确定 按钮，完成修剪特征 2 的创建。

图 1.3.19　修剪特征 2

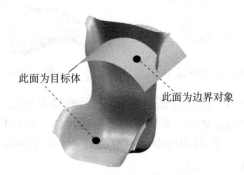

图 1.3.20　定义目标体和对象

Step 13. 创建如图 1.3.21 所示的拉伸特征 3。执行下拉菜单中的 插入(S) → 设计特征(E) → ⬚ 拉伸(X)... 命令，系统弹出"拉伸"对话框；选取 XY 基准平面为草图平面；绘制如图 1.3.22 所示的截面草图；单击 ▓ 完成草图 按钮，退出草图环境；在"拉伸"对话框 限制区域开始 下拉列表中选择 ⬚ 值 选项，并在其下 距离 文本框中输入"−60"；在 限制 区域 结束 下拉列表中选择 ⬚ 值 选项，并在其下 距离 文本框中输入"60"；在 布尔 区域的下拉列表中选择 ⬚ 减去 选项，其他参数采用系统默认设置；单击 确定 按钮，完成拉伸特征 3 的创建。

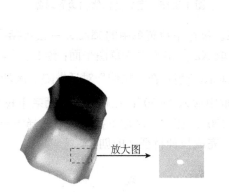

图 1.3.21　拉伸特征 3

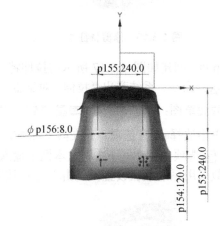

图 1.3.22　截面草图

Step 14. 创建如图 1.3.23 所示的加厚特征。执行下拉菜单中的 插入(S) → 偏置/缩放(O) → ⬚ 加厚(T)... 命令，系统弹出"加厚"对话框；选取如图 1.3.24 所示的曲面为加厚对象；在 厚度 区域的 偏置1 文本框中输入"7"，其他参数采用系统默认设置；单击 确定 按钮，完成片体加厚特征的创建。

Step 15. 创建如图 1.3.25 所示的边倒圆特征 1。执行下拉菜单 插入(S) → 细节特征(L) → ⬚ 边倒圆(E)... 命令（或单击 ⬚ 按钮）系统弹出"边倒圆"对话框；选取如图 1.3.26 所示的两条边为边倒圆参照，并在半径1文本框中输入"30"；单击 确定 按钮，完成边倒圆特征 1 的创建。

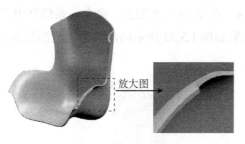

图 1.3.23　加厚特征

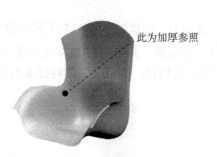

图 1.3.24　定义加厚对象

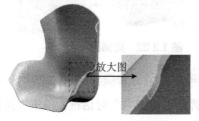

图 1.3.25　边倒圆特征 1

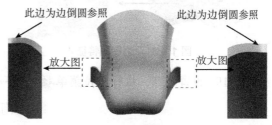

图 1.3.26　边倒圆参照

Step 16. 创建如图 1.3.27 所示的边倒圆特征 2。执行 🔲 边倒圆(E)... 命令，系统弹出"边倒圆"对话框；选取如图 1.3.28 所示的两条边为边倒圆参照，并在半径 1 文本框中输入"20"；单击 确定 按钮，完成边倒圆特征 2 的创建。

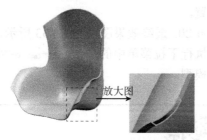

图 1.3.27　边倒圆特征 2

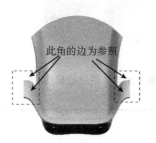

图 1.3.28　边倒圆参照

Step 17. 创建如图 1.3.29 所示的边倒圆特征 3。执行 🔲 边倒圆(E)... 命令，系统弹出"边倒圆"对话框；并在半径 1 文本框中输入"30"，选取如图 1.3.30 所示的两条边为边倒圆参照；单击 确定 按钮，完成边倒圆特征 3 的创建。

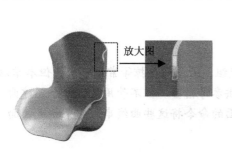

图 1.3.29　边倒圆特征 3

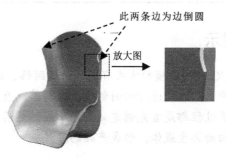

图 1.3.30　边倒圆参照

Step 18. 创建如图 1.3.31 所示的边倒圆特征 4。执行 🗋 边倒圆(E)... 命令，系统弹出"边倒圆"对话框；并在半径1文本框中输入"2"，选取如图 1.3.32 所示的两条边为边倒圆参照；单击 确定 按钮，完成边倒圆特征 4 的创建。

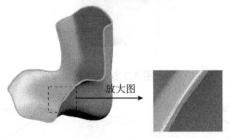

图 1.3.31　边倒圆特征 4

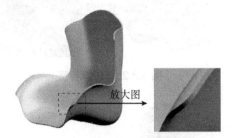

图 1.3.32　边倒圆参照

Step 19. 设置隐藏。执行下拉菜单 编辑(E) → 显示和隐藏(H) → 🐾 隐藏(H)... 命令（或单击 🐾 按钮），系统弹出"类选项"对话框；单击"类选项"对话框过滤器区域的 ╋ 按钮，系统弹出"根据类型选项"对话框，按住 Ctrl 键，选择对话框列表中的 草图、片体、曲线和基准选项，单击 确定 按钮。系统再次弹出"类选项"对话框，单击对象区域中的"全选"按钮 ╋；单击对话框中的 确定 按钮，完成对象隐藏设置。

图 1.3.33　最终效果图

Step 20. 最终效果图如图 1.3.33 所示，保存零件模型。执行下拉菜单中的 文件(F) → 🖫 保存(S) 命令，保存零件模型。

注：扫此二维码可观看相应数字资源（含视频及拓展课外资源）。

★提示

　　UG 曲面建模的方式有通过曲线网格、通过曲线组、沿曲线扫掠等常用形式，但本章以通过曲线组方式进行曲面创建，更简单、直接，可供参考借鉴。但不管用什么命令创建曲面，其过程都是首先创建必要的曲线，然后利用建面的命令将这些曲线串联起来构成曲面，最后由面再生成体，形成产品的零件。

1.4　玩具火车车厢结构设计

本实例介绍一个儿童玩具火车车厢主体结构的设计过程。例中主要讲述了拉伸、拔模、镜像特征、壳、修剪体、扫掠、孔特征、边倒圆等特征命令的应用。在创建特征的过程中，特别要注意所用命令的使用细节和注意事项。

玩具火车的车厢主体结构效果图如图 1.4.1 所示，具体建模细节过程如图 1.4.2 所示的玩具火车车厢零件模型及其模型树。

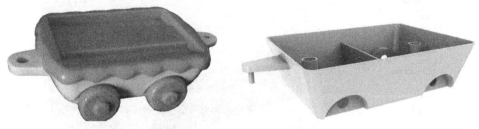

图 1.4.1　玩具火车车厢实物图

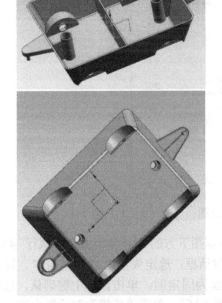

模型历史记录	
☑ ⊱ 基准坐标系 (0)	☑ 拉伸 (28)
☑ 草图 (1) "SKETCH_0…	☑ 草图 (29) "SKETCH_…
☑ 拉伸 (2)	☑ 拉伸 (30)
☑ 拔模 (3)	☑ 修剪体 (31)
☑ 边倒圆 (4)	☑ 草图 (32) "SKETCH_…
☑ 边倒圆 (5)	☑ 拉伸 (33)
☑ 草图 (6) "SKETCH_0…	☑ 草图 (34) "SKETCH_…
☑ 拉伸 (7)	☑ 拉伸 (35)
☑ 镜像特征 (8)	☑ 扫掠 (36)
☑ 镜像特征 (9)	☑ 扫掠 (37)
☑ 壳 (10)	☑ 基准平面 (38)
☑ 草图 (11) "SKETCH_…	☑ 草图 (39) "SKETCH…
☑ 拉伸 (12)	☑ 拉伸 (40)
☑ 镜像特征 (13)	☑ 草图 (41) "SKETCH…
☑ 草图 (14) "SKETCH_…	☑ 拉伸 (42)
☑ 拉伸 (15)	☑ 修剪体 (43)
☑ 草图 (16) "SKETCH_…	☑ 壳 (44)
☑ 拉伸 (17)	☑ 草图 (45) "SKETCH…
☑ 沉头孔 (18)	☑ 草图 (47) "SKETCH…
☑ 草图 (19) "SKETCH_…	☑ 草图 (47) "SKETCH…
☑ 拉伸 (20)	☑ 拉伸 (48)
☑ 镜像特征 (21)	☑ 草图 (49) "SKETCH…
☑ 合并 (22)	☑ 拉伸 (50)
☑ 草图 (23) "SKETCH_…	☑ 草图 (51) "SKETCH…
☑ 拉伸 (24)	☑ 拉伸 (52)
☑ 镜像特征 (25)	☑ 草图 (53) "SKETCH…
☑ 基准平面 (26)	☑ 拉伸 (54)
☑ 草图 (27) "SKETCH_…	☑ 镜像特征 (55)
☑ 拉伸 (28)	☑ 合并 (56)

图 1.4.2　玩具火车车厢零件模型及其模型树

Step 1. 新建文件。单击 "新建"按钮，系统弹出"新建"对话框。在 **模型** 区域中选取模型类型为 **模型** ，在 **名称** 文本框中输入文件名称"huoche"，单击 **确定** 按钮，进入建模环境。

Step 2. 创建如图 1.4.3 所示的拉伸特征 1。单击左上角"绘制截面" 按钮，选取 XY 基准平面为草图平面，单击 **确定** 按钮进入草图环境，绘制如图 1.4.4 所示的截面草图，执行 **主页** 中的 拉伸命令，弹出"拉伸"对话框，将"拉伸"对话框 **限制** 区域的开始距离设置为 0；将 **限制** 区域的结束距离设置为 26，其他参数采用系统默认设置，单击 **确定** 按钮，完成拉伸特征 1 的创建。

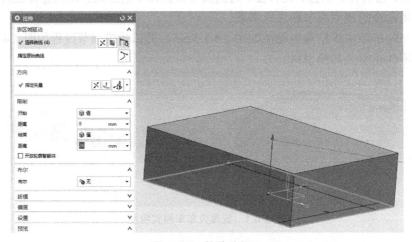

图 1.4.3　拉伸特征 1

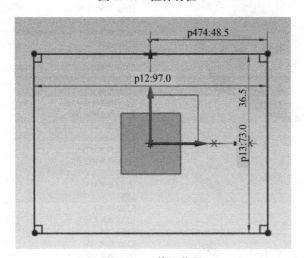

图 1.4.4　截面草图

Step 3. 创建如图 1.4.5 所示的拔模特征 1。单击草图下方的 **菜单(M)** 按钮，执行 **插入(S)** → **细节特征(L)** → **拔模(T)...** 命令，系统弹出"拔模"对话框；选定矢量为 z↑ 再单击 ✕，以 Z 轴负方向为拔模方向，选取如图 1.4.6 所示的模型表面为固定面，单击鼠标中键确认，选取如图 1.4.7 所示的 4 个面为要拔模的面并输入拔模角度"16"；单击"拔模"对话框中的 < 确定 > 按钮，完成拔模特征的创建。

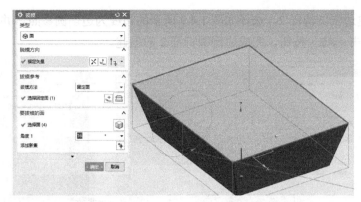

图 1.4.5　拔摸特征 1

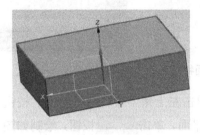

图 1.4.6　定义拔摸固定面

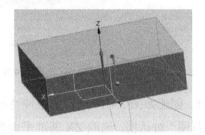

图 1.4.7　定义拔摸面

Step 4. 创建边倒圆特征 1。单击上方 "边倒圆"按钮，选择如图 1.4.8 所示的 4 条边线为边倒圆参照，并在半径 1 文本框中输入"5"，其他参数采用系统默认设置。单击 < 确定 > 按钮，完成边倒圆特征 1 的创建。

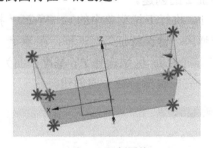

（a）倒圆前

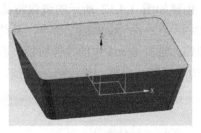

（b）倒圆后

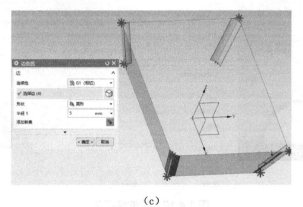

（c）

图 1.4.8　边倒圆特征 1

Step 5. 创建边倒圆特征 2。选择如图 1.4.9 所示的边线为边倒圆参照，并在半径 1 文本框中输入"2"。单击 <确定> 按钮，完成边倒圆特征 2 的创建。

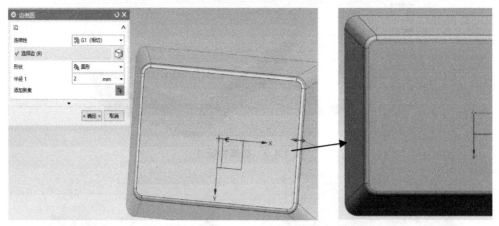

图 1.4.9　边倒圆特征 2

Step 6. 创建如图 1.4.10 所示的拉伸特征 2。单击左上角"绘制截面" ⊞ 按钮，系统弹出"创建草图"对话框，选取 ZX 基准平面为草图平面，单击 确定 按钮，绘制如图 1.4.11 所示的截面草图，退出草图环境；单击 ⊞ 拉伸按钮，在"拉伸"对话框 限制 区域的开始列表中选择 ⊡ 值 选项，并在其下的 距离 文本框中输入"25"；在 限制 区域的 结束 下拉列表中选择 ⊜ 直至下一个 选项，在 布尔 区域的 布尔 下拉列表中选择 ⊡ 减去 选项，其他参数采用系统默认设置；单击 确定 按钮，完成拉伸特征 2 的创建。

Step 7. 创建如图 1.4.12 所示的镜像特征 1。执行下拉菜单中的 ⊟ 菜单(M)▾ 按钮，找到 插入(S) → 关联复制(A) → 镜像特征(R)... 命令，系统弹出"镜像特征"对话框，在 要镜像的特征 区域单击 ⟰ 按钮，选择 Step6 中的拉伸特征；在 镜像平面 区域选择 ZY 基准平面为镜像平面，其他参数采用系统默认设置，单击 确定 按钮，完成镜像特征 1 的创建。

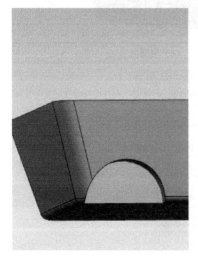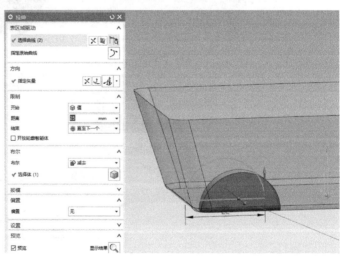

图 1.4.10　拉伸特征 2

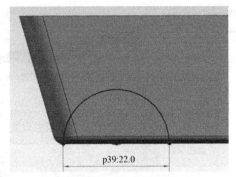

图 1.4.11　截面草图

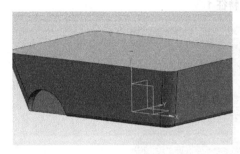

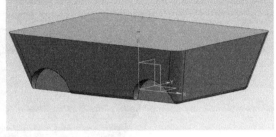

（a）镜像前　　　　　　　　　　　　　　（b）镜像后

图 1.4.12　镜像特征 1

Step 8. 创建如图 1.4.13 所示的镜像特征 2。执行下拉菜单中的 插入(S) → 关联复制(A) → 镜像特征(R)... 按钮，系统弹出"镜像特征"对话框，在 要镜像的特征 区域单击 按钮，同时选中 Step6 中的拉伸特征 2 与选择 Step7 中的镜像特征 1；在 镜像平面 区域选择 ZX 基准平面为镜像平面，其他参数采用系统默认设置，单击 确定 按钮，完成镜像特征 2 的创建。

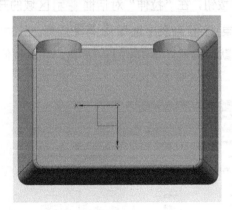

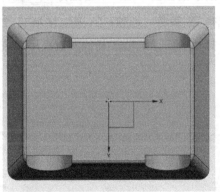

（a）镜像前　　　　　　　　　　　　　　（b）镜像后

图 1.4.13　镜像特征 2

Step 9. 创建如图 1.4.14 所示的抽壳特征 1，单击上方工具栏中的 抽壳 按钮，系统弹出"抽壳"对话框；在 类型 下拉列表中选择 移除面，然后抽壳 选项。在 要穿透的面 区域中单击 按钮，选取如图 1.4.15 所示的面为移除面，并在 厚度 文本框中输入"1"，单击 确定 按钮，完成抽壳特征 1 的创建。

图 1.4.14 抽壳特征 1

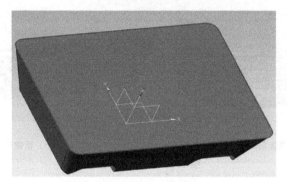

图 1.4.15 穿透面

Step 10. 创建如图 1.4.16 所示的拉伸特征 3。单击左上角"绘制截面" 按钮，系统弹出"创建草图"对话框，选取如图 1.4.17 所示平面为草图平面，单击 确定 按钮，再绘制如图 1.4.18 所示的截面草图，单击上方 拉伸按钮，在"拉伸"对话框 限制区域的开始下拉列表中选择 贯通 选项；在 限制区域的 结束 下拉列表中选择 贯通 选项；在 布尔 下拉列表中选择 减去 选项，其他参数采用系统默认设置，单击 确定 按钮，完成拉伸特征 3 的创建。

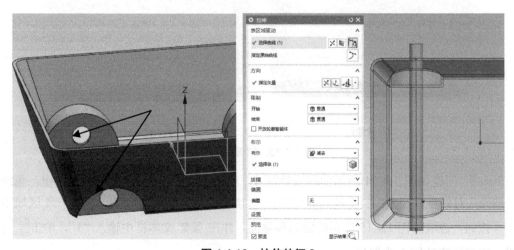

图 1.4.16 拉伸特征 3

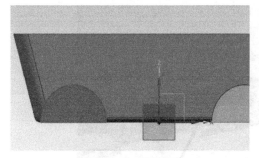

图 1.4.17　草图平面

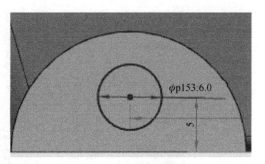

图 1.4.18　截面草图

Step 11. 创建如图 1.4.19 所示的镜像特征 3。执行下拉菜单中的 插入(S) → 关联复制(A) → 镜像特征(R)... 命令，系统弹出"镜像特征"对话框，在 要镜像的特征 区域单击 按钮，选择 Step10 中的拉伸特征 3；在 镜像平面 区域 平面 下拉列表中选择 现有平面 选项，选择 ZY 基准平面为镜像平面，其他参数采用系统默认设置，单击 确定 按钮，完成镜像特征 3 的创建。

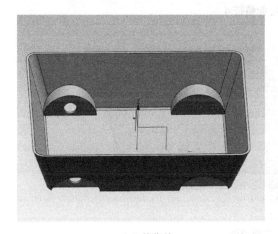

（a）镜像前

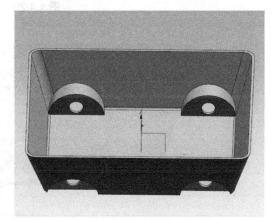

（b）镜像后

图 1.4.19　镜像特征 3

Step 12. 创建如图 1.4.20 所示的拉伸特征 4。单击左上角"绘制截面" 按钮，系统弹出"创建草图"对话框，选取 ZY 基准平面为草图平面，单击 确定 按钮，绘制如图 1.4.21 所示的截面草图，单击上方 拉伸按钮，在"拉伸"对话框 限制 区域的开始下拉列表中选择 对称值 选项，并在其下的 距离 文本框中输入"0.5"，在 布尔 区域的 布尔 下拉列表中选择 合并 选项，其他参数采用系统默认设置；单击 确定 按钮，完成拉伸特征 4 的创建。

Step 13. 创建如图 1.4.22 所示的拉伸特征 5。单击左上角"绘制截面" 按钮，系统弹出"创建草图"对话框，选取 XY 基准平面为草图平面，单击 确定 按钮，绘制如图 1.4.23 所示的截面草图，单击上方 拉伸按钮，在"拉伸"对话框 限制 区域的开始下拉列表中选择 值 选项，并在其下的 距离 文本框中输入"0"；在 结束 下拉列表中选择 值 选项，并在其下的 距离 文本框中输入"20"，其他参数采用系统默认设置；单击 确定 按钮，完成拉伸特征 5 的创建。

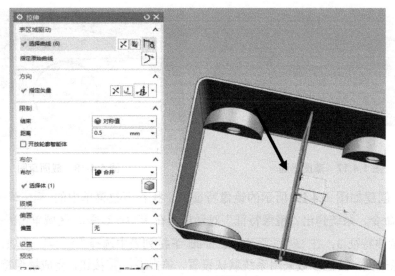

图 1.4.20　拉伸特征 4

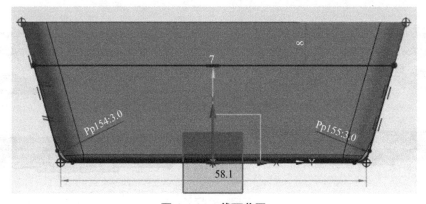

图 1.4.21　截面草图

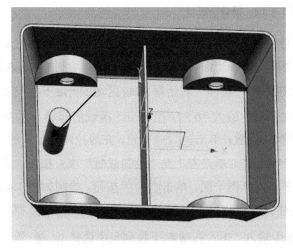

图 1.4.22　拉伸特征 5

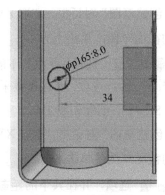

图 1.4.23　截面草图

Step 14. 创建如图 1.4.24 所示的孔特征 1。单击左上方 "孔"按钮，系统弹出"孔"

对话框；在 类型 下拉列表中选择 ∪ 常规孔 选项，在 位置 区域中单击 ✳ 指定点 (1) 按钮，在绘图区域中选取如图 1.4.25 所示的圆弧边线来捕捉圆心点；在 形状和尺寸 区域的 成形 下拉列表中选择 ∪ 沉头 选项，在 沉头直径 文本框中输入 "6.5"，在 沉头深度 文本框中输入 "6"，在 直径 文本框中输入 "4.5"，在 深度限制 下拉列表中选择 🔲 值选项，在 深度 文本框中输入 "10"，在 顶锥角 文本框中输入 "0"；在 布尔 区域的 布尔 下拉列表中选择 🔲 减去 选项，其他参数采用系统默认设置，单击 确定 按钮，完成孔特征 1 的创建。

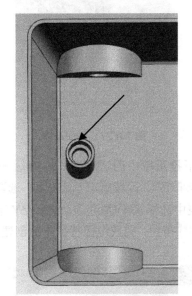
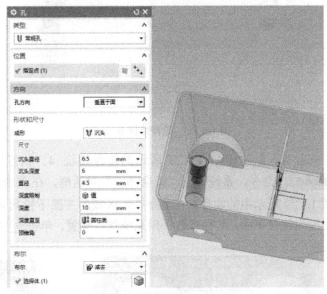

图 1.4.24　孔特征 1

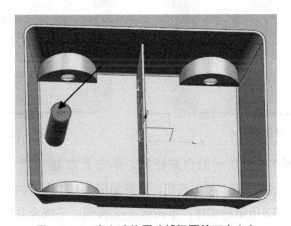

图 1.4.25　定义孔位置（捕捉圆的正中心）

Step 15. 创建如图 1.4.26 所示的拉伸特征 6。单击左上角 "绘制截面" 🔲 按钮，系统弹出 "创建草图" 对话框，选取 ZY 基准平面为草图平面，绘制如图 1.4.27 所示的截面草图，单击上方 🔲 拉伸按钮，在 "拉伸" 对话框 限制 区域的 开始 下拉列表中选择 🔲 对称值 选项，并在其下的 距离 文本框中输入 "0.5"，在 布尔 区域的 布尔 下拉列表中选 🔲 合并 选项，与孔特征 1 合并，其他参数采用系统默认设置；单击 确定 按钮，完成拉伸特征 6 的创建。

图 1.4.26　拉伸特征 6

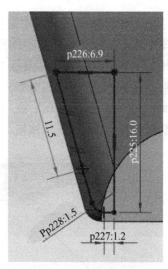

图 1.4.27　截面草图

Step 16. 创建如图 1.4.28 所示的镜像特征 4。执行下拉菜单中的 插入(S) → 关联复制(A) → ⊕ 镜像特征(R)... 命令，系统弹出"镜像特征"对话框，在 要镜像的特征 区域单击 按钮，选取如图 1.4.29 所示中的实体；在 镜像平面 区域的 平面 下拉列表中选择 现有平面 选项，选择 ZY 基准平面为镜像平面，其他参数采用系统默认设置，单击 确定 按钮，完成镜像特征 4 的创建。

图 1.4.28　镜像特征 4

图 1.4.29　定义实体

Step 17. 创建如图 1.4.30 所示的合并特征。单击上方 合并 ▾ 左边的小箭头，选择 合并 选项，在 目标 区域中单击 按钮，选择如图 1.4.31 所示的实体，在 工具 区域单击 按钮，选择如图 1.4.32 所示的实体，单击 确定 按钮，完成合并特征的创建。

Step 18. 创建如图 1.4.33 所示的拉伸特征 7。单击左上角的"绘制截面" 按钮，系统弹出"创建草图"对话框，选取 XY 基准平面为草图平面，绘制如图 1.4.34 所示的截面草图，单击上方的 拉伸按钮，在"拉伸"对话框 限制 区域的 开始 下拉列表中选择 值 选项，并在其下的 距离 文本框中输入"−10"；在 结束 下拉列表中选择 贯通 选项，在 布尔 区域的 布尔 下拉列表中选择 减去 选项，其他参数采用系统默认设置；单击 确定 按钮，完成拉伸特征 7 的创建。

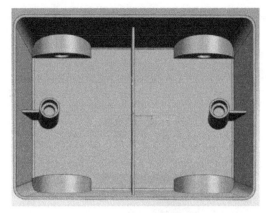

图 1.4.30　合并特征

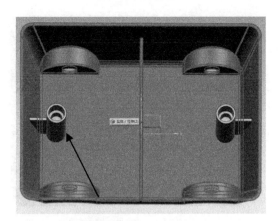

图 1.4.31　定义目标体

图 1.4.32　定义工具体

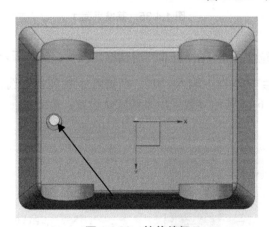

图 1.4.33　拉伸特征 7

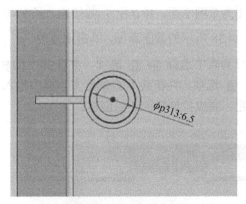

图 1.4.34　截面草图

Step 19. 创建如图 1.4.35 所示的镜像特征 5。执行 镜像特征(R)... 命令，系统弹出 "镜像特征" 对话框，在 要镜像的特征 区域单击 按钮，选取 Step18 中的拉伸特征 7；在 镜像平面 区域的 平面 下拉列表中选择 现有平面 选项，选取 ZY 基准平面为镜像平面，其他参数采用系统默认设置，单击 确定 按钮，完成镜像特征 5 的创建。

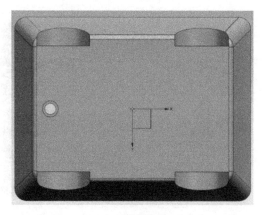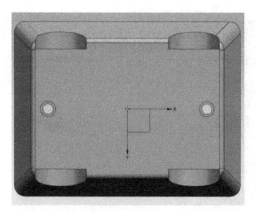

（a）镜像前　　　　　　　　　　　　（b）镜像后

图 1.4.35　镜像特征 5

Step 20. 创建如图 1.4.36 所示的基准平面 1，单击上方的 ▢ "基准平面"按钮，系统弹出"基准平面"对话框；在 类型 的下拉列表中选择 按某一距离，在 平面参考 处选择 XY 基准平面，在 偏置 区域下的 距离 文本框中输入"12"，其他参数采用系统默认设置，单击 确定 按钮，完成基准平面 1 的创建。

Step 21. 创建如图 1.4.37 所示的拉伸特征 8。单击左上角的"绘制截面" 按钮，系统弹出"创建草图"对话框，选取基准平面 1 为草图平面，单击 确定 按钮，绘制如

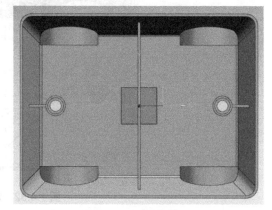

图 1.4.35　基准平面 1

图 1.4.38 所示的截面草图，单击上方的 拉伸按钮，在"拉伸"对话框 限制 区域的开始下拉列表中选择 值 选项，并在其下的 距离 文本框中输入"0"；在 结束 下拉列表中选择 值 选项，并在其下的 距离 文本框中输入"6"，其他参数采用系统默认设置；单击 确定 按钮，完成拉伸特征 8 的创建。

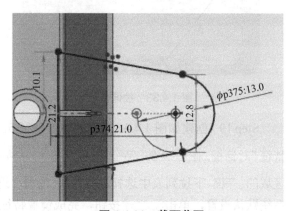

图 1.4.37　拉伸特征 8　　　　　　　　图 1.4.38　截面草图

Step 22. 创建如图 1.4.39 所示的修剪体特征 1。单击上方的 ⬚✂ **修剪体** 按钮，系统弹出"修剪体"对话框，在 **目标** 区域中单击 ⬚ 按钮，选取如图 1.4.40 中所示的体，在 **工具** 区域的 **工具选项** 下拉列表中选择 **面或平面** 选项，单击 ⬚ 按钮，选取如图 1.4.41 中所示的面，单击 确定 按钮，完成修剪体特征 1 的创建。

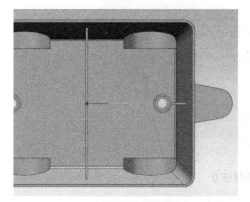

图 1.4.39　修剪体特征 1

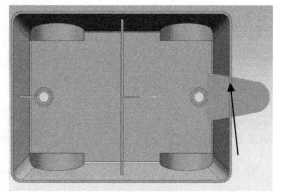

图 1.4.40　选择体

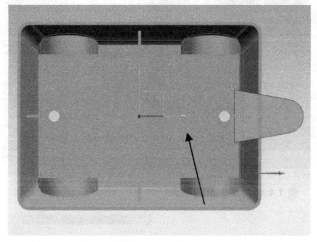

图 1.4.41　定义面

Step 23. 创建如图 1.4.42 所示的拉伸特征 9。单击左上角的"绘制截面" ⬚ 按钮，系统弹出"创建草图"对话框，选取如图 1.4.43 所示的平面为草图平面，绘制如图 1.4.44 所示的截面草图，单击上方的 ⬚ "拉伸"按钮，在"拉伸"对话框 **限制** 区域的 **开始** 下拉列表中选择 ⬚ **贯通** 选项；在 **结束** 下拉列表中选择 ⬚ **贯通** 选项，在 **布尔** 区域的 **布尔** 下拉列表中选择 ⬚ **减去** 选项，其他参数采用系统默认设置；单击 确定 按钮，完成拉伸特征 9 的创建。

Step 24. 创建如图 1.4.45 所示的拉伸特征 10。单击左上角的"绘制截面" ⬚ 按钮，系统弹出"创建草图"对话框，选取 ZX 基准平面为草图平面，单击 确定 按钮，绘制如图 1.4.46 所示的截面草图，单击上方的 ⬚ "拉伸"按钮，在"拉伸"对话框 **限制** 区域的 **开始** 下拉列表中选择 ⬚ **对称值** 选项，并在其下的 **距离** 文本框中输入"9"。

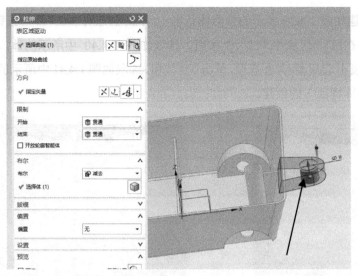

图 1.4.42　拉伸特征 9

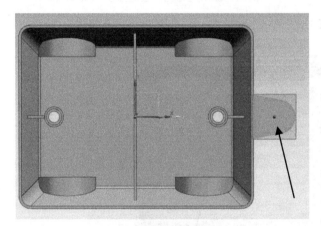

图 1.4.43　定义草图平面

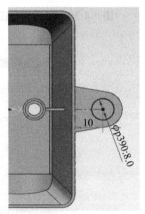

图 1.4.44　截面草图

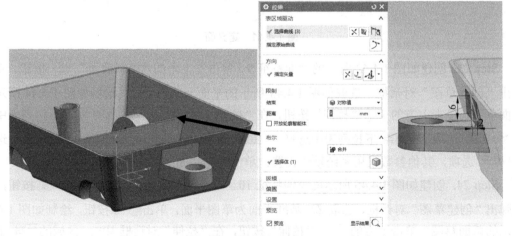

图 1.4.45　拉伸特征 10

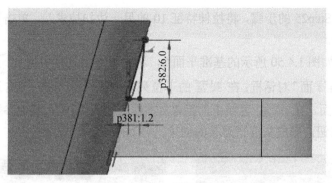

图 1.4.46　截面草图

Step 25. 创建如图 1.4.47 所示的扫掠特征 1，执行下拉菜单的 插入(S) → 扫掠(W) → 沿引导线扫掠(G)... 命令；在"沿引导线扫掠"对话框的 截面 区域，单击 按钮，选取如图 1.4.48 中所示的线为截面曲线；在 引导 区域，单击 按钮，选取如图 1.4.49 中所示的线为引导线；在 布尔 区域的布尔 下拉列表中选择 减去选项，其他参数采用系统默认设置；单击 确定 按钮，完成扫掠特征 1 的创建。

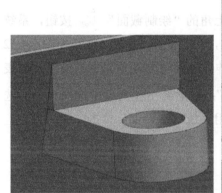
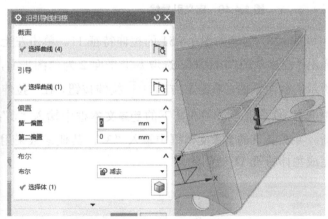

图 1.4.47　扫掠特征 1

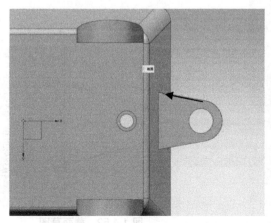
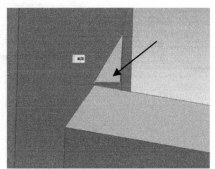

图 1.4.48　定义截面曲线

Step 26. 重复 Step25 的步骤,将拉伸特征 10 的另一边扫掠求差,单击 确定 按钮,完成扫掠特征 2 的创建。

Step 27. 创建如图 1.4.50 所示的基准平面 2,单击上方工具栏中的 □ "基准平面"按钮,系统弹出"基准平面"对话框;在 类型 的下拉列表中选择 按某一距离 选项,在 平面参考处选择 XY 基准平面,在 偏置 区域下的距离文本框中输入"19",其他参数采用系统默认设置,单击 确定 按钮,完成基准平面 2 的创建。

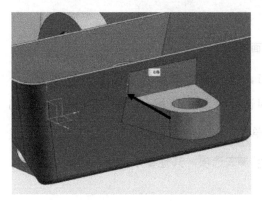
图 1.4.49 定义引导线

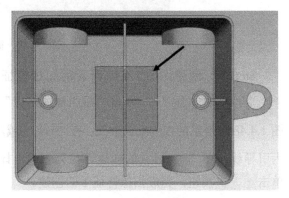
图 1.4.50 基准平面 2

Step 28. 创建如图 1.4.51 的拉伸特征 11。单击左上角的"绘制截面" 📇 按钮,系统弹出"创建草图"对话框,选取基准平面 2 为草图平面,单击 确定 按钮,绘制如图 1.4.52 所示的截面草图,单击上方的 拉伸按钮,在"拉伸"对话框 限制 区域的开始下拉列表中选择 值 选项,并在其下的 距离 文本框中输入"0";在结束 下拉列表中选择 值 选项,并在其下的 距离 文本框中输入"3",其他参数采用系统默认设置;单击 确定 按钮,完成拉伸特征 11 的创建。

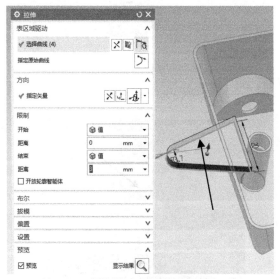
图 1.4.51 拉伸特征 11

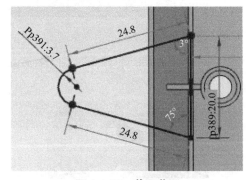
图 1.4.52 截面草图

Step 29. 创建如图 1.4.53 所示的修剪体特征 2。单击上方工具栏中的 　**修剪体** 按钮，系统弹出"修剪体"对话框，在 **目标** 区域中单击 按钮，选取如图 1.4.54 中所示的目标体，在 **工具** 区域的 **工具选项** 下拉列表中选择 **面或平面** 选项，单击 按钮，选取如图 1.4.55 中所示的面，单击 **确定** 按钮，完成修剪体特征 2 的创建。

图 1.4.53　修剪体特征 2

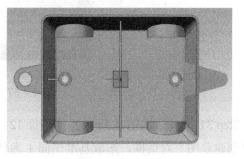

图 1.4.54　目标体

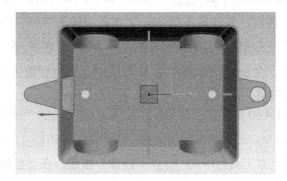

图 1.4.55　定义面

Step 30. 创建如图 1.4.56 所示的抽壳特征 2，单击上方工具栏中的 **抽壳** 按钮，系统弹出"抽壳"对话框；在 **类型** 下拉列表中选择 **移除面，然后抽壳** 选项。在 **要穿透的面** 区域中单击 按钮，选取如图 1.4.57 所示的面为移除面，并在 **厚度** 文本框中输入"0.5"，单击 **确定** 按钮，完成抽壳特征 2 的创建。

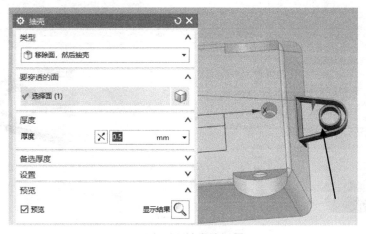

图 1.4.56　抽壳特征 2

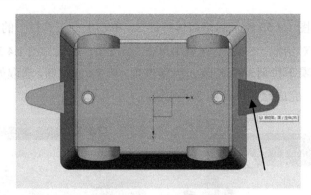

图 1.4.57 定义移除面

Step 31. 创建如图 1.4.58 的拉伸特征 12。单击左上角的"绘制截面" 按钮，系统弹出"创建草图"对话框，选取基准平面 1 为草图平面，单击 确定 按钮，绘制如图 1.4.59 所示的截面草图，单击上方工具栏中的 "拉伸"按钮，在"拉伸"对话框 限制区域的开始下拉列表中选择 值 选项，并在其下的 距离 文本框中输入"0"；在 结束 下拉列表中选择 直至下一个选项，在 布尔 区域的布尔 下拉列表中选择 合并 选项，在 偏置 区域的偏置 下拉列表中选择 对称 选项，在 结束 文本框中输入"0.25"，其他参数采用系统默认设置；单击 确定 按钮，完成拉伸特征 12 的创建。

Step 32. 创建如图 1.4.60 所示的拉伸特征 13。单击左上角的"绘制截面" 按钮，系统弹出"创建草图"对话框，选取基准平面 2 为草图平面，单击 确定 按钮，绘制如图 1.4.61 所示的截面草图，单击上方工具栏中的 "拉伸"按钮，在"拉伸"对话框 限制区域的开始 下拉列表中选择 值 选项，并在其下的 距离 文本框中输入"0"；在 结束 下拉列表中选择 值 选项，并在其下的 距离 文本框中输入"0.5"，在 布尔 下拉列表中选择 减去 选项，其他参数采用系统默认设置；单击 确定 按钮，完成拉伸特征 13 的创建。

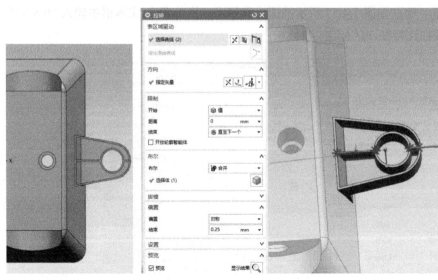

图 1.4.58 拉伸特征 12

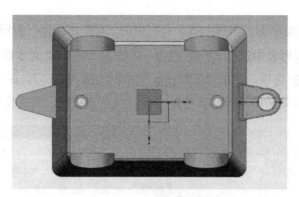

图 1.4.59　截面草图

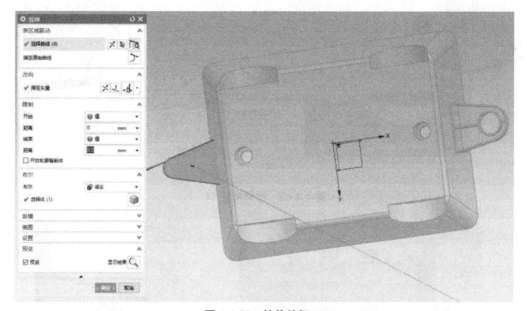

图 1.4.60　拉伸特征 13

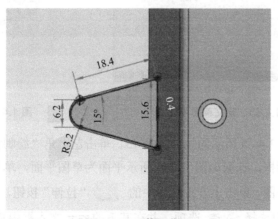

图 1.4.61　截面草图

Step 33. 创建如图 1.4.62 所示的拉伸特征 14。单击左上角的"绘制截面" 🔲 按钮，系统弹出"创建草图"对话框，选取如图 1.4.63 所示平面为草图平面，单击 确定 按钮，绘制如图 1.4.64 所示的截面草图，单击上方工具栏中的 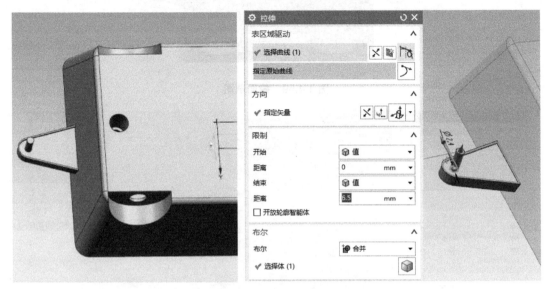 "拉伸"按钮，在"拉伸"对话框 限制区域的开始 下拉列表中选择 值 选项，并在其下的 距离 文本框中输入"0"；在结束下拉列表中选择 值 选项，并在其下的 距离 文本框中输入"6.5"，在 布尔 下拉列表中选择合并 选项，其他参数采用系统默认设置；单击 确定 按钮，完成拉伸特征 14 的创建。

图 1.4.62　拉伸特征 14

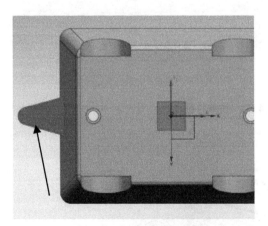

图 1.4.63　定义草图平面

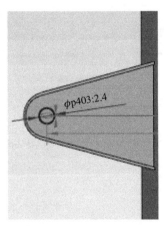

图 1.4.64　截面草图

Step 34. 创建如图 1.4.65 所示的拉伸特征 15。单击左上角"绘制截面" 按钮，系统弹出"创建草图"对话框，选取如图 1.4.66 所示平面为草图平面，单击 确定 按钮，绘制如图 1.4.67 所示的截面草图，单击上方工具栏中的 "拉伸"按钮，在"拉伸"对话框 限制区域的开始 下拉列表中选择 值 选项，并在其下的 距离 文本框中输入"−0.5"；在结束 下拉列表中选择 值 选项，并在其下的 距离 文本框中输入"0.5"，在 布尔 下拉列表中选择合并 选项，在 偏置 区域的偏置 下拉列表中选择 对称 选项，在结束 文本框中输入"0.25"，其他参数采用系统默认设置；单击 确定 按钮，完成拉伸特征 15 的创建。

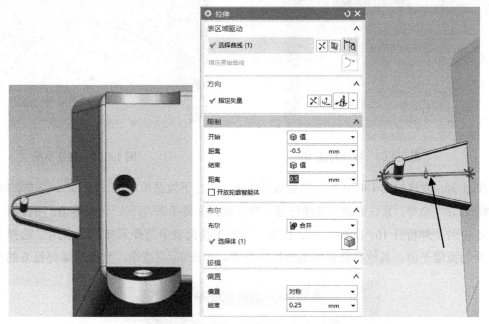

图 1.4.65　拉伸特征 15

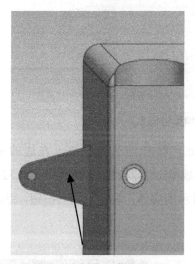

图 1.4.66　定义草图平面

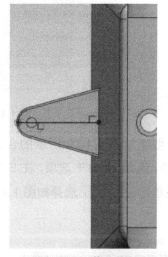

图 1.4.67　截面草图

Step 35. 创建如图 1.4.68 的拉伸特征 16。单击左上角的"绘制截面" 按钮，系统弹出"创建草图"对话框，选取 ZX 基准平面为草图平面，单击 确定 按钮，绘制如图 1.4.69 所示的截面草图，单击上方工具栏中的 "拉伸"按钮，在"拉伸"对话框 限制区域的开始下拉列表中选择 值 选项，并在其下的 距离 文本框中输入 "23"；在 结束 下拉列表中选择 值 选项，并在其下的 距离 文本框中输入 "25"，在 布尔 区域的 布尔 下拉列表中选择 合并 选项，在 偏置 区域的偏置 下拉列表中选择 两侧 选项，在 结束 文本框中输入 "0.5"，其他参数采用系统默认设置；单击 确定 按钮，完成拉伸特征 16 的创建。

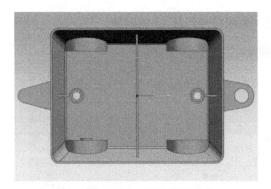

图 1.4.68　拉伸特征 16

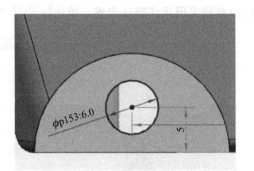

图 1.4.69　截面草图

Step 36. 创建如图 1.4.70 所示的镜像特征 6。执行下拉菜单中的 插入(S) → 关联复制(A) →
镜像特征(R)... 命令，系统弹出"镜像特征"对话框，在 要镜像的特征 区域单击 按钮，选取
Step35 中的拉伸特征 16；在 镜像平面 区域 平面 下拉列表中选择 现有平面 选项，选择 ZX 基
准平面为镜像平面，其他参数采用系统默认设置，单击 确定 按钮，完成镜像特征 6 的创建。

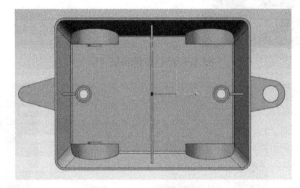

图 1.4.70　镜像特征 6

Step 37. 创建如图 1.4.71 所示的合并特征。单击上方 合并 ▾ 左边的小箭头，弹出
合并 列表，选择 合并 选项，在 目标 区域单击 按钮，选择如图 1.4.72 所示的实体，
在 工具 区域单击 按钮，选择如图 1.4.73 所示的实体，单击 确定 按钮，完成合并特征的
创建。

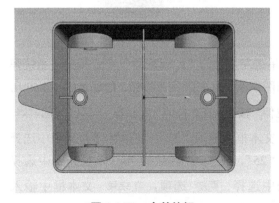

图 1.4.71　合并特征

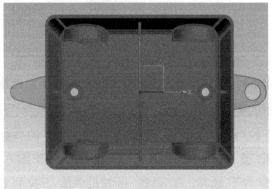

图 1.4.72　定义目标体

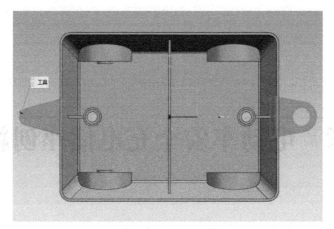

图 1.4.73　定义刀具

Step 38. 玩具火车车厢最终模型效果图如图 1.4.74 所示，保存零件模型。单击左上方 "保存" 按钮，即可保存零件模型。

图 1.4.74　玩具火车车厢最终模型效果图

注：扫此二维码可观看相应数字资源（含视频及拓展课外资源）。

第2章 电动车安全充电插座创新设计

【学习目标】

◎ 了解安全充电插座上盖的细节及结构 UG 建模过程。

◎ 了解安全充电插座中板的细节及结构 UG 建模过程。

◎ 了解安全充电插座下盖的细节及结构 UG 建模过程。

【重点难点】

◎ 拉伸、布尔运算、阵列、修剪体、镜像特征、边倒圆、壳体等命令的应用。

◎ 各种命令在安全充电插座产品设计中的参数设置。

2.1　安全充电插座设计评析

电动车安全充电插座爆炸图如图 2.1.1 所示。

随着电动车数量的极具扩增和使用范围的不断扩大，在公共场所充电已成为众多电动车解决能源补充的重要方式，由于部分充电器质量差或爆充等容易导致电动车充电时发生火灾，这对公共场所（如小区、单位、社会其他公共充电场所……）的安全造成了一定的威胁，解决因电动车充电而发生火灾的问题成为众多单位领导头疼的难题。

本设计是受杭州某电动车充电桩生产企业要求为公共场所设计的一款电动车安全充电插座产品，本插座主要涉及三个盒装零件，盒内装有电器元器件，具有实时显示、即扫即用、充电状态实时查看、按时充电断电等功能，因此是一款安全、可靠的电动车充电插座设计。

这款安全充电插座的上盖如图 2.1.2 所示。

图 2.1.1　电动车安全充电插座爆炸图

图 2.1.2　安全充电插座上盖效果图

这款安全充电插座的中板如图 2.1.3 所示。
这款安全充电插座的下盖如图 2.1.4 所示。

图 2.1.3　安全充电插座中板效果图

图 2.1.4　安全充电插座下盖效果图

产品材料：绝缘工程塑料。

产品尺寸：直径 146mm，高度 85mm。

制造工艺：前期设计验证阶段使用 3D 打印技术，批量生产阶段使用模具批量生产。

设计优点：设计简洁，圆形的设计造型可在有限的空间内安装更多的插座，更节省空间。

★提示

产品形态设计创新的方法

在新产品设计过程中，产品的形态设计往往困扰着很多设计师，其实用什么形态不重要，其本质在于提高物质的使用价值，因此利用常见且简洁的长方体、正方体、圆柱体等形态，在细节上进行微设计也是很好的形态设计创新。

图 2.1.5　简单的几何形态再塑造也能成为美的设计形态

简单的几何形态深受一些著名工业设计师的喜爱，在几何形体的造型过程中，设计师可以根据产品的具体要求，对一些原始的几何形态做进一步的变化和改进，如对原型的切割、组合、变异、综合等造型手法，以获取新的立体几何形态（图 2.1.5）。

2.2　充电插座上盖设计

充电插座上盖的零件模型及模型树如图 2.2.1 所示。

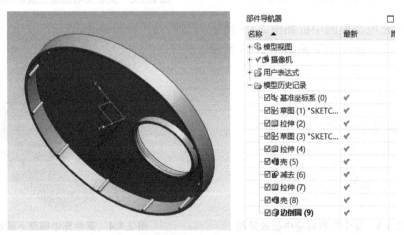

图 2.2.1　充电插座上盖的零件模型及模型树

Step 1. 新建文件。执行下拉菜单中的 文件(F) → 新建(N)... 命令，系统弹出"新建"对话框。在 **模型** 中选取类型为 **模型** 的模板，在 名称 中输入文件名称，单击 确定 按钮进入建模环境。

Step 2. 创建如图 2.2.2 所示的拉伸特征 1。单击"创建草图"按钮，弹出"创建草图"对话框，选取 XY 基准平面为草图平面，单击 确定 按钮进入草图环境。绘制如图 2.2.2 所示的草图，单击"完成草图"按钮。执行下拉菜单中的 插入(S) → 设计特征(E) → 拉伸(E)... 命令（或单击 按钮）弹出"拉伸"对话框，在 限制 区域的 开始 下拉列表中选择 值 选项，并在其下方的距离文本框中输入"0"；在 限制 域的 结束 下拉列表中选择 值 选项，并在其下方的距离文本框中输入"14"，其余为系统默认参数，完成拉伸特征 1 的创建。

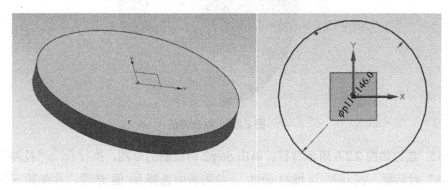

图 2.2.2　拉伸特征 1 及草图尺寸

Step 3. 建立如图 2.2.3 所示的拉伸特征 2。单击"草图"按钮，弹出"草图"对话框，选取 XY 基准平面为草图平面，单击 确定 按钮进入草图环境。绘制如图 2.2.4 所示草图，单击"完成草图"按钮。单击 "拉伸"按钮，弹出"拉伸"对话框，在 限制 区域的 开始 下拉列表中选择 值 选项，并在其下方的距离文本框中输入"0"；在 限制 区域的**结束**下拉列表中选择 值 选项，并在其下方的距离文本框中输入"3"，其余为系统默认参数不变，完成拉伸特征 2 的创建。将图 2.2.2 所建模型抽壳：执行下拉菜单中的 插入(S) → 偏置/缩放(O) → 抽壳(H)... 命令或（或单击 按钮），系统弹出"抽壳"对话框；将 **厚度** 设置为 1，其余参数保持不变。

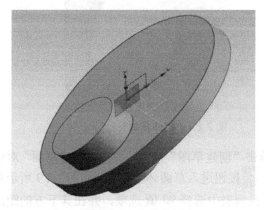

图 2.2.3　拉伸特征 2

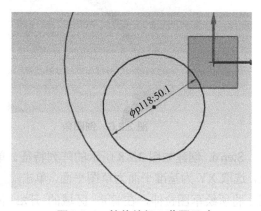

图 2.2.4　拉伸特征 2 草图尺寸

Step 4. 创建如图 2.2.5 所示的减去特征。执行下拉菜单中的 插入(S) → 组合(B) → ⚙ 减去命令（或单击 ⚙ 减去按钮），得到求差菜单。选择图 2.2.2 所建模型大圆为目标体和图 2.2.3 所建小圆为工具体，单击 确定 按钮，得到如图 2.2.5 所示的减去特征。

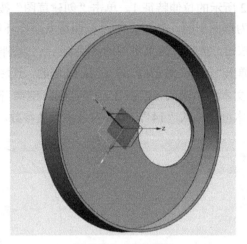

图 2.2.5　减去特征

Step 5. 创建如图 2.2.6 所示特征。单击 Step2 所绘制的草图，执行 🔲 "拉伸"命令，弹出"拉伸"对话框，在 限制 区域的 开始 下拉列表中选择 🔘 值 选项，并在其下方的距离文本框中输入"0"；在 限制 区域的 结束 下拉列表中选择 🔘 值 选项，并在其下方的距离文本框中输入"7"，其余为系统默认参数不变。将所建模型进行抽壳，如图 2.2.7 所示：执行下拉菜单 插入(S) → 偏置/缩放(O) → 🐚 抽壳(H)... 命令（或单击 🐚 按钮），系统弹出"抽壳"对话框；将 厚度 设置为 1，其余参数保持不变。将抽壳模型倒角：执行下拉菜单中的 插入(S) → 细节特征(L) → 🔩 边倒圆(E)... 命令（或单击 🔩 按钮），并在 半径1 文本框中输入 5mm，其他保持系统设定参数不变，获得如图 2.2.6 所示所需要的特征。

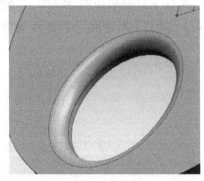

图 2.2.6　倒圆角

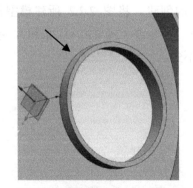

图 2.2.7　拉伸及抽壳

Step 6. 创建如图 2.2.8 所示的阵列特征。单击"创建草图"按钮，弹出"创建草图"对话框，选取 XY 为基准平面为草图平面，单击 确定 按钮进入草图环境，绘制如图 2.2.9 所示草图。将所绘草图拉伸，在 限制 区域的 开始 下拉列表中选择 🔘 值 选项，并在其下方的距离文本框中输入"0"；在 限制 区域的 结束 下拉列表中选择 🔘 值 选项，并在其下方的距离文本框中输入"10"，其余保持系统默认参数不变。单击 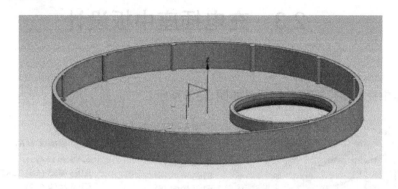 阵列特征 按钮，显示"阵列特征"对话框如图 2.2.9 所示，"数量"框内输入"12"，"节距角"设为"30"，其他参数采用系统默认设置，单击 确定 按钮，完成模型的建立。

图 2.2.8　阵列特征

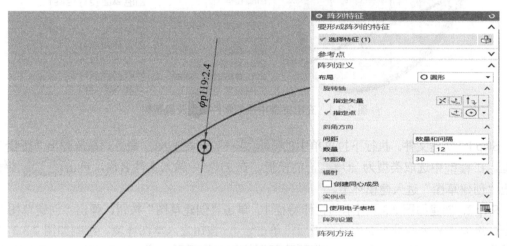

图 2.2.9　阵列特征原型草图

Step 7. 保存零件模型。执行下拉菜单中的 文件(F) → 📁 保存(S) 命令，完成如图 2.2.8 所示阵列特征的创建。

注：扫此二维码可观看相应数字资源（含视频及拓展课外资源）。

2.3 充电插座中板设计

充电插座中板的零件模型及模型树如图 2.3.1 所示。

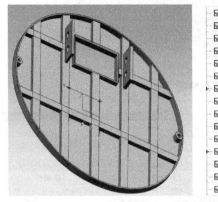

图 2.3.1 充电插座中板的零件模型及模型树

Step 1. 新建文件。执行下拉菜单中的 文件(F) → 🗋 新建(N)... 命令，系统弹出"新建"对话框。在 模型 中选取类型为 🔵 模型 的模板，在 名称 中输入文件名称，单击 确定 按钮，弹出"创建草图"进入建模环境。

Step 2. 创建如图 2.3.2 所示的拉伸特征 1。单击"创建草图"按钮，弹出"创建草图"对话框，选取 XY 为基准平面为草图平面，单击 确定 按钮进入草图环境。绘制如图 2.3.3 所示的草图，单击"完成草图"按钮。将所建草图拉伸：执行下拉菜单中的 插入(S) → 设计特征(E) → 🔟 拉伸(E)... 命令（或单击 🔟 按钮）弹出"拉伸"对话框；在 限制 区域的 开始 下拉列表中选择 🔘 值 选项，并在其下方的"距离"文本框中输入"0"；在 限制 区域的 结束 下拉列表中选择 🔘 值 选项，并在其下方的"距离"文本框中输入"7"，其余保持系统默认参数不变，单击 确定 按钮完成拉伸操作。

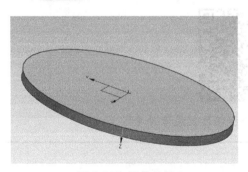

图 2.3.2 拉伸特征 1

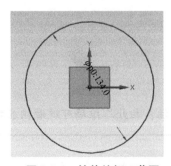

图 2.3.3 拉伸特征 1 草图

Step 3. 创建如图 2.3.4 所示抽壳特征。执行下拉菜单中的 插入(S) → 偏置/缩放(O) → 抽壳(H)... 命令（或单击 按钮），系统弹出"抽壳"对话框；将 厚度 设置为 1，其余参数保持不变，如图 2.3.4 所示，单击 确定 按钮完成模型。

图 2.3.4　抽壳特征

Step 4. 创建如图 2.3.5 所示模型特征。建立如图 2.3.6 所示草图：单击"创建草图"按钮，弹出"创建草图"对话框，选取 XY 为基准平面为草图平面，单击 确定 按钮进入草图环境。绘制如图 2.3.6 所示的草图，单击"完成草图"按钮。将所建草图拉伸：单击 "拉伸"按钮，弹出"拉伸"对话框；在 限制 区域的 开始 下拉列表中选择 值选项，并在其下方的"距离"文本框中输入值"0"；在 限制 区域的结束 下拉列表中选择 值选项，并在其下方的"距离"文本框中输入值"6"，其余保持系统默认参数不变，单击 确定 按钮完成拉伸特征 2。单击 阵列特征 按钮弹出"阵列特征"对话框，将拉伸物体阵列，如图 2.3.7 所示。将 Step3 所绘草图拉伸为片体如图 2.3.8 所示。单击 修剪体 按钮显示"修剪"菜单，将阵列所得为目标体，工具体选项为图 2.3.8 所得片体，其他设定参数保持不变，单击 确定 按钮得到 2.3.5 所示模型特征。

Step 5. 建立如图 2.3.9 所示阵列特征。单击"创建草图"按钮，弹出"创建草图"对话框，选取 XY 为基准平面为草图平面，单击 确定 按钮进入草图环境，绘制如图 2.3.10 所示的草图，单击"完成草图"按钮。将所建草图拉伸：单击 "拉伸"按钮，弹出"拉伸"对话框；在 限制 区域的 开始 下拉列表中选择 值 选项，并在其下方的"距离"文本框中输入"0"；在 限制 区域的 结束 下拉列表中选择 值 选项，并在其下方的"距离"文本框中输入"6"，其余保持系统默认参数不变，单击 确定 完成拉伸特征 3 的创建。单击 阵列特征 按钮弹出"阵列特征"对话框，将拉伸物体阵列，如图 2.3.11 所示。将 Step3 所绘草图拉伸为片体如图 2.3.8 所示。单击 修剪体 按钮显示"修剪"菜单，将阵列所得为目标体，工具体选择图 2.3.8 所得片体，其他设定参数保持不变，单击 确定 按钮得到 2.3.9 所示模型特征。

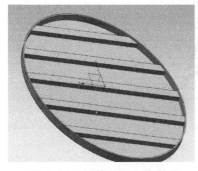

图 2.3.5　拉伸特征 2 并阵列

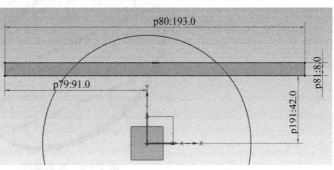

图 2.3.6　拉伸特征 2 的草图尺寸

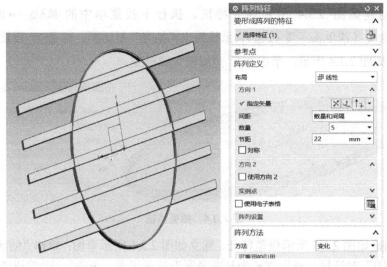

图 2.3.7　将拉伸特征 2 进行阵列

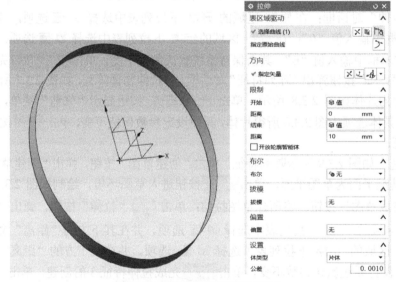

图 2.3.8　修剪体所用到的刀具体

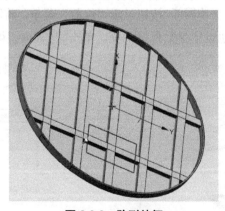

图 2.3.9　阵列特征

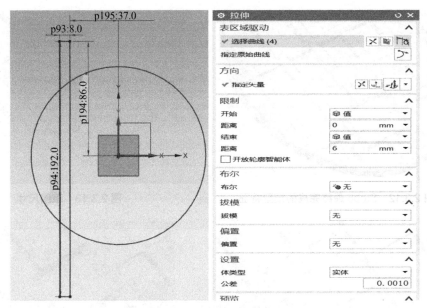

图 2.3.10　拉伸特征 3 的草图尺寸

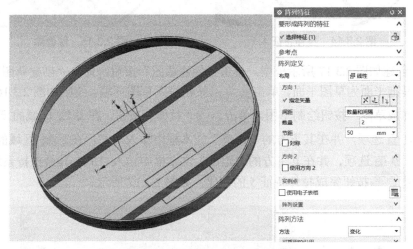

图 2.3.11　阵列并进行修剪体操作

Step 6. 建立如图 2.3.12 所示模型特征。建立如图 2.3.13 所示草图，单击"创建草图"按钮，弹出"创建草图"对话框，选取 XY 为基准平面为草图平面，单击 确定 按钮进入草图环境，绘制如图 2.3.10 所示的草图，单击"完成草图"按钮。单击 〖 "拉伸"按钮，弹出"拉伸"对话框，在 限制 区域的 开始 下拉列表中选择 值 选项，并在其下方的"距离"文本框中输入"0"；在 限制 区域的 结束 下拉列表中选择 值 选项，并在其下方的"距离"文本框中输入"6"，其余保持系统默认参数不变，单击 确定 按钮完成拉伸特征 4 的创建（见图2.3.14）。同时再次将如图 2.3.13 所示草图进行拉伸，片体长度为 10，其余设定参数保持不变。执行下拉菜单中的 插入 -> 修剪 -> 修剪体 命令（或单击 ⬚ 修剪体 ）弹出"修剪"对话框，修剪得到如图 2.3.15 所示模型。单击 🔲 抽壳 按钮将长方体两端抽壳厚度为 1，其他参数采用系统默认设置，得到如图 2.3.12 所示模型特征。

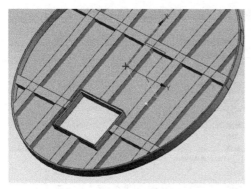

图 2.3.12　Step6 最终完成的模型特征

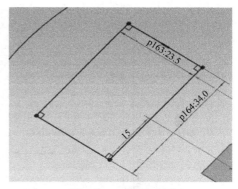

图 2.3.13　草图尺寸

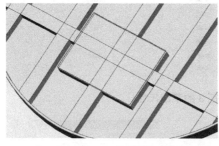

图 2.3.14　拉伸特征 4

图 2.3.15　修剪体

Step 7. 创建如图 2.3.17 所示模型。单击"创建草图"按钮，弹出"创建草图"对话框，选取 XY 为基准平面为草图平面，单击 确定 按钮进入草图环境。绘制如图 2.3.16 所示的草图，单击"完成草图"按钮绘制草图。单击 "拉伸"按钮，在 限制 区域的 开始 下拉列表中选择 值选项，并在其下方的"距离"文本框中输入"0"；在 限制 区域的 **结束** 下拉列表中选择 值选项，并在其下方的"距离"文本框中输入"6"，其余保持系统默认参数不变，单击 确定 按钮完成拉伸特征 5 的创建，如图 2.3.17 所示。

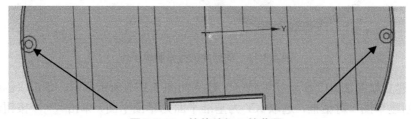

图 2.3.16　拉伸特征 5 的草图

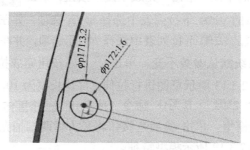

图 2.3.17　拉伸特征 5 的草图尺寸

Step 8. 建立如图 2.3.18 所示模型。单击"创建草图"按钮，弹出"创建草图"对话框，选取 XY 为基准平面为草图平面，单击 确定 按钮进入草图环境。绘制如图 2.3.19 所示的草图，单击"完成草图"按钮绘制草图。单击 "拉伸"按钮，弹出"拉伸"对话框，在 限制 区域的 开始下拉列表中选择 值选项，并在其下方的"距离"文本框中输入"0"；在 限制 区域的 结束 下拉列表中选择 值选项，并在其下方的"距离"文本框中输入"6"，其余保持系统默认参数不变，单击 确定 按钮完成拉伸，得到如图 2.3.20 所示的拉伸特征 6。在所拉伸的长方体上绘制草图如 2.3.21 所示，并拉伸 20mm，如图 2.3.22 所示。单击 减去按钮显示"减去"菜单，将图 2.3.20 所示模型为目标体，图 2.3.21 所示模型为工具体，单击 确定 按钮得到如图 2.3.18 所示模型。

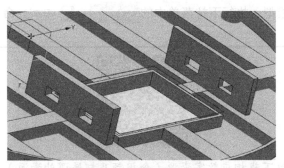

图 2.3.18　最终模型效果

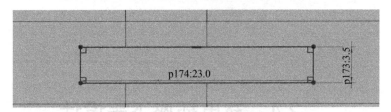

图 2.3.19　拉伸特征 6 的草图尺寸

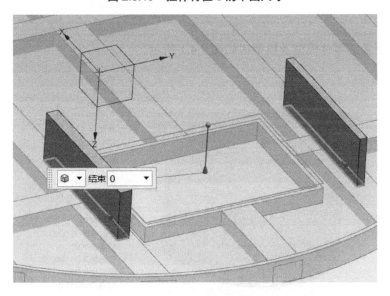

图 2.3.20　拉伸特征 6

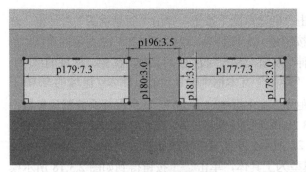

图 2.3.21 减去特征的草图尺寸

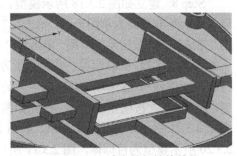

图 2.3.22 减去特征拉伸效果

Step 9. 保存零件模型。执行下拉菜单中的 文件(F) → 💾 保存(S) 命令，完成创建。

注：扫此二维码可下载相应数字资源（含视频及拓展课外资源）。

2.4 充电插座下盖设计

充电插座下盖的零件模型及模型树如图 2.4.1 所示。

图 2.4.1 充电插座下盖的零件模型及模型树

Step 1. 新建文件。执行下拉菜单中的 文件(F) → ▢ 新建(N)… 命令，系统弹出"新建"对话框。在 模型 中选取类型为 ▣模型 的模板，在 名称 中输入文件名称，单击 确定 按钮进入建模环境。

Step 2. 建立如图 2.4.2 所示的拉伸特征 1。单击"创建草图"按钮，弹出"创建草图"对话框，选取 XY 为基准平面为草图平面，单击 确定 按钮进入草图环境。绘制如图 2.4.3 所示的草图，单击"完成草图"按钮。执行下拉菜单中的 插入(S) → 设计特征(E) → ▯ 拉伸(E)… 命令（或单击 ▯ 按钮）弹出"拉伸"对话框，在 限制 区域的 开始 下拉列表中选择 ▣ 值 选项，并在其下方的"距离"文本框中输入"64"；在 限制 区域的 结束 下拉列表中选择 ▣ 值 选项，并在其下方的"距离"文本框中输入"0"，其余保持系统默认参数不变，单击 确定 按钮完成拉伸。

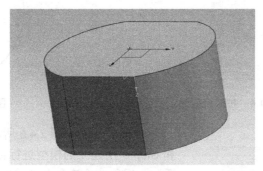

图 2.4.2 拉伸特征 1

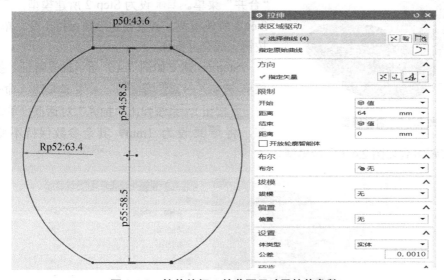

图 2.4.3 拉伸特征 1 的草图尺寸及拉伸参数

Step 3. 建立如图 2.4.4 所示拉伸特征 2。单击"创建草图"按钮，弹出"创建草图"对话框，选取 XY 为基准平面为草图平面，单击 确定 按钮进入草图环境。绘制如图 2.4.5 所示的草图，单击"完成草图"按钮。单击 ▯ "拉伸"按钮，弹出"拉伸"对话框；在 限制 区域的 开始 下拉列表中选择 ▣ 值 选项，并在其下方的"距离"文本框中输入"4"；在 限制 区域的 结束 下拉列表中选择▣ 值 选项，并在其下方的"距离"文本框中输入"0"，其余设计参数保持不变，单击 确定 按钮完成拉伸操作。

图 2.4.4　拉伸特征 2

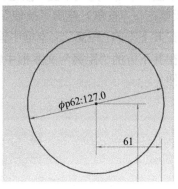

图 2.4.5　草图尺寸

图 2.4.6　合并模型

Step 4. 建立如图 2.4.6 所示的合并特征。将 Step 2 和 Step 3 所建立的模型进行合并。执行下拉菜单中的 插入 -> 组合 -> 合并 命令（或单击 合并 按钮），显示"合并"菜单。目标 设为 Step 2 所建模型，工具 设为 Step 3 所建模型，其余设定参数保持不变，单击 确定 按钮完成合并操作。

Step 5. 建立如图 2.4.7 所示抽壳特征。执行下拉菜单 插入(S) → 偏置/缩放(O) → 抽壳(H)... 命令（或单击 按钮），系统弹出"抽壳"对话框；单击物件顶部，将 厚度 设为 1mm，其余参数保持不变，单击 确定 按钮得到如图 2.4.7 所示模型。

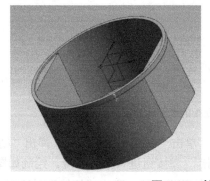

图 2.4.7　抽壳

Step 6. 建立如图 2.4.8 所示拉伸特征 3。单击"创建草图"按钮，弹出"创建草图"对话框，选取 XY 为基准平面为草图平面，单击 确定 按钮进入草图环境。绘制如图 2.4.9 所示的草图，单击"完成草图"按钮。单击 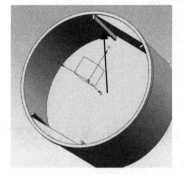 "拉伸"按钮，弹出"拉伸"对话框，在 限制 区域的 开始 下拉列表中选择 值 选项，并在其下方的"距离"文本框中输入"0"；在 限制 区域的 结束 下拉列表中选择 值 选项，并在其下方的"距离"文本框中输入"60"，其余设计参数保持不变，单击 确定 按钮完成拉伸。

图 2.4.8　拉伸特征 3

图 2.4.9　拉伸特征 3 尺寸

Step 7. 建立如图 2.4.10 所示拉伸特征 4。单击"创建草图"按钮，弹出"创建草图"对话框，选取 XY 为基准平面为草图平面，单击 确定 按钮进入草图环境。绘制如图 2.4.11 所示的草图，单击"完成草图"按钮。单击 "拉伸"按钮，弹出"草图"对话框，在 限制 区域的 开始 下拉列表中选择 值 选项，并在其下方的"距离"文本框中输入"0"；在 限制 区域的 结束 下拉列表中选择 值 选项，并在其下方的"距离"文本框中输入"60"，其余设定参数保持不变，单击 确定 按钮完成拉伸操作。

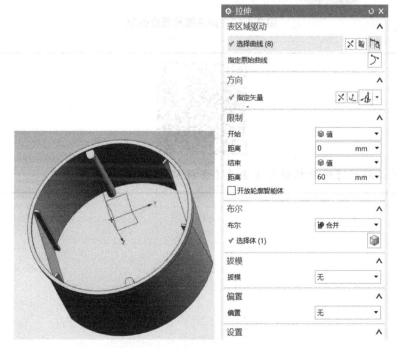

图 2.4.10　拉伸特征 4 及拉伸参数

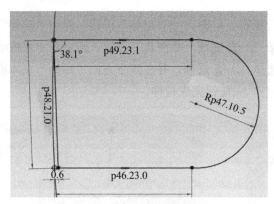

图 2.4.11　拉伸特征 4 草图尺寸

Step 8. 将模型进行倒圆角如图 2.4.12 所示。单击 ⬚ "边倒圆"按钮，显示"边倒圆"对话框；在半径1文本框中输入 1mm，其余设定参数保持不变。

Step 9. 保存零件模型。执行下拉菜单中的 文件(F) →💾 保存(S) 命令，完成创建。

图 2.4.12　边倒圆及最终效果

注：扫此二维码可观看相应数字资源（含视频及拓展课外资源）。

第 3 章　转换插头创新设计

【学习目标】

◎ 了解转换插头的插头部分的细节及结构 UG 建模过程。

◎ 了解转换插头连接件的细节及结构 UG 建模过程。

◎ 了解转换插头插座盒的细节及结构 UG 建模过程。

【重点难点】

◎ 拉伸、阵列、倒斜角、边倒圆、镜像特征、拔模、壳体等命令的应用。

◎ 各种命令在转换插头产品设计中的参数设置。

◎ 掌握零件装配的基本方法和应用。

3.1 转换插头设计评析

转换插头是为解决境外出行人员充电之用的，境外（特别是西方）的用电标准与国内不同，因此转换插头是境外旅行的必备，本设计虽然形态小巧、设计简洁，但功能设计恰到好处，且便于携带，实用性较强。

本设计是受宁波某插座生产企业要求为境外出行设计的一款转换插头产品，本插头设计主要涉及三个零件：插头、连接件、插座，插座盒内装有转换器，即插即用，非常方便。

产品材料：绝缘工程塑料。

制造工艺：前期设计验证阶段使用 3D 打印技术，批量生产阶段使用模具批量生产。

设计优点：设计简洁，圆形的设计造型小巧、便于携带，且安全可靠。

转换插头渲染图如图 3.1.1 所示。

图 3.1.1 转换插头渲染图

转换插头结构爆炸图如图 3.1.2 所示。

图 3.1.2 转换插头结构爆炸图

3.2　插头外观及结构设计

本节重点介绍插头的设计过程，插头的零件模型及相应的模型树如图 3.2.1 所示。

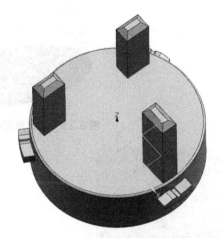

模型历史记录
- ☑️🔧 基准坐标系 (0)
- ☑️📦 拉伸 (1)
- ☑️📦 拉伸 (2)
- ☑️📦 拉伸 (3)
- ☑️📦 拉伸 (4)
- ☑️📑 草图 (5) "SKETC...
- ☑️📄 偏置曲面 (6)
- ☑️📦 拉伸 (7)
- ☑️🔷 阵列特征 [圆形] ...
- ☑️📑 草图 (9) "SKETC...
- ☑️📦 拉伸 (10)
- ☑️📦 拉伸 (11)
- ☑️🔷 镜像特征 (12)
- ☑️🔶 倒斜角 (13)
- ☑️🔶 边倒圆 (14)
- ☑️🔶 **边倒圆 (15)**

图 3.2.1　插头的零件模型及相应的模型树

Step 1. 新建文件。执行下拉菜单 文件(F) → ☐ 新建(N)... 命令，系统弹出"新建"对话框。在 模型 选项卡的 模板 区域中选取模板类型为 🞄 模型 ；在 名称 文本框中输入文件名称 "chatou.prt"，单击 确定 按钮，进入建模环境。

Step 2. 创建如图 3.2.2 所示的拉伸特征 1。执行下拉菜单中的 插入(S) → 设计特征(E) → 🟦 拉伸(X)... 命令（或单击 🟦 "拉伸"按钮）；单击"拉伸"对话框中的"绘制截面"按钮 🞄 草图，系统弹出"创建草图"对话框，选 XY 基准平面为草图平面，单击 确定 按钮，绘制如图 3.2.3 所示的截面草图，然后退出草图环境；单击 🏁 "完成草图"按钮，在限制区域的结束下方的距离文本框中输入"12"；其他参数按系统默认设置；单击 确定 按钮，完成拉伸特征 1 的创建。

图 3.2.2　拉伸特征 1

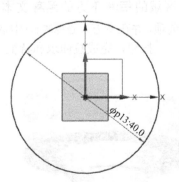

图 3.2.3　截面草图

Step 3. 创建如图 3.2.4 所示的拉伸求差特征 1。执行 "拉伸"命令，单击"拉伸"对话框中的"绘制截面"按钮 🔳 草图，系统弹出"创建草图"对话框，选择如图 3.2.5 所示平面为草图平面，单击 确定 按钮，绘制如图 3.2.6 所示的截面草图，然后退出草图环境，单击 🏁 "完成草图"按钮；在"拉伸"对话框的方向区域单击"反向"按钮 ✕，在限制区域的结束下方的距离文本框中输入"5"；在布尔区域的布尔的选项栏中选择 ➖减去选项，并在下方的 ✔选择体(1)中选择图 3.2.2 中的拉伸特征 1；其他参数按系统默认设置，单击 确定按钮，完成拉伸求差特征 1 创建。

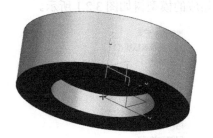

图 3.2.4　拉伸求差特征 1

选取此平面

图 3.2.5　定义草图平面

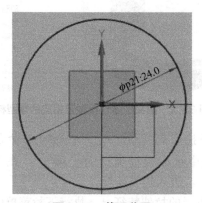

图 3.2.6　截面草图

Step 4. 创建如图 3.2.7 所示的拉伸求和特征 1。执行 "拉伸"命令，单击"拉伸"对话框中的"绘制截面"按钮 🔳 草图，系统弹出"创建草图"对话框，选择如图 3.2.8 所示的平面为草图平面，单击 确定 按钮，绘制如图 3.2.9 所示的截面草图，然后退出草图环境；在限制区域的结束下方的距离文本框中输入"10"；在布尔区域的布尔选项栏中选择 🔩合并选项，并在下方 ✔选择体(1)中选择图 3.2.2 中的拉伸特征 1；其他参数按系统默认设置；单击 确定 按钮，完成拉伸求和特征 1 的创建。

图 3.2.7　拉伸求和特征 1

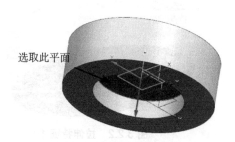

选取此平面

图 3.2.8　定义草图平面

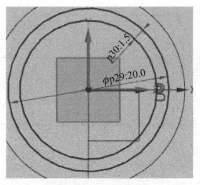

图 3.2.9　截面草图

Step 5. 创建如图 3.2.10 所示的拉伸求和特征 2。执行 ▦ “拉伸”命令，单击“拉伸”对话框中的“绘制截面”按钮 🔲 草图 ，系统弹出“创建草图”对话框，选择如图 3.2.11 所示的平面为草图平面，单击 确定 按钮，绘制如图 3.2.12 所示的截面草图，然后退出草图环境；在限制区域的结束下方的距离文本框中输入“9”；在布尔区域的布尔的选项栏中选择 🔩 合并选项，并在下方 ✔ 选择体 (1) 中选择图 3.2.7 中的拉伸求和特征 1；其他参数按系统默认设置；单击 确定 按钮，完成拉伸求和特征 2 的创建。

图 3.2.10　拉伸求和特征 2

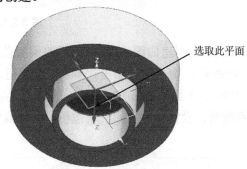

图 3.2.11　定义草图平面

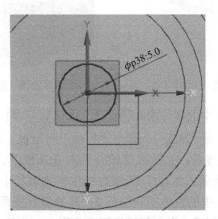

图 3.2.12　截面草图（以原点为中心点）

Step 6. 创建如图 3.2.13 所示的草图。执行下拉菜单中的 插入(S) → 🔲 草图(H)... 命令（或单击 🔲 草图 ）；系统弹出“创建草图”对话框，选取 ZY 基准平面为草图平面，单击 确定 按钮，绘制如图 3.2.13 所示的截面草图，然后退出草图环境。

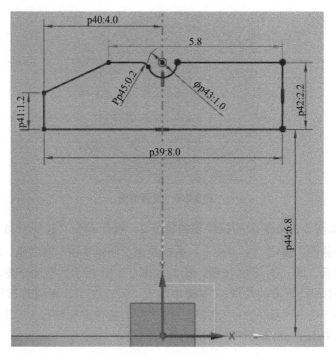

图 3.2.13　截面草图

Step 7. 创建如图 3.2.14 所示的偏置曲面。执行下拉菜单中的 插入(S) → 偏置/缩放(O) → 偏置曲面(O)... 命令（或单击 偏置曲面 按钮）；系统弹出"偏置曲面"对话框；在面 区域的 选择面 (1) 中选择如图 3.2.15 所示的平面，并在下方的 偏置 1 文本框中输入"2.5"；其他参数按系统默认设置；单击 确定 按钮，完成偏置曲面的创建。

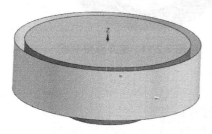

图 3.2.14　偏置曲面

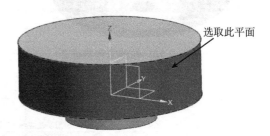

选取此平面

图 3.2.15　选取平面

Step 8. 创建如图 3.2.16 中的拉伸求和特征 3。执行 "拉伸"命令，单击"拉伸"对话框中的"绘制截面"按钮 草图 ，弹出"拉伸"对话框，在表区域驱动 的 选择曲线 (0) 中选择 3.2.13 草图中的所有线条；在限制 区域的结束 选项框中选择 直至选定 选项，并选择如图 3.2.14 中所示的偏置曲面；在布尔 区域的布尔 的选项栏中选择 合并选项，并在下方 选择体 (1) 中选择图 3.2.10 中的拉伸求和特征 2；其他参数按系统默认设置；单击 确定 按钮，完成拉伸求和特征 3 的创建。为方便进行下一步操作，将偏置曲面移动到 62 图层（下拉菜单，选择格式，单击"移动至图层"按钮）。

Step 9. 创建如图 3.2.17 所示的阵列特征。执行下拉菜单中的 插入(S) → 关联复制(A) → 阵列特征(A)... 命令（或单击 阵列特征 按钮）；弹出"阵列特征"对话框，选取 Step 8 创建的拉伸求和特征 3，在**阵列定义**下方的**布局**选项栏中选择 〇 **圆形** 选项，单击"旋转轴"指定矢量，选取 Z 轴作为基准轴，指定点选取原点，在 **斜角方向** 选项栏中选择"数量和间隔"选项，在**数量**文本框中输入"3"，在**节距角**文本框中输入"120"，单击 **确定** 按钮；完成阵列特征的创建。

图 3.2.16　拉伸求和特征 3

图 3.2.17　阵列特征

Step 10. 创建如图 3.2.18 所示草图。执行下拉菜单中的 **插入(S)** → **草图(H)...** 命令（或单击 **草图** ）；系统弹出"创建草图"对话框，选择如图 3.2.19 所示的平面为草图平面，单击 **确定** 按钮，绘制如图 3.2.18 所示的截面草图，然后退出草图环境。

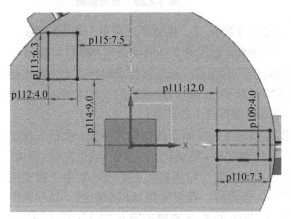
图 3.2.18　截面草图

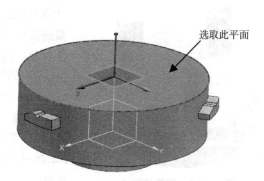
图 3.2.19　定义草图平面

Step 11. 创建如图 3.2.20 所示的拉伸求和特征 4。执行 **"拉伸"** 命令，单击"拉伸"对话框中的"绘制截面"按钮 ，弹出"拉伸"对话框，在**表区域驱动** 的 **﹡ 选择曲线 (0)** 中选择如图 3.2.21 所示的线条；在**限制区域**的**结束** 下方的**距离** 文本框中输入"21"；在**布尔区域**的**布尔** 的选项栏中选择 **合并**选项，并在下方 **选择体 (1)** 中选择如图 3.2.16 中所示的拉伸求和特征 3；其他参数按系统默认设置；单击 **确定** 按钮，完成拉伸求和特征 4 的创建。

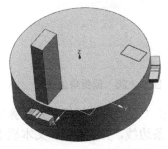
图 3.2.20　拉伸求和特征 4

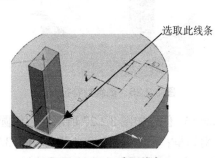
图 3.2.21　选取线条

　　Step 12. 创建如图 3.2.22 所示的拉伸求和特征 5。执行 📇 "拉伸"命令，单击"拉伸"对话框中的"绘制截面"按钮 🔲 草图 ，弹出"拉伸"对话框，在 表区域驱动 的 ＊ 选择曲线 (0) 中选择如图 3.2.23 所示的线条；在 限制 区域的 结束 下方的 距离 文本框中输入"16"；在布尔区域的 布尔 选项栏中选择 🔵 合并选项，并在下方的 ✔ 选择体 (1) 中选择如图 3.2.16 中所示的拉伸求和特征 3；其他参数按系统默认设置；单击 确定 按钮，完成拉伸求和特征 5 的创建。

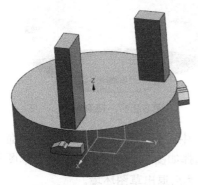

图 3.2.22　拉伸求和特征 5

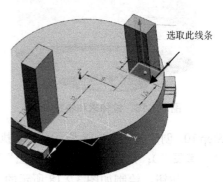

选取此线条

图 3.2.23　选取线条

图 3.2.24　镜像特征 1

　　Step 13. 创建镜像特征 1。执行下拉菜单中的 插入(S) → 关联复制(A) → 🐎 镜像特征(R) 命令（或单击 🐎 镜像特征 按钮）；系统弹出"镜像特征"对话框；选取拉伸求和特征 5 为镜像特征对象；选取 ZX 基准平面；最后效果如图 3.2.24 所示，单击 确定 按钮，完成镜像特征 1 的创建。

　　Step 14. 创建如图 3.2.25 所示的倒斜角特征。执行下拉菜单中的 插入(S) → 细节特征(L) → 🔲 倒斜角(M)... 命令（或单击 🔲 倒斜角 按钮），系统弹出"倒斜角"对话框；在 ＊ 选择边 (0) 中选择如图 3.2.26 中所示的 12 条边线，在 偏置 区域的 横截面 下拉列表中选择 🔲 对称选项，并在 距离 文本框中输入"1.3"；单击 确定 按钮，完成倒斜角特征的创建。

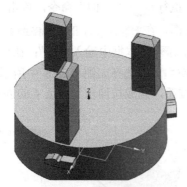

图 3.2.25　倒斜角特征

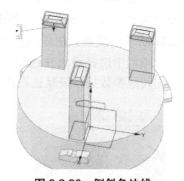

图 3.2.26　倒斜角边线

　　Step 15. 创建如图 3.2.27 所示的边倒圆特征 1。单击 📦 "边倒圆"按钮，系统弹出"边倒圆"对话框；在 ＊ 选择边 (0) 中选择如图 3.2.28 中所示的 1 条边线，并在 半径 1 文本框中输入"1"；单击 确定 按钮，完成边倒圆特征 1 的创建。

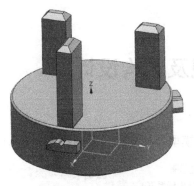

图 3.2.27　边倒圆特征 1

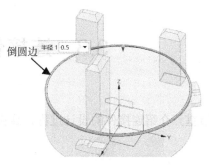

图 3.2.28　倒圆边线

Step 16. 创建如图 3.2.29 所示的边倒圆特征 2。执行 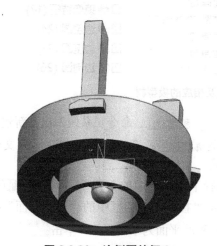 "边倒圆"命令，系统弹出"边倒圆"对话框；在 选择边 (0) 中选择如图 3.2.30 中所示的 1 条边线，并在半径 1 文本框中输入"2.5"；单击 确定 按钮，完成边倒圆特征 2 的创建。

图 3.2.29　边倒圆特征 2

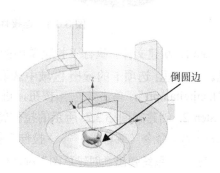

图 3.2.30　倒圆边线

Step 17. 保存零件模型。执行下拉菜单中的 文件(F) → 保存(S) 命令，即可保存零件模型，至此完成此结构的全部外观和结构设计。

注：扫此二维码可观看相应数字资源（含视频及拓展课外资源）。

3.3　连接件外观及结构设计

本节重点介绍连接件的设计过程，连接柱的零件模型及相应的模型树，如图 3.3.1 所示。

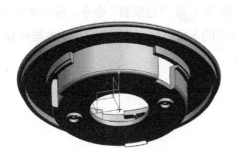

模型历史记录	☑🔲 基准平面 (11)
☑📐 基准坐标系 (0)	☑📖 拉伸 (12)
☑📖 拉伸 (1)	☑◆ 阵列特征 [圆形] ...
☑📖 拉伸 (2)	☑📖 拉伸 (14)
☑📖 拉伸 (3)	☑📖 拉伸 (15)
☑📖 拉伸 (4)	☑📖 拉伸 (16)
☑📖 拉伸 (5)	☑◆ 镜像特征 (17)
☑📖 拉伸 (6)	☑◐ 边倒圆 (24)
☑🔲 草图 (7) "SKETC...	☑◐ 边倒圆 (25)
☑📖 拉伸 (8)	☑◐ **边倒圆 (26)**
☑📖 拉伸 (9)	
☑📖 拉伸 (10)	

图 3.3.1　连接件的零件模型及相应的模型树

Step 1. 新建文件。执行下拉菜单中的 文件(F) → 📄 新建(N)... 命令，系统弹出"新建"对话框。在 模型 选项卡的 模板 区域中选取模板类型为 📦模型 ；在 名称 文本框中输入文件名称 "lianjiejian.prt"，单击 确定 按钮，进入建模环境。

Step 2. 创建如图 3.3.2 所示的拉伸特征 1。执行下拉菜单中的 插入(S) → 设计特征(E) → 📖 拉伸(X)... 命令（或单击 📖 "拉伸"按钮）；单击"拉伸"对话框中的"绘制截面"按钮 📐 草图 ，系统弹出"创建草图"对话框，选择 XY 基准平面为草图平面，单击 确定 按钮，绘制如图 3.3.3 所示的截面草图，然后退出草图环境；在 限制 区域的 结束 下方的 距离 文本框中输入 "12"；其他参数按系统默认设置；单击 确定 按钮，完成拉伸特征 1 的创建。

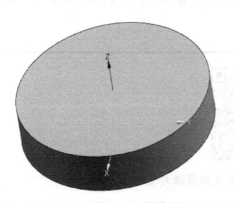

图 3.3.2　拉伸特征 1

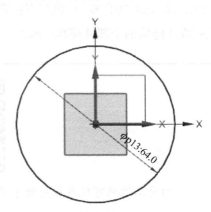

图 3.3.3　截面草图

Step 3. 创建如图 3.3.4 所示的拉伸求差特征 1。执行 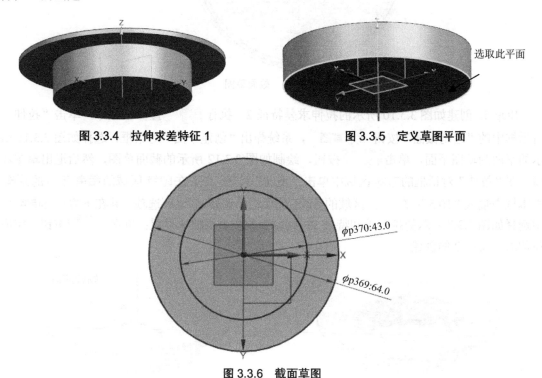"拉伸"命令，单击"拉伸"对话框中的"绘制截面"按钮 草图 ，系统弹出"创建草图"对话框，选择如图 3.3.5 所示的平面为草图平面，单击 确定 按钮，绘制如图 3.3.6 所示的截面草图，然后退出草图环境；在"拉伸"对话框的方向 区域中单击"反向"按钮，在限制区域的结束 下方的距离 文本框中输入"10.5"；在布尔 区域的布尔 选项栏中选择 减去 选项，并在下方 ✔ 选择体 (1) 中选择如图 3.3.2 所示的拉伸特征 1；其他参数按系统默认设置；单击 确定 按钮，完成拉伸求差特征 1 的创建。

图 3.3.4　拉伸求差特征 1　　　　　　　图 3.3.5　定义草图平面

选取此平面

$\phi p370{:}43.0$

$\phi p369{:}64.0$

图 3.3.6　截面草图

Step 4. 创建如图 3.3.7 所示的拉伸求和特征 1。执行 "拉伸"命令，单击"拉伸"对话框中的"绘制截面"按钮 草图 ，系统弹出"创建草图"对话框，选择如图 3.3.8 所示的平面为草图平面，单击 确定 按钮，绘制如图 3.3.9 所示的截面草图，然后退出草图环境；在限制区域的结束 下方的距离 文本框中输入"2"；在布尔 区域的布尔 选项栏中选择 合并选项，并在下方 ✔ 选择体 (1) 中选择如图 3.3.2 所示的拉伸特征 1；其他参数按系统默认设置；单击 确定 按钮，完成拉伸求和特征 1 的创建。

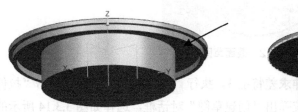

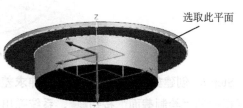

选取此平面

图 3.3.7　拉伸求和特征 1　　　　　　　图 3.3.8　定义草图平面

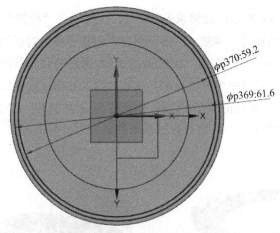

图 3.3.9　截面草图

Step 5. 创建如图 3.3.10 所示的拉伸求差特征 2。执行 ▥ "拉伸" 命令，单击 "拉伸" 对话框中的 "绘制截面" 按钮 ▥ 草图 ，系统弹出 "创建草图" 对话框，选择如图 3.3.11 所示的平面为草图平面，单击 确定 按钮，绘制如图 3.3.12 所示的截面草图，然后退出草图环境；在 "拉伸" 对话框的方向区域中单击 "反向" 按钮 ✕ ，在限制区域的结束下方的距离文本框中输入 "10.5"；在布尔区域的布尔选项栏中选择 ⊖ 减去 选项，并在下方 ✔ 选择体 (1) 中选择如图 3.3.7 所示的拉伸求和特征 1；其他参数按系统默认设置；单击 确定 按钮，完成拉伸求差特征 2 的创建。

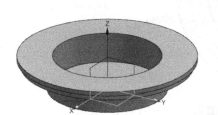

图 3.3.10　拉伸求差特征 2

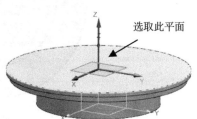

图 3.3.11　定义草图平面

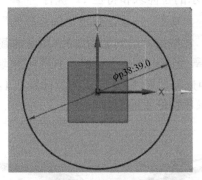

图 3.3.12　截面草图

Step 6. 创建如图 3.3.13 所示的拉伸求差特征 3。执行 ▥ "拉伸" 命令，单击 "拉伸" 对话框中的 "绘制截面" 按钮▥，系统弹出 "创建草图" 对话框，选择如图 3.3.14 所示的平面为草图平面，单击 确定 按钮，绘制如图 3.3.15 所示的截面草图，然后退出草图环境；在

"拉伸"对话框的方向 区域中单击"反向"按钮 ⊠ ，在限制 区域的结束 选项栏中选择 ⬡ 贯通
选项；在布尔 区域的布尔 选项栏中选择 ⬡ 减去 选项，并在下方 ✔ 选择体 (1) 中选择如图 3.3.7
所示的拉伸求和特征 1；其他参数按系统默认设置；单击 确定 按钮，完成拉伸求差特征 3 的
创建。

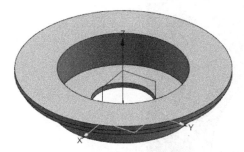

图 3.3.13 拉伸求差特征 3

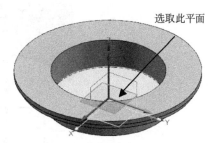

图 3.3.14 定义草图平面

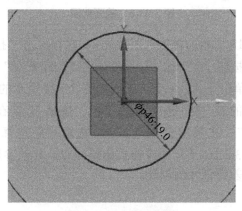

图 3.3.15 截面草图

Step 7. 创建如图 3.3.16 所示的拉伸求和特征 2。执行 ▦ "拉伸"命令，单击"拉伸"
对话框中的"绘制截面"按钮 ▦ 草图 ，系统弹出"创建草图"对话框，选择如图 3.3.17 所
示的平面为草图平面，单击 确定 按钮，绘制如图 3.3.18 所示的截面草图，然后退出草图环
境；在限制区域的结束 下方的距离 文本框中输入"2.6"；在布尔 区域的布尔 选项栏中选择
⬡ 合并 选项，并在下方 ✔ 选择体 (1) 中选择如图 3.3.7 所示的拉伸求和特征 1；其他参数按系
统默认设置；单击 确定 按钮，完成拉伸求和特征 2 的创建。

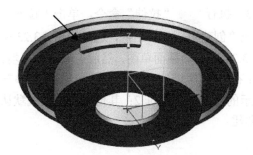

图 3.3.16 拉伸求和特征 2

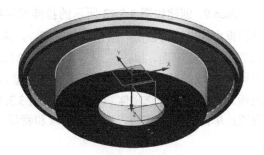

图 3.3.17 定义草图平面

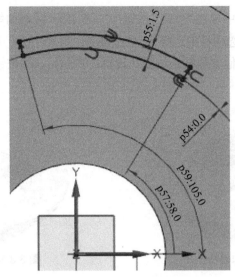

图 3.3.18　截面草图

Step 8. 创建如图 3.3.19 所示的拉伸求差特征 4。执行 "拉伸"命令，单击"拉伸"
对话框中的"绘制截面"按钮 草图　，系统弹出"创建草图"对话框，选择如图 3.3.20
所示的平面为草图平面，单击 确定 按钮，绘制如图 3.3.21 所示的截面草图，然后退出草图
环境；在"拉伸"对话框的方向 区域中单击"反向"按钮 ，在限制区域的结束 下方的
距离 文本框中输入"10"；在布尔 区域的布尔 选项栏中选择 减去 选项，并在下方
选择体 (1) 中选择如图 3.3.16 所示的拉伸求和特征 2；其他参数按系统默认设置；单击
确定 按钮，完成拉伸求差特征 4 的创建。

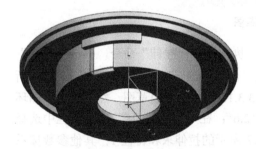

图 3.3.19　拉伸求差特征 4

图 3.3.20　定义草图平面

Step 9. 创建如图 3.3.22 所示的拉伸求和特征 3。执行 "拉伸"命令，单击"拉伸"
对话框中的"绘制截面"按钮 草图　，系统弹出"创建草图"对话框，选择如图 3.3.23 所
示平面为草图平面，单击 确定 按钮，绘制如图 3.3.24 所示的截面草图，然后退出草图环境；
在限制区域的结束 下方的距离 文本框中输入"1"；在布尔 区域的布尔 选项栏中选择 合并
选项，并在下方 选择体 (1) 中选择如图 3.3.16 所示的拉伸求和特征 2；其他参数按系统默认
设置；单击 确定 按钮，完成拉伸求和特征 3 的创建。

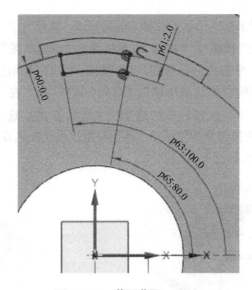

图 3.3.21　截面草图

选取此平面

图 3.3.22　拉伸求和特征 3

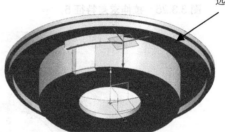

图 3.3.23　定义草图平面

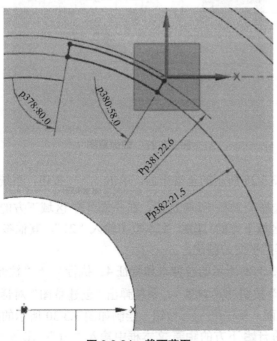

图 3.3.24　截面草图

Step 10. 创建如图 3.3.25 所示的拉伸求差特征 5。执行 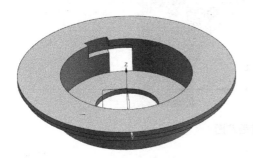 "拉伸"命令，单击"拉伸"对话框中的"绘制截面"按钮 草图 ，系统弹出"创建草图"对话框，选择如图 3.3.26 所示的平面为草图平面，单击 确定 按钮，绘制如图 3.3.27 所示的截面草图，然后退出草图环境；在"拉伸"对话框的方向区域中单击"反向"按钮 ，在限制区域的结束下方的距离文本框中输入"4"；在布尔区域的布尔选项栏中选择 减去 选项，并在下方 选择体 (1) 中选择如图 3.3.22 所示的拉伸求和特征 3；其他参数按系统默认设置；单击 确定 按钮，完成拉伸求差特征 5 的创建。

选取此平面

图 3.3.25 拉伸求差特征 5   图 3.3.26 定义草图平面

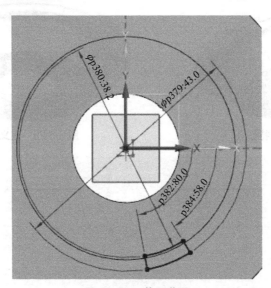

图 3.3.27 截面草图

Step 11. 创建如图 3.3.28 所示的基准平面。单击 按钮，系统弹出"基准平面"对话框，在类型区域下方选择 按某一距离 选项，在 平面参考 区域下方的 选择平面对象 (0) 下方选择 ZX 平面，在偏置区域下方的 距离 文本框中输入"21"，其他参数按系统默认设置；单击 确定 按钮，完成基准平面的创建。

Step 12. 创建如图 3.3.29 所示的拉伸求和特征 4。执行 "拉伸"命令，单击"拉伸"对话框中的"绘制截面"按钮 草图 ，系统弹出"创建草图"对话框，选择如图 3.3.28 所示的基准平面为草图平面，单击 确定 按钮，绘制如图 3.3.30 所示的截面草图，然后退出草图环境；在限制区域的开始下方的距离文本框中输入"−1"；在限制区域的结束下方选择

直至延伸部分 选项，并在下方的 ✔ 选择对象 (1) 中选取如图 3.3.31 所示的平面，在布尔 区域的 **布尔** 选项栏中选择 合并 选项，并在下方 ✔ 选择体 (1) 中选择如图 3.3.22 所示的拉伸求和特征 3；其他参数按系统默认设置；单击 确定 按钮，完成拉伸求和特征 4 的创建（为了方便后续步骤的操作，对图 3.3.28 基准平面进行隐藏）。

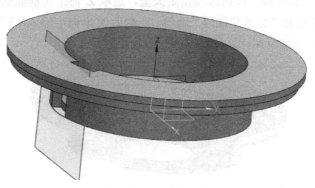

图 3.3.28　基准平面

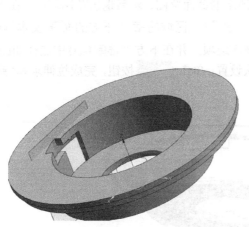

图 3.3.29　拉伸求和特征 4

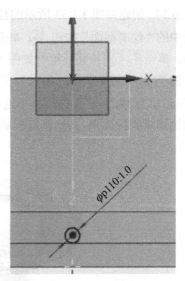

图 3.3.30　截面草图

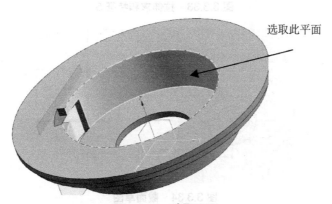

图 3.3.31　选取平面

Step 13. 创建如图 3.3.32 所示的阵列特征。执行下拉菜单中的 插入(S) → 关联复制(A) → ⟬阵列特征(A)...⟭命令（或单击⟬阵列特征⟭按钮）；弹出"阵列特征"对话框，选取 Step 12 创建的拉伸求和特征 4、Step 10 创建的拉伸求差特征 5、Step 9 创建的拉伸求和特征 3、Step 8 创建的拉伸求差特征 4、Step 7 创建的拉伸求和特征 2，在 阵列定义 下方的 布局 选项栏中选择 ⟬ 圆形 选项，单击"旋转轴"按钮选项指定矢量，选取 Z 轴作为基准轴，指定点选取原点，在 斜角方向 选项栏中选择"数量和间隔"选项，在 数量 文本框中输入"3"，在 节距角 文本框中输入"120"，单击 确定 按钮；完成阵列特征的创建。

图 3.3.32　阵列特征

Step 14. 创建如图 3.3.33 所示的拉伸求和特征 5。执行 ⟬⟭ "拉伸"命令，单击"拉伸"对话框中的"绘制截面"按钮 ⟬⟭ 草图 ，系统弹出"创建草图"对话框，选取 XY 平面为草图平面，单击 确定 按钮，绘制如图 3.3.34 所示的截面草图，然后退出草图环境；在"拉伸"对话框的 方向 区域中单击"反向"按钮 ⟬⟭，在 限制 区域的 结束 下方的 距离 文本框中输入"1"；在 布尔 区域的 布尔 选项栏中选择⟬合并选项，并在下方 ✓ 选择体 (1) 中选择如图 3.3.29 所示的拉伸求和特征 4；其他参数按系统默认设置；单击 确定 按钮，完成拉伸求和特征 5 的创建。

图 3.3.33　拉伸求和特征 5

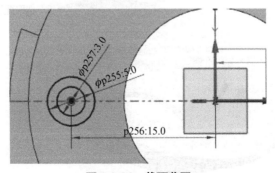

图 3.3.34　截面草图

Step 15. 创建如图 3.3.35 所示的拉伸求差特征 6。执行 ▯▯ "拉伸"命令，单击"拉伸"对话框中的"绘制截面"按钮 ▦ 草图 ，系统弹出"创建草图"对话框，选择如图 3.3.36 所示的平面为草图平面，单击 确定 按钮，绘制如图 3.3.37 所示的截面草图，然后退出草图环境；在"拉伸"对话框的方向 区域中单击"反向"按钮 ⊠，在限制区域的结束 下方的距离 文本框中输入"1"；在布尔区域的布尔 选项栏中选择 ⚏ 减去 选项，并在下方 ✔ 选择体 (1) 中选择如图 3.3.33 所示的拉伸求和特征 5；其他参数按系统默认设置；单击 确定 按钮，完成拉伸求差特征 6 的创建。

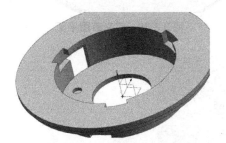

图 3.3.35　拉伸求差特征 6

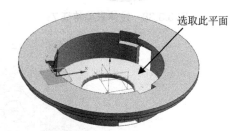

选取此平面

图 3.3.36　定义草图平面

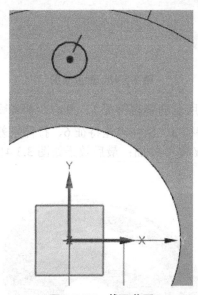

图 3.3.37　截面草图

Step 16. 创建如图 3.3.38 所示的拉伸求差特征 7。执行 ▯▯ "拉伸"命令，单击"拉伸"对话框中的"绘制截面"按钮 ▦ 草图 ，系统弹出"创建草图"对话框，选择如图 3.3.39 所示的平面为草图平面，单击 确定 按钮，绘制如图 3.3.40 所示的截面草图，然后退出草图环境；在"拉伸"对话框的方向 区域中单击"反向"按钮 ⊠，在限制区域的结束 中选择 ⚏ 对称值选项，在距离 文本框中输入"1"；在布尔区域的布尔 选项栏中选择 ⚏ 减去 选项，并在下方 ✔ 选择体 (1) 中选择如图 3.3.33 所示的拉伸求和特征 5；其他参数按系统默认设置；单击 确定 按钮，完成拉伸求差特征 7 的创建。

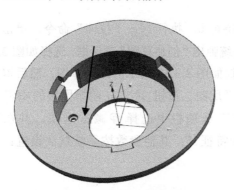

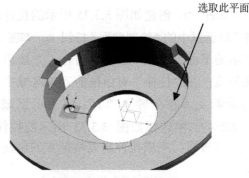

图 3.3.38　拉伸求差特征 7　　　　　　图 3.3.39　定义草图平面

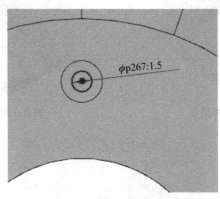

图 3.3.40　截面草图

Step 17. 创建如图 3.3.41 所示的镜像特征 1。单击 镜像特征 按钮；系统弹出"镜像特征"对话框；选取拉伸求和特征 5、拉伸求差特征 6、拉伸求差特征 7 镜像特征对象（按住 Shift 键，进行全选）；选取 ZY 基准平面；最后效果如图 3.3.41 所示，单击 确定 按钮，完成镜像特征 1 的创建。

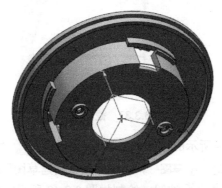

图 3.3.41　镜像特征 1

Step 18. 创建如图 3.3.42 所示的边倒圆特征 1。执行 插入(S) → 细节特征(L) → 边倒圆(E)... 命令（或单击 "边倒圆"按钮），系统弹出"边倒圆"对话框；在 选择边 (0)中选择如图 3.3.43 中所示的 2 条边线，并在半径 1 文本框中输入"0.7"；单击 确定 按钮，完成边倒圆特征 1 的创建。

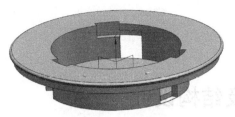

图 3.3.42　边倒圆特征 1

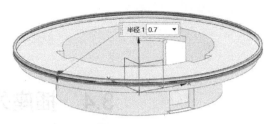

图 3.3.43　倒圆边线

Step 19. 创建如图 3.3.44 所示的边倒圆特征 2。单击 "边倒圆"按钮，系统弹出"边倒圆"对话框；在 ✳ 选择边 (0) 中选择如图 3.3.45 中所示的 1 条边线，并在半径 1 文本框中输入"1"；单击 确定 按钮，完成边倒圆特征 2 的创建。

图 3.3.44　边倒圆特征 2

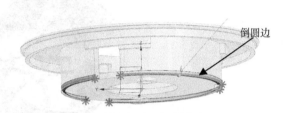

图 3.3.45　倒圆边线

Step 20. 创建如图 3.3.46 所示的边倒圆特征 3。单击 "边倒圆"按钮，系统弹出"边倒圆"对话框；在 ✳ 选择边 (0) 中选择如图 3.3.47 中所示的 1 条边线，并在半径 1 文本框中输入"0.5"；单击 确定 按钮，完成边倒圆特征 3 的创建。

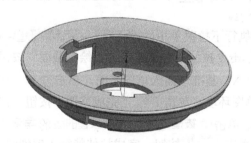

图 3.3.46　边倒圆特征 3

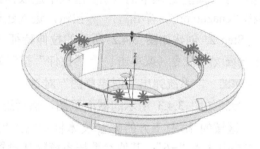

图 3.3.47　倒圆边线

Step 21. 保存零件模型。执行下拉菜单中的 文件(F) → 保存(S) 命令，即可保存零件模型，至此完成此结构的全部外观和结构设计。

注：扫此二维码可观看相应数字资源（含视频及拓展课外资源）。

3.4 插座外观及结构设计

本节重点介绍插座的设计过程，插座的零件模型及相应的模型树如图 3.4.1 所示。

模型历史记录
☑基准坐标系 (0)
☑拉伸 (1)
☑拔模 (2)
☑边倒圆 (3)
☑拉伸 (4)
☑拉伸 (5)
☑镜像特征 (6)
☑壳 (7)
☑拉伸 (8)
☑拉伸 (9)
☑拉伸 (10)
☑拉伸 (11)
☑镜像特征 (12)
☑拉伸 (13)
☑拉伸 (14)
☑阵列特征 [圆形] ...
☑阵列特征 [圆形] ...
☑边倒圆 (25)

图 3.4.1　插座的零件模型及相应的模型树

Step 1. 新建文件。执行下拉菜单中的 文件(F) → 新建(N)... 命令，系统弹出"新建"对话框。在 模型 选项卡的 模板 区域中选取模板类型为 模型 ；在 名称 文本框中输入文件名称"chazuo.prt"，单击 确定 按钮，进入建模环境。

Step 2. 创建如图 3.4.2 所示的拉伸特征 1。执行下拉菜单中的 插入(S) →设计特征(E)→ 拉伸(X)... 命令（或单击 "拉伸"按钮）；单击"拉伸"对话框中的"绘制截面"按钮 草图 ，系统弹出"创建草图"对话框，选取 XY 基准平面为草图平面，单击 确定 按钮，绘制如图 3.4.3 所示的截面草图，然后退出草图环境；单击 "完成草图"按钮，在限制 区域的 结束下方的 距离 文本框中输入"39"；单击 拔模 按钮，在要拔模的面的 角度 1 文本框中输入 "−6"；其他参数按系统默认设置；单击 确定 按钮，完成拉伸特征 1 的创建。

图 3.4.2　拉伸特征 1

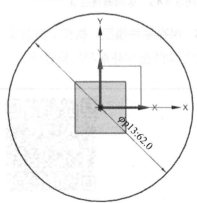

图 3.4.3　截面草图

Step 3. 创建如图 3.4.4 所示的边倒圆特征 1。单击  "边倒圆"按钮，系统弹出"边倒圆"对话框；在 * 选择边 (0) 中选择如图 3.4.5 中所示的 1 条边线，并在 半径 1 文本框中输入"8"；单击 确定 按钮，完成边倒圆特征 1 的创建。

图 3.4.4　边倒圆特征 1

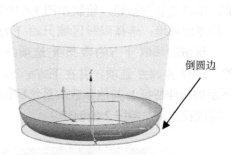

图 3.4.5　倒圆边线

Step 4. 创建如图 3.4.6 所示的拉伸求差特征 1。执行 "拉伸"命令，单击"拉伸"对话框中的"绘制截面"按钮 草图 ，系统弹出"创建草图"对话框，选择如图 3.4.7 所示平面为草图平面，单击 确定 按钮，绘制如图 3.4.8 所示的截面草图，然后退出草图环境；在"拉伸"对话框的 方向 区域中单击"反向"按钮 ，在 限制 区域的 结束 下方的 距离 文本框中输入"2"；在 布尔 区域的 布尔 选项栏中选择 减去 选项，并在下方 选择体 (1) 中选择如图 3.4.2 所示的拉伸特征 1；其他参数按系统默认设置；单击 确定 按钮，完成拉伸求差特征 1 的创建。

图 3.4.6　拉伸求差特征 1

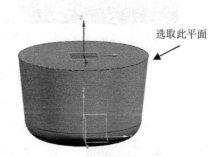

图 3.4.7　定义草图平面

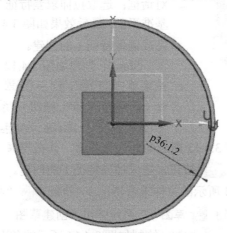

图 3.4.8　截面草图(偏置 1.2mm)

Step 5. 创建如图 3.4.9 所示的拉伸求差特征 2。执行
"拉伸"按钮，单击"拉伸"对话框中的"绘制截面"按钮
草图 ，系统弹出"创建草图"对话框，选取 ZY 平面为草
图平面，单击 确定 按钮，绘制如图 3.4.10 所示的截面草图，
然后退出草图环境；选择限制区域开始下方的 贯通 选项，
选择限制区域的结束 下方的 贯通 选项；在布尔区域的布尔
选项栏中选择 减去 选项，并在下方 选择体 (1) 中选择如图
3.4.2 所示的拉伸特征 1；其他参数按系统默认设置；单击 确定
按钮，完成拉伸求差特征 2 的创建。

图 3.4.9　拉伸求差特征 2

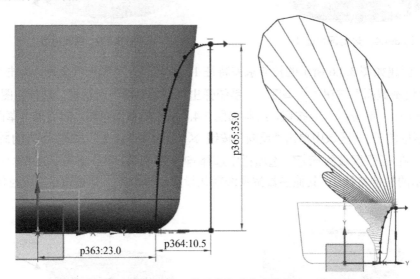

图 3.4.10　截面草图（曲率梳）

Step 6. 创建如图 3.4.11 所示镜像特征 1。执行下拉
菜单中的 插入(S) → 关联复制(A) → 镜像特征(R)... 命
令（或单击 镜像特征 按钮）；系统弹出"镜像特征"
对话框；选取拉伸求差特征 2 镜像特征对象；选取 XZ
基准平面；最后效果如图 3.4.11 所示，单击 确定 按钮，
完成镜像特征 1 的创建。

Step 7. 创建如图 3.4.12 所示的抽壳特征 1。执行下
拉菜单中的 插入(S) → 偏置/缩放(O) → 抽壳(H)... 命
令（或单击 抽壳 按钮），系统弹出"抽壳"对话框；在
类型 中选择 移除面, 然后抽壳 选项；在要穿透的面 中

图 3.4.11　镜像特征 1

的 选择面 (1) 中选择如图 3.4.13 所示的面为移除面，并在 厚度 文本框中输入"2"，采用系
统默认的抽壳方向；单击 确定 按钮，完成抽壳特征 1 的创建。

Step 8. 创建如图 3.4.14 所示的拉伸求差特征 3。执行 "拉伸"命令，单击"拉伸"
对话框中的"绘制截面"按钮 草图 ，系统弹出"创建草图"对话框，选择如图 3.4.15 所
示平面为草图平面，单击 确定 按钮，绘制如图 3.4.16 所示的截面草图，然后退出草图环境；

选择限制区域开始下方的 ⊗ 贯通 选项，选择限制 区域结束 下方的 ⊗ 贯通 选项；在布尔 区域的布尔 选项栏中选择 ⊡ 减去 选项，并在下方 ✔ 选择体 (1) 中选择图 3.4.2 中的拉伸特征 1；其他参数按系统默认设置；单击 确定 按钮，完成拉伸求差特征 3 的创建。

图 3.4.12　抽壳特征 1

图 3.4.13　移除面

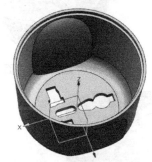

图 3.4.14　拉伸求差特征 3

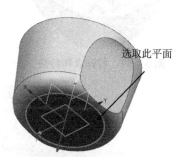

图 3.4.15　定义草图平面

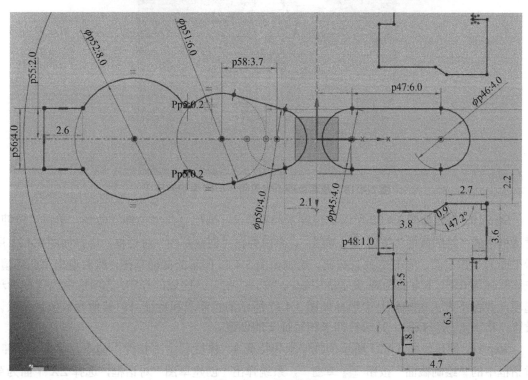

图 3.4.16　截面草图

Step 9. 创建如图 3.4.17 所示的拉伸求和特征 1。执行  "拉伸"命令，单击"拉伸"对话框中的"绘制截面"按钮 草图 ，系统弹出"创建草图"对话框，选择如图 3.4.18 所示平面为草图平面，单击 确定 按钮，绘制如图 3.4.19 所示的截面草图，然后退出草图环境；在限制区域结束 下方的距离 文本框中输入"4"；在布尔 区域的布尔 选项栏中选择 合并选项，并在下方 选择体 (1)中选择如图 3.4.2 所示的拉伸特征 1；其他参数按系统默认设置；单击 确定 按钮，完成拉伸求和特征 1 的创建。

图 3.4.17　拉伸求和特征 1

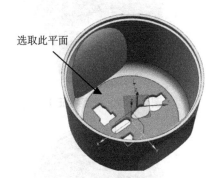

选取此平面

图 3.4.18　定义草图平面

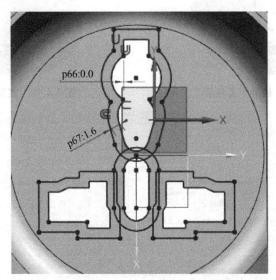

图 3.4.19　截面草图（偏置图 3.4.16 中的草图）

Step 10. 创建如图 3.4.20 所示的拉伸求和特征 2。执行 "拉伸"命令，单击"拉伸"对话框中的"绘制截面"按钮 草图 ，系统弹出"创建草图"对话框，选择如图 3.4.21 所示平面为草图平面，单击 确定 按钮，绘制如图 3.4.22 所示的截面草图，然后退出草图环境；在限制区域结束 下方的距离 文本框中输入"26"；在布尔 区域的布尔 选项栏中选择 合并选项，并在下方 选择体 (1)中选择如图 3.4.17 所示的拉伸求和特征 1；其他参数按系统默认设置；单击 确定 按钮，完成拉伸求和特征 2 的创建。

Step 11. 创建如图 3.4.23 所示的拉伸求和特征 3。执行 "拉伸"命令，单击"拉伸"对话框中的"绘制截面"按钮 草图 ，系统弹出"创建草图"对话框，选择 ZX 平面为草图平面，单击 确定 按钮，绘制如图 3.4.24 所示的截面草图，然后退出草图环境；在"拉伸"对话框的方向 区域中单击"反向"按钮 ⨯ ，在限制 区域的开始 下方的距离 文本框中输入"18"，在限制 区域的结束 中选择 直至延伸部分；在布尔 区域的布尔 选项栏中选择 合并 选项，并在下方 ✓ 选择体 (1) 中选择如图 3.4.20 所示的拉伸求和特征 2；其他参数按系统默认设置；单击 确定 按钮，完成拉伸求和特征 3 的创建。

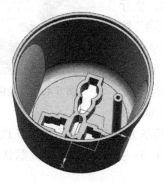

图 3.4.20　拉伸求和特征 2

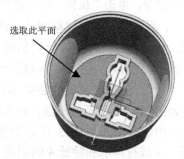

选取此平面

图 3.4.21　定义草图平面

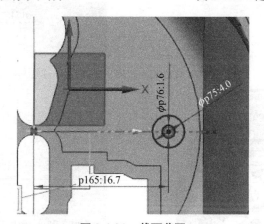

图 3.4.22　截面草图

图 3.4.23　拉伸求和特征 3

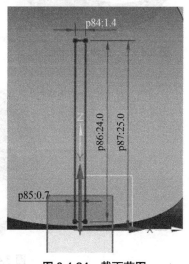

图 3.4.24　截面草图

Step 12. 创建如图 3.4.25 所示的镜像特征 2。单击
镜像特征 按钮，系统弹出"镜像特征"对话框；选取拉伸求
和特征 2、拉伸求和特征 3 为镜像特征对象；选取 XZ 基准平
面；最后效果如图 3.4.25 所示，单击 确定 按钮，完成镜像
特征 2 的创建。

Step 13. 创建如图 3.4.26 所示的拉伸求和特征 4。执行
"拉伸"命令，单击"拉伸"对话框中的"绘制截面"按
钮 草图 ，系统弹出"创建草图"对话框，选取 ZY 平面
为草图平面，单击 确定 按钮，绘制如图 3.4.27 所示的截面
草图，然后退出草图环境；在限制区域的开始下方的距离 文
本框中输入"18"，在限制区域的结束 中选择 直至延伸部分
选项，选取如图 3.4.28 所示的平面；在布尔区域的 布尔 选项栏中选择 合并选项，并在下
方 选择体 (1) 中选择如图 3.4.23 所示的拉伸求和特征 3；其他参数按系统默认设置；单击
确定 按钮，完成拉伸求和特征 4 的创建。

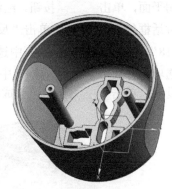

图 3.4.25 镜像特征 2

图 3.4.26 拉伸求和特征 4

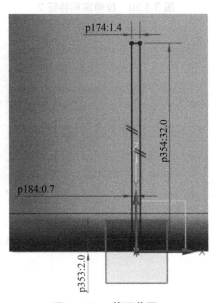

图 3.4.27 截面草图

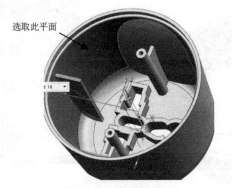

图 3.4.28 选取平面

Step 14. 创建如图 3.4.29 所示的拉伸求差特征 4。执行 ▦ "拉伸"命令，单击"拉伸"对话框中的"绘制截面"按钮 🔳 草图 ，系统弹出"创建草图"对话框，选择如图 3.4.30 所示平面为草图平面，单击 确定 按钮，绘制如图 3.4.31 所示的截面草图，然后退出草图环境；在 限制 区域的 结束 下方的 距离 文本框中输入"5"；在 布尔 区域的 布尔 选项栏中选择 ⬛减去 选项，并在下方 ✔ 选择体 (1) 中选择如图 3.4.26 所示的拉伸求和特征 4；其他参数按系统默认设置；单击 确定 按钮，完成拉伸求差特征 4 的创建。

图 3.4.29　拉伸求差特征 4

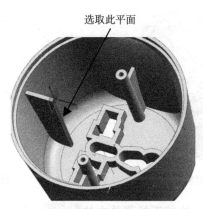

图 3.4.30　定义草图平面

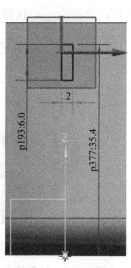

图 3.4.31　截面草图

Step 15. 创建如图 3.4.32 所示的阵列特征 1。执行下拉菜单中的 插入(S) → 关联复制(A) → ⬥ 阵列特征(A)... 命令（或单击 ⬥ 阵列特征 按钮）；弹出"阵列特征"对话框，选取 Step 13 创建的拉伸求和特征 4、Step 13 创建的拉伸求差特征 4，在阵列定义下方的 布局 选项栏中选择 ◯ 圆形 选项，单击"旋转轴"按钮指定矢量，选取 Z 轴作为基准轴，指定点选取原点，在 斜角方向 选项栏中选择"数量和间隔"选项，在 数量 文本框中输入"2"，在 节距角 文本框中输入"225"，单击 确定 按钮；完成阵列特征 1 的创建。

图 3.4.32　阵列特征 1

图 3.4.33　阵列特征 2

Step 16. 创建如图 3.4.33 所示的阵列特征 2。执行下拉菜单中的 插入(S) → 关联复制(A) → ⬥ 阵列特征(A)... 命令（或单击 ⬥ 阵列特征 按钮）；弹出"阵列特征"对话框，选取 Step 13 创建的拉伸求和特征 4、Step 14 创建的拉伸求差特征 4，在 阵列定义 下方的 **布局** 选项栏中选择 ⚙ **圆形** 选项，单击"旋转轴"指定矢量，选取 Z 轴作为基准轴，指定点选取原点，在 斜角方向 选项栏中选择"数量和间隔"选项，在 **数量** 文本框中输入"2"，在 **节距角** 文本框中输入"135"，单击 确定 按钮；完成阵列特征 2 的创建。

　　Step 17. 创建如图 3.4.34 所示的边倒圆特征 2。单击 ▦ "边倒圆"按钮，系统弹出"边倒圆"对话框；在 ✳ 选择边 (0) 中选择如图 3.4.35 中所示的 2 条边线，并在 半径 1 文本框中输入 "1"；单击 确定 按钮，完成边倒圆特征 2 的创建。

图 3.4.34 边倒圆特征 2

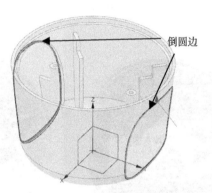

图 3.4.35 倒圆边线

　　Step 18. 保存零件模型。执行下拉菜单中的 文件(F) → 💾 保存(S) 命令，即可保存零件模型，至此完成此结构的全部外观和结构设计。

注：扫此二维码可观看相应数字资源（含视频及拓展课外资源）。

3.5 零件装配

　　本节重点介绍转换插座的整个装配的设计过程，使读者进一步熟悉 UG 的装配操作。

　　Step 1. 新建文件。执行下拉菜单中的 文件(F) → 🗋 新建(N)... 命令，系统弹出"新建"对话框。在 **模型** 选项卡的 **模板** 区域中选取模板类型为 🔩 装配，在 名称 文本框中输入文件名称"zhuanhuanchazuo.prt",单击 确定 按钮,进入装配环境。

Step 2. 添加如图 3.5.1 所示的插头并定位。执行下拉菜单中的 装配(A) → 组件(C) →
添加组件(A)... 命令,单击"添加组件"对话框打开 区域中的 按钮,在弹出的"部件
名"对话框中选择文件"chatou.prt",单击 OK 按钮,系统返回到"添加组件"对
话框;其他参数按系统默认设置;单击 确定 按钮,此时插座已被添加到装配文件中。

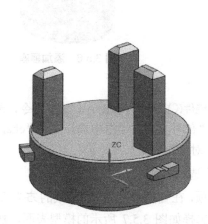

图 3.5.1 添加插头

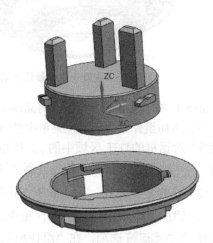

图 3.5.2 添加连接件

Step 3. 添加如图 3.5.2 所示的连接件并定位。

(1)添加组件。执行下拉菜单中的 装配(A) → 组件(C) → 添加组件(A)... 命令,单击"添
加组件"对话框打开 区域中的 按钮,在弹出"部件名"对话框中选择文件"lianjiejian.prt",
单击 OK 按钮,系统返回到"添加组件"对话框。

(2)选择定位方式。在 放置 下方选择 约束 选项。

(3)添加约束。在 约束类型 区域中选择 选项,在 要约束的几何体 区域的 方位 下拉列表中
选择 首选接触 选项,在"组件预览"窗口中选择如图 3.5.3 所示的模型表面,然后在图形
中选取如图 3.5.4 所示的模型表面,选取 2 个表面后系统自动进入下一步,单击 应用 按
钮,结果如图 3.5.5 所示(为便于观察将每个接触对齐面分组,共 1 组,每组的两个面相互
接触对齐)。

(4)在"装配约束"对话框中单击 取消 按钮,完成主躯干的添加。

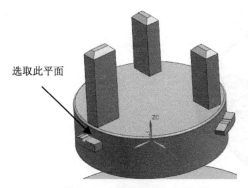

图 3.5.3 模型表面 1(组 1)

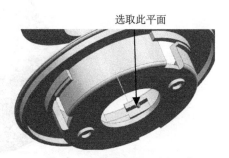

图 3.5.4 模型表面 2(组 1)

图 3.5.5　主躯干定位最终效果

图 3.5.6　添加插座

Step 4. 添加如图 3.5.6 所示的插座并定位。

（1）添加组件。执行下拉菜单中的 装配(A) → 组件(C) → 添加组件(A)... 命令，单击"添加组件"对话框的打开 区域中的 按钮，在弹出"部件名"对话框中选择文件"chazuo.prt"，单击 OK 按钮，系统返回到"添加组件"对话框。

（2）选择定位方式。在 放置 下方选择 ◉ 约束 选项。

（3）添加约束。①在 约束类型 区域中选择 选项，在 要约束的几何体 区域的 方位 下拉列表中选择 首选接触 选项，在"组件预览"窗口中选择如图 3.5.7 所示的模型表面，然后在图形中选取如图 3.5.8 所示的模型表面，选取 2 个表面后系统自动完成进入下一步，单击 应用 按钮。结果如图 3.5.9 所示（为便于观察将每个接触对齐面分组，共 1 组，每组的两个面相互接触对齐）。

（4）在"装配约束"对话框中单击 取消 按钮，完成插座的添加。

图 3.5.7　模型表面 1（组 1）

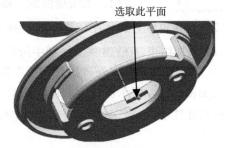

图 3.5.8　模型表面 2（组 1）

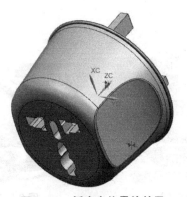

图 3.5.9　插座定位最终效果

Step 5. 保存零件模型。执行下拉菜单中的 文件(F) → 💾 保存(S) 命令，即可保存零件模型，至此完成装配设计。

注：扫此二维码可观看相应数字资源（含视频及拓展课外资源）。

第 4 章　户外防水插座创新设计

【学习目标】
◎ 了解户外防水插座的透明盖顶帽的细节及结构 UG 建模过程。
◎ 了解户外防水插座的插头透明盖的细节及结构 UG 建模过程。
◎ 了解户外防水插座的插头放置孔的细节及结构 UG 建模过程。
◎ 了解户外防水插座的前躯干的细节及结构 UG 建模过程。
◎ 了解户外防水插座的连接柱的细节及结构 UG 建模过程。
◎ 了解户外防水插座的主躯干的细节及结构 UG 建模过程。

【重点难点】
◎ 拉伸、阵列、边倒圆、螺纹、壳体、布尔运算、镜像特征等命令的应用。
◎ 掌握零件装配的基本方法和应用。

4.1 户外防水插座设计评析

户外防水插座展板如图 4.1.1 所示。

图 4.1.1 户外防水插座展板

1. 设计评析

户外防水插头不同于普通的家用插座,在商业汇演、商业宣传等领域经常被使用,设计师以警示色为主打色,外形较为硬朗,在结合处加了橡胶环,外形制作封闭防水,以透明和不透明的设计方式,让用户操作方便、安心,整体尺寸符合人机工学,手握非常舒服,如图 4.1.2 所示。

2. 户外防水插头设计手绘过程

塑料材质是产品设计中较常见、应用最广泛的一种材质。塑料材质又分为硬塑料和软塑料,硬质塑料质感较硬,光泽度较高,绘制时一定要注意明暗区域的柔和过渡;对于

图 4.1.2 户外防水插头设计展示

一些反光强的塑料,主要高光和反光的表现,而一些表面质感较粗糙、有磨砂效果的塑料,可以适当弱化明暗的差异性,仅用一种色彩上色即可。高光部分可用高光笔或白彩铅绘制出效果。

具体绘制过程和技巧：

Step 1. 用黑色彩铅或勾线笔绘制插头的基本轮廓，注意把握透视，特别是一些产品细节结构表现要到位，如图 4.1.3 所示。

Step 2. 用中黄色彩铅绘制产品的基本色调，对于一些暗面可以适当地多涂两遍，以增加色彩的深度，从而表现色彩的暗部，如图 4.1.4 所示。第一遍上色不易过重，可以从浅入深，结合效果来上色，注意高光部分要适当留白。

图 4.1.3　绘制轮廓线稿　　　　　　　图 4.1.4　上基色

Step 3. 可用深一号的马克笔对一些暗部区域进一步上色，加重色彩，对于一些结构线和边缘线再勾画一下，突出产品结构特点，如图 4.1.5 所示。

Step 4. 用黑色和灰色马克笔对中间软性材质的塑料进行上色，色彩方向和高光区域（较弱）要与黄色区域一致。

Step 5. 对于一些特殊区域进一步加重色彩，并用高光笔画出一些轮廓区域的高光线条，从而完成绘制，如图 4.1.6 所示。

图 4.1.5　加重暗部色彩，高光表现　　　图 4.1.6　上基色、暗部区域色彩加重

★ 提示

产品色彩设计应注意的问题。

（1）色彩主调：色彩配置的总倾向性。任何产品的配色都应有主色和辅助色，只有这样，才能使产品的色彩既有统一性又有变化性，色彩种类不易过多，这样效果图整体感会强。

（2）色彩的和谐：色彩在搭配上要着眼于组合上的自然而又融洽的关系。

4.2　透明盖顶帽外观及结构设计

本节重点介绍顶帽的设计过程，顶帽的零件模型及相应的模型树如图 4.2.1 所示。

模型历史记录
☑🔧 基准坐标系 (0)
☑📖 拉伸 (1)
☑📖 拉伸 (2)
☑📖 拉伸 (3)
☑🔲 草图 (4) "SKETC...
☑📖 拉伸 (5)
☑🔷 阵列特征 [圆形] ...
☑🔶 边倒圆 (7)
☑🔶 边倒圆 (8)
☑🔶 边倒圆 (9)
☑🔶 边倒圆 (10)
☑🔶 边倒圆 (11)
☑🔩 **螺纹 (12)**

图 4.2.1　顶帽的零件模型及相应的模型树

Step 1. 新建文件。执行下拉菜单中的 文件(F) → 🗋 新建(N)... 命令，系统弹出"新建"对话框。在 模型 选项卡的 模板 区域中选取模板类型为 🖥 模型 ；在 名称 文本框中输入文件名称"dingmao.prt"，单击 确定 按钮，进入建模环境。

Step 2. 创建如图 4.2.2 所示的拉伸特征 1。执行 插入(S) →设计特征(E)→ 📖 拉伸(X)... 命令（或单击 ▯┼ "拉伸"按钮）；单击"拉伸"对话框中的"绘制截面"按钮 🔲 草图 ，系统弹出"创建草图"对话框，选取 XY 基准平面为草图平面，单击 确定 按钮，绘制如图 4.2.3 所示的截面草图，然后退出草图环境；单击 🏁 "完成草图"按钮，在 限制 区域 结束下方的距离文本框中输入"20"；其他参数按系统默认设置；单击 确定 按钮，完成拉伸特征 1 的创建。

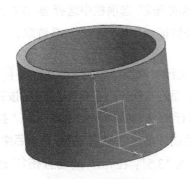

图 4.2.2　拉伸特征 1

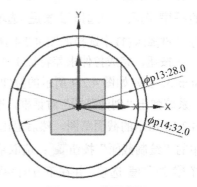

图 4.2.3　截面草图

Step 3. 创建如图 4.2.4 所示的拉伸求和特征 1。执行 插入(S) →设计特征(E)→ 🔲 拉伸(X)... 命令（或单击 🔲 "拉伸"按钮）；单击"拉伸"对话框中的"绘制截面"按钮 🖼 草图 ，系统弹出"创建草图"对话框，选择如图 4.2.5 所示平面为草图平面，单击 确定 按钮，绘制如图 4.2.6 所示的截面草图，然后退出草图环境；单击 🏁 "完成草图"按钮，在限制区域的结束 下方的距离 文本框中输入"16"；在拔模 区域的角度 文本框中输入"3"；在布尔区域的布尔 选项栏中选择 🗐 合并选项，并在下方 ✔ 选择体 (1) 中选择图 4.2.2 中的拉伸求和特征 1；其他参数按系统默认设置；单击 确定 按钮，完成拉伸求和特征 1 的创建。

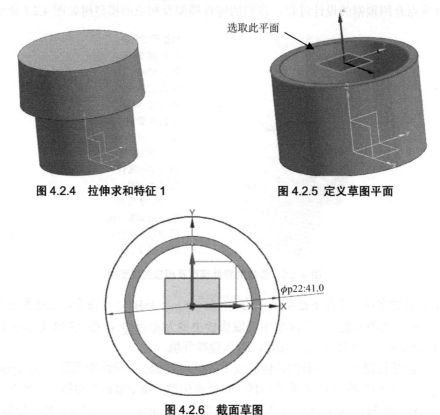

图 4.2.4　拉伸求和特征 1　　　　　　图 4.2.5　定义草图平面

图 4.2.6　截面草图

Step 4. 创建如图 4.2.7 所示的拉伸求差特征 1。执行 🔲 "拉伸"命令，单击"拉伸"对话框中的"绘制截面"按钮 🖼 草图 ，单击选取拉伸求差特征 1 的内圆如 4.2.8 所示；在限制区域的结束 选项栏中选择 🗐 贯通 选项；在布尔区域的布尔 选项栏中选择 🗐 减去 选项，并在下方 ✔ 选择体 (1) 中选择如图 4.2.4 所示的拉伸求和特征 1；其他参数按系统默认设置；单击 确定 按钮，完成拉伸求差特征 1 的创建。

Step 5. 创建如图 4.2.9 所示的拉伸求差特征 2。执行下拉菜单中的 插入(S) → 🖼 草图 命令，系统弹出"创建草图"对话框，选取 ZY 基准平面为草图平面，单击 确定 按钮，绘制如图 4.2.10 所示的截面草图，然后退出草图环境；执行 🔲 "拉伸"命令，单击"拉伸"对话框中的"绘制截面"按钮 🖼 ；选取草图 4.2.10 中的闭环线段；在限制区域的结束 选项栏中选择 🗐 对称值 选项，并在下方的距离 文本框中输入"3.5"；在布尔区域的布尔 选项栏中选择 🗐 减去 选项，并在下方 ✔ 选择体 (1) 中选择如图 4.2.4 所示的拉伸求和特征 1；其他参数按系统默认设置；单击 确定 按钮，完成拉伸求差特征 2 的创建。

图 4.2.7　拉伸求差特征 1

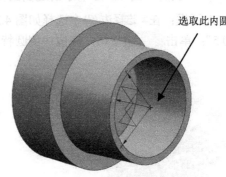

图 4.2.8　内圆选取

图 4.2.9　拉伸求差特征 2

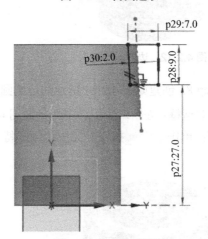

图 4.2.10　截面草图

Step 6. 创建如图 4.2.11 所示的阵列特征。执行下拉菜单 插入(S) → 关联复制(A) → 阵列特征(A)...命令（或单击 阵列特征 按钮）；弹出"阵列特征"对话框，选取 Step 5 创建的拉伸求差特征 2，在阵列定义下方的 布局 选项栏中选择 圆形 选项，单击"旋转轴"按钮指定矢量，选取 Z 轴作为基准轴，指定点选取原点，在斜角方向 选项栏中选择"数量和间隔"选项，在数量 文本框中输入"8"，在节距角 文本框中输入"45"，单击 确定 按钮；完成如图 4.2.11 所示阵列特征的创建。

图 4.2.11　阵列特征

Step 7. 创建如图 4.2.12 所示的边倒圆特征 1。单击  "边倒圆"按钮,系统弹出"边倒圆"对话框;在 * 选择边 (0)中选择如图 4.2.13 中所示的 24 条边线,并在 半径 1 文本框中输入"0.5";单击 确定 按钮,完成边倒圆特征 1 的创建。

图 4.2.12　边倒圆特征 1

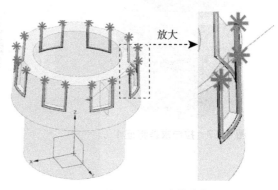

图 4.2.13　边线选取

Step 8. 创建如图 4.2.14 所示的边倒圆特征 2。单击 "边倒圆"按钮,系统弹出"边倒圆"对话框;在 * 选择边 (0)中选择如图 4.2.15 中所示的 16 条边线,并在 半径 1 文本框中输入"1";单击 确定 按钮,完成边倒圆特征 2 的创建。

图 4.2.14　边倒圆特征 2

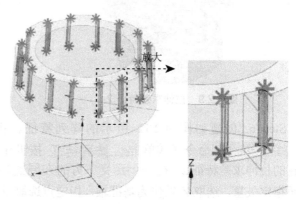

图 4.2.15　边线选取

Step 9. 创建边倒圆特征 3。选择如图 4.2.16 中所示的边线作为边倒圆参照,其圆角半径为 0.5。

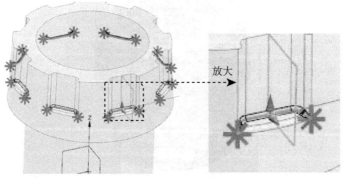

图 4.2.16　边倒圆特征 3

Step 10. 创建边倒圆特征 4。选择如图 4.2.17 中所示的边线作为边倒圆参照，其圆角半径为 1。

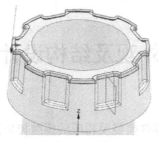

图 4.2.17　边倒圆特征 4

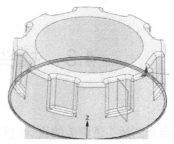

图 4.2.18　边倒圆特征 5

Step 11. 创建边倒圆特征 5。选择如图 4.2.18 中所示的边线作为边倒圆参照，其圆角半径为 0.5。

Step 12. 创建如图 4.2.19 所示的孔特征。执行下拉菜单中的 插入(S) →设计特征(E)→ 🔩 螺纹(T)... 命令（或单击 🔩 螺纹刀 按钮），系统弹出"螺纹切削"对话框；选项◉ 详细 选项，在绘图区选中如图 4.2.20 所示的圆柱面，在螺距 文本框中输入"1.5"，在角度 文本框中输入"30"，在旋转 选项栏中选择◉ 右旋 选项；其他参数按系统默认设置，单击 确定 按钮，完成孔特征的创建。

图 4.2.19　孔特征

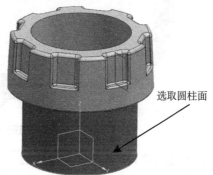

选取圆柱面

图 4.2.20　圆柱面

Step 13. 保存零件模型。执行下拉菜单中的 文件(F) → 💾 保存(S) 命令，即可保存零件模型，至此结束此结构的全部外观和结构设计。

注：扫此二维码可观看相应数字资源（含视频及拓展课外资源）。

4.3　插头透明盖外观及结构设计

本节重点介绍插头透明盖的设计过程，透明盖的零件模型及相应的模型树如图 4.3.1 所示。

模型历史记录
☑️ 基准坐标系 (0)
☑️ 拉伸 (1)
☑️ 拉伸 (2)
☑️ 边倒圆 (3)
☑️ 边倒圆 (4)
☑️ 壳 (5)
☑️ 草图 (6) "SKETC...
☑️ 拉伸 (7)
☑️ 拉伸 (8)
☑️ 拉伸 (9)
☑️ 拉伸 (10)
☑️ 拉伸 (11)
☑️ 边倒圆 (12)
☑️ 边倒圆 (13)
☑️ **边倒圆 (14)**

图 4.3.1　透明盖的零件模型及相应的模型树

Step 1. 新建文件。执行下拉菜单中的 文件(F) → 新建(N)... 命令，系统弹出"新建"对话框。在 模型 选项卡的 模板 区域中选取模板类型为 模型 ；在 名称 文本框中输入文件名称"touminggai.prt"，单击 确定 按钮，进入建模环境。

Step 2. 创建如图 4.3.2 所示的拉伸特征 1。执行 插入(S) →设计特征(E)→ 拉伸(X)... 命令（或单击 "拉伸"按钮）；单击"拉伸"对话框中的"绘制截面"按钮 草图 ，系统弹出"创建草图"对话框，选取 XY 基准平面为草图平面，单击 确定 按钮，绘制如图 4.3.3 所示的截面草图，然后退出草图环境；单击 "完成草图"按钮，在限制区域的 结束 下方的距离 文本框中输入"20"；其他参数按系统默认设置；单击 确定 按钮，完成拉伸特征 1 的创建。

Step 3. 创建如图 4.3.4 所示的拉伸求和特征 1。执行 "拉伸"命令，单击对话框中的"绘制截面"按钮，弹出"创建草图"对话框，选取 ZY 基准平面为草图平面，单击 确定 按钮，绘制如图 4.3.5 所示的截面草图；在限制区域结束 选项栏中选择 对称值 选项，并在下方距离 文本框中输入"14"；在布尔区域布尔 选项栏中选择 合并 选项，并在下方 选择体 (1) 中选择如图 4.3.2 所示的拉伸特征 1；其他参数按系统默认设置；单击 确定 按钮，完成拉伸求和特征 1 的创建。

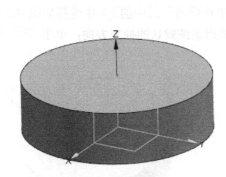

图 4.3.2　拉伸特征 1

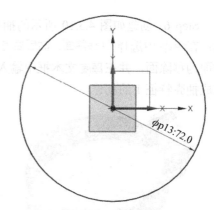

图 4.3.3　截面草图

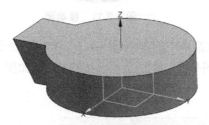

图 4.3.4　拉伸求和特征 1

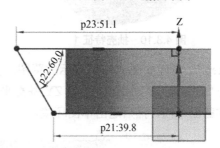

图 4.3.5　截面草图

Step 4. 创建如图 4.3.6 所示的边倒圆特征 1。单击 ⬜ "边倒圆" 按钮，系统弹出 "边倒圆" 对话框；在 ＊ 选择边 (0) 中选择如图 4.3.7 中所示的体的底面的所有线，并在半径 1 文本框中输入 "3"；单击 确定 按钮，完成边倒圆特征 1 的创建。

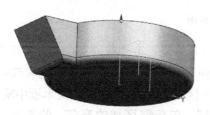

图 4.3.6　边倒圆特征 1

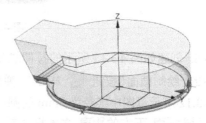

图 4.3.7　边线选取

Step 5. 创建如图 4.3.8 所示的边倒圆特征 2。单击 ⬜ "边倒圆" 按钮，系统弹出 "边倒圆" 对话框；在 ＊ 选择边 (0) 中选择如图 4.3.9 中所示的倒圆线，并在半径 1 文本框中输入 "3"；单击 确定 按钮，完成边倒圆特征 2 的创建。

图 4.3.8　边倒圆特征 2

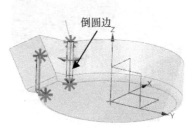

图 4.3.9　边线选取

Step 6. 创建如图 4.3.10 所示的抽壳特征 1。单击 抽壳 按钮，系统弹出 "抽壳" 对话框；在 类型 中选择 移除面，然后抽壳 选项；在 要穿透的面 中的 中选择如图 4.3.11 所示的面为移除面，并在 厚度 文本框中输入 "2"，采用系统默认的抽壳方向；单击 确定 按钮，完成抽壳特征 1 的创建。

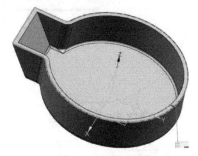

图 4.3.10 抽壳特征 1

抽壳面

图 4.3.11 移除面

Step 7. 创建如图 4.3.12 所示的草图。执行下拉菜单中的 插入(S) → 草图 命令；系统弹出 "创建草图" 对话框，选取 ZY 基准平面为草图平面，单击 确定 按钮，绘制如图 4.3.12 所示的截面草图，然后退出草图环境。

φp42:5.0
φp41:2.0

图 4.3.12 草图

Step 8. 创建如图 4.3.13 所示的拉伸求差特征 1。执行 "拉伸" 命令，单击 "拉伸" 对话框中的 "绘制截面" 按钮 草图 ，弹出 "拉伸" 对话框，在 表区域驱动 的 ✔ 选择曲线 (2) 中选择 4.3.12 所示草图中半径为 5mm 的圆；在 限制区域开始 下方的 距离 文本框中输入 "13"；在 限制区域结束 下方的 距离 文本框中输入 "14"；在 布尔 区域的 布尔 的选项栏中选择 减去 选项，并在下方 ✔ 选择体 (1) 中选择如图 4.3.10 所示的抽壳特征 1，效果如图 4.3.14 所示；其他参数按系统默认设置；单击 确定 按钮，完成拉伸求差特征 1 的创建。

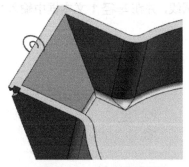

图 4.3.13 拉伸求差特征 1

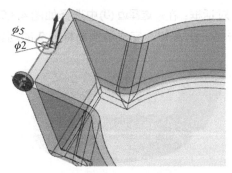

φ5
φ2

图 4.3.14 效果展示

Step 9. 创建如图 4.3.15 所示的拉伸求差特征 2。基本操作同 Step8 的操作，然后在"拉伸"对话框的 方向 区域单击"反向"按钮 ⊠，产生的效果如图 4.3.16 所示，其他参数按系统默认设置；单击 确定 按钮，完成拉伸求差特征 2 的创建。

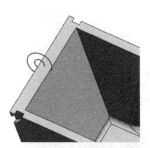

图 4.3.15　拉伸求差特征 2

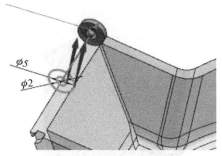

图 4.3.16　反向效果

Step 10. 创建如图 4.3.17 所示的拉伸求和特征 2。执行 ▥▸ "拉伸"命令，弹出"拉伸"对话框，在表区域驱动 的 ✔ 选择曲线 (2) 选择如图 4.3.12 中所示半径为 5mm 的圆；在限制区域的 结束 选项栏中选择 ☺ 对称值 选项，并在下方的 距离 文本框中输入"13"；在布尔 区域的布尔 选项栏中选择 ▥ 合并选项，并在下方 ✔ 选择体 (1) 中选择如图 4.3.4 中所示的拉伸求和特征 1；产生的效果如图 4.3.18 所示；其他参数按系统默认设置；单击 确定 按钮，完成拉伸求和特征 2 的创建。

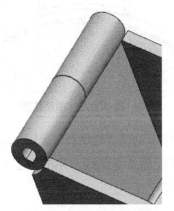

图 4.3.17　拉伸求和特征 2

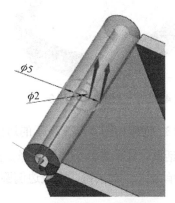

图 4.3.18　效果展示

Step 11. 创建如图 4.3.19 所示的拉伸求差特征 3。执行 ▥▸ "拉伸"命令，弹出"拉伸"对话框，在表区域驱动 的 ✔ 选择曲线 (2) 中选择如图 4.3.12 中所示半径为 2mm 的圆；在限制区域的 开始 选项栏中选择 ▥ 贯通选项；在 限制 区域的 结束 选项栏中选择 ▥ 贯通 选项；在布尔区域的布尔 选项栏中选择 ▥ 减去 选项，并在下方 ✔ 选择体 (1) 中选择如图 4.3.21 中所示的拉伸求和特征 3；产生的效果如图 4.3.18 所示；其他参数按系统默认设置；单击 确定 按钮，完成拉伸求差特征 3 的创建。

Step 12. 创建如图 4.3.21 所示的拉伸求和特征 3。执行 ▥▸ "拉伸"命令，单击"拉伸"对话框中的"绘制截面"按钮 ▥，系统弹出"创建草图"对话框，选 XY 基准平面为草图平面，单击 确定 按钮，绘制如图 4.3.22 所示的截面草图，然后退出草图环境；在限制区域的

开始 下方的 距离 文本框中输入 "3"；在 限制 区域的 结束 下方的 距离 文本框中输入 "20"；在 布尔 区域的 布尔 选项栏中选择 合并 选项，并在下方 选择体 (1) 中选择如图 4.3.17 所示的拉伸求和特征 2；其他参数按系统默认设置；单击 确定 按钮，完成拉伸求和特征 3 的创建。

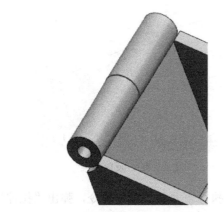

图 4.3.19　拉伸求差特征 3

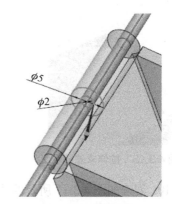

图 4.3.20　效果展示

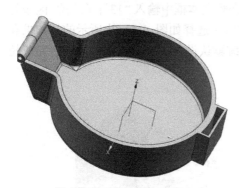

图 4.3.21　拉伸求和特征 3

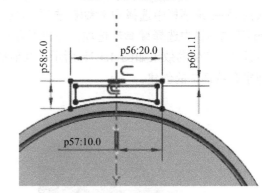

图 4.3.22　截面草图

Step 13. 创建如图 4.3.23 所示的边倒圆特征 3。单击 "边倒圆" 按钮，系统弹出 "边倒圆" 对话框；在 选择边 (0) 中选择如图 4.2.24 中所示的 2 条边线，并在 半径 1 文本框中输入 "3"；单击 确定 按钮，完成边倒圆特征 3 的创建。

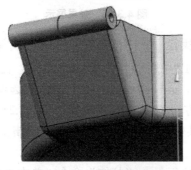

图 4.3.23　边倒圆特征 3

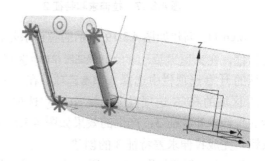

图 4.3.24　倒圆边线

Step 14. 创建边倒圆特征 4。选择如图 4.3.25 中所示的边线作为边倒圆参照，其圆角半径为 1。

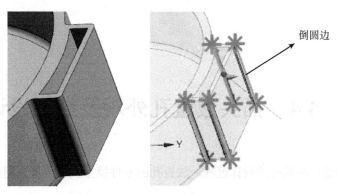

图 4.3.25　边倒圆特征 4

Step 15. 创建边倒圆特征 5。选择拉伸求和特征 3 下方内边缘的边线作为边倒圆参照，如图 4.3.26 所示其圆角半径为 1。

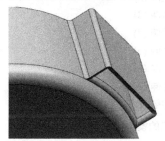
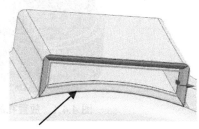

图 4.3.26　边倒圆特征 5

Step 16. 将对象移动至图层并隐藏。执行下拉菜单中的 编辑(E) → 显示和隐藏(H) → 显示和隐藏(O)... 命令，所有对象将会处于显示状态；执行下拉菜单中的 格式(R) → 移动至图层(M)... 命令，系统弹出"类选择"对话框；在"类选择"对话框的 对象 区域中单击 选择对象 (0) 按钮；选取需要选取的对象，单击对话框中的 确定 按钮，此时系统弹出"图层移动"对话框，在 目标图层或类别 文本框中输入"62"，单击 确定 按钮，完成对象的隐藏。执行下拉菜单中的 格式(R) → 图层设置(S)... 命令，系统弹出"图层设置"对话框，在图层 列表框中选择 62 选项，对象显示出来。

Step 17. 保存零件模型。执行下拉菜单中的 文件(F) → 保存(S) 命令，即可保存零件模型，至此完成此结构的全部外观和结构设计。

注：扫此二维码可观看相应数字资源（含视频及拓展课外资源）。

4.4 插头放置孔外观及结构设计

本节重点介绍插头放置孔的设计过程，放置孔的零件模型及相应的模型树如图 4.4.1 所示。

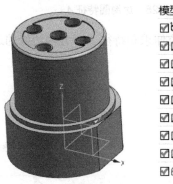

模型历史记录
☑🔧 基准坐标系 (0)
☑📖 拉伸 (1)
☑📖 拉伸 (2)
☑📖 拉伸 (3)
☑📖 拉伸 (4)
☑📖 拉伸 (5)
☑📖 拉伸 (6)
☑📖 拉伸 (7)
☑📦 边倒圆 (8)

图 4.4.1　放置孔的零件模型及相应的模型树

Step 1. 新建文件。执行下拉菜单中的 文件(F) → ▯ 新建(N)... 命令，系统弹出"新建"对话框。在 模型 选项卡的 模板 区域中选取模板类型为 模型 ；在 名称 文本框中输入文件名称"chatoufangzhikong.prt"，单击 确定 按钮，进入建模环境。

Step 2. 创建如图 4.4.2 所示的拉伸特征 1。执行 插入(S) → 设计特征(E) → ▥ 拉伸(X)... 命令（或单击 ▯ "拉伸"按钮）；单击"拉伸"对话框中的"绘制截面"按钮 ▦ 草图 ，系统弹出"创建草图"对话框，选取 XY 基准平面为草图平面，单击 确定 按钮，绘制如图 4.4.3 所示的截面草图，然后退出草图环境；在 限制 区域的 结束 下方的 距离 文本框中输入"20"；其他参数按系统默认设置；单击 确定 按钮，完成拉伸特征 1 的创建。

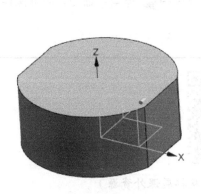

图 4.4.2　拉伸特征 1

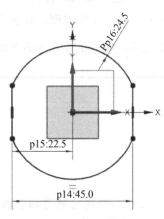

图 4.4.3　截面草图

Step 3. 创建如图 4.4.4 所示的拉伸求和特征 1。执行 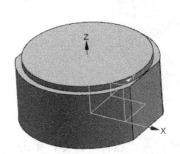 "拉伸" 命令，单击 "拉伸" 对话框中的 "绘制截面" 按钮 草图 ，系统弹出 "创建草图" 对话框，选择如图 4.4.5 所示平面为草图平面，单击 确定 按钮，绘制如图 4.4.6 所示的截面草图，然后退出草图环境；在限制区域的结束 下方的距离 文本框中输入 "2"；在布尔区域的布尔 选项栏中选择 合并选项，并在下方 选择体 (1) 中选择如图 4.4.2 所示的拉伸特征 1；其他参数按系统默认设置；单击 确定 按钮，完成拉伸求和特征 1 的创建。

图 4.4.4　拉伸求和特征 1

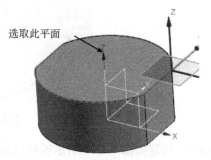

图 4.4.5　定义草图平面

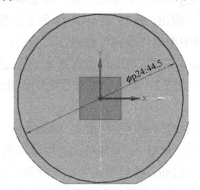

图 4.4.6　截面草图

Step 4. 创建如图 4.4.7 所示的拉伸求和特征 2。执行 "拉伸" 命令，单击 "拉伸" 对话框中的 "绘制截面" 按钮 草图 ，系统弹出 "创建草图" 对话框，选择如图 4.4.8 所示平面为草图平面，单击 确定 按钮，绘制如图 4.4.9 所示的截面草图，然后退出草图环境；在限制区域的结束 下方的距离 文本框中输入 "30"；在布尔 区域的布尔 选项栏中选择 合并选项，并在下方 选择体 (1) 中选择如图 4.4.4 所示的拉伸求和特征 1；其他参数按系统默认设置；单击 确定 按钮，完成拉伸求和特征 2 的创建。

图 4.4.7　拉伸求和特征 2

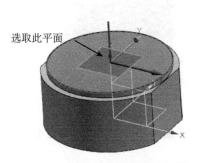

图 4.4.8　定义草图平面

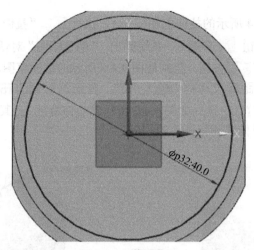

图 4.4.9　截面草图

Step 5. 创建如图 4.4.10 所示的拉伸求差特征 1。执行 ▥⊦"拉伸"命令,单击"拉伸"对话框中的"绘制截面"按钮 ▤▾ 草图 ,系统弹出"创建草图"对话框,选择如图 4.4.11 所示平面为草图平面,单击 确定 按钮,绘制如图 4.4.12 所示的截面草图,然后退出草图环境;在"拉伸"对话框的方向 区域中单击"反向"按钮 ⊠ ,在限制区域的结束 下方的距离 文本框中输入"0.5";在布尔区域的布尔 选项栏中选择 ☞ 减去 选项,并在下方 ✔ 选择体 (1) 中选择如图 4.4.7 所示的拉伸求和特征 2;其他参数按系统默认设置;单击 确定 按钮,完成拉伸求差特征 1 的创建。

Step 6. 创建如图 4.4.13 所示的拉伸求差特征 2。执行 ▥⊦"拉伸"命令,单击"拉伸"对话框中的"绘制截面"按钮 ▤▾ 草图 ,系统弹出"创建草图"对话框,选择如图 4.4.14 所示平面为草图平面,单击 确定 按钮,绘制如图 4.4.15 所示的截面草图,然后退出草图环境;在"拉伸"对话框的方向 区域中单击"反向"按钮 ⊠ ,在限制区域的结束 下方的距离 文本框中输入"17";在布尔区域的布尔 选项栏中选择 ☞ 减去 选项,并在下方 ✔ 选择体 (1) 中选择如图 4.4.7 所示的拉伸求和特征 2;其他参数按系统默认设置;单击 确定 按钮,完成拉伸求差特征 2 的创建。

图 4.4.10　拉伸求差特征 1

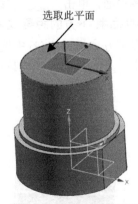

选取此平面

图 4.4.11　定义草图平面

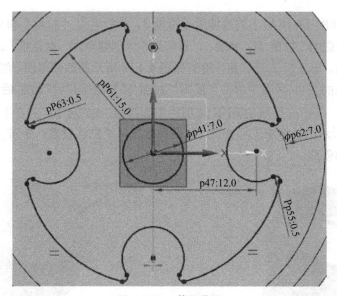

图 4.4.12　截面草图

图 4.4.13　拉伸求差特征 2

选取此平面

图 4.4.14　定义草图平面

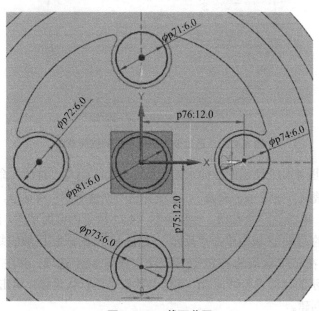

图 4.4.15　截面草图

Step 7. 创建如图 4.4.16 所示的拉伸求差特征 3。执行  "拉伸"命令，单击"拉伸"对话框中的"绘制截面"按钮 ⬚ 草图 ，系统弹出"创建草图"对话框，选择如图 4.4.17 所示平面为草图平面，单击 确定 按钮，绘制如图 4.4.18 所示的截面草图，然后退出草图环境；在"拉伸"对话框的方向区域中单击"反向"按钮 ⤫，在限制区域的结束下方的距离文本框中输入"18"；在布尔区域的布尔选项栏中选择 ⬝ 减去选项，并在下方 ✔ 选择体 (1) 中选择如图 4.4.13 所示的拉伸求差特征 2；其他参数按系统默认设置；单击 确定 按钮，完成拉伸求差特征 3 的创建。

图 4.4.16　拉伸求差特征 3

图 4.4.17　定义草图平面

选取此平面

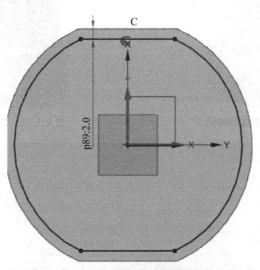

图 4.4.18　通过偏置取得相应的截面草图

Step 8. 创建如图 4.4.19 所示的拉伸求差特征 4。执行 "拉伸"命令，单击"拉伸"对话框中的"绘制截面"按钮 ⬚ 草图 ，系统弹出"创建草图"对话框，选择如图 4.4.20 所示平面为草图平面，单击 确定 按钮，绘制如图 4.4.21 所示的截面草图，然后退出草图环境；在"拉伸"对话框的方向区域中单击"反向"按钮 ⤫，在限制区域的结束下方的距离文本框中输入"28"；在布尔区域的布尔选项栏中选择 ⬝ 减去选项，并在下方 ✔ 选择体 (1) 中选择如图 4.4.16 所示的拉伸求差特征 3；其他参数按系统默认设置；单击 确定 按钮，完成拉伸求差特征 4 的创建。

图 4.4.19　拉伸求差特征 4

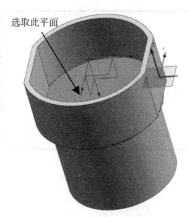

选取此平面

图 4.4.20　定义草图平面

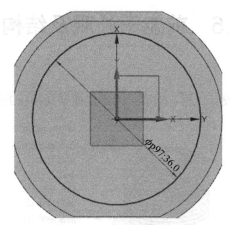

φp97.36.0

图 4.4.21　截面草图

Step 9. 创建如图 4.4.22 所示的边倒圆特征 1。执行 ⬛ "边倒圆"命令，系统弹出"边倒圆"对话框；在 ✱ 选择边 (0) 中选择如图 4.4.23 中所示的 1 条边线，并在半径 1 文本框中输入"1"；单击 确定 按钮，完成边倒圆特征 1 的创建。

图 4.4.22　边倒圆特征 1

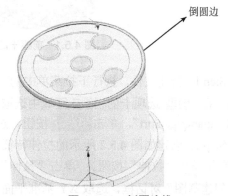

倒圆边

图 4.4.23　倒圆边线

Step 10. 保存零件模型。执行下拉菜单中的 文件(F) → ▣ 保存(S) 命令，即可保存零件模型，至此结束此结构的全部外观和结构设计。

注：扫此二维码可观看相应数字资源（含视频及拓展课外资源）。

4.5　前躯干外观及结构设计

本节重点介绍前躯干的设计过程，前躯干的零件模型及相应的模型树如图 4.5.1 所示。

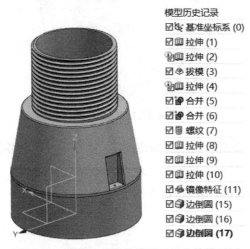

模型历史记录
☑✄ 基准坐标系 (0)
☑▥ 拉伸 (1)
☑▥ 拉伸 (2)
☑◈ 拔模 (3)
☑▥ 拉伸 (4)
☑▜ 合并 (5)
☑▜ 合并 (6)
☑▦ 螺纹 (7)
☑▥ 拉伸 (8)
☑▥ 拉伸 (9)
☑▥ 拉伸 (10)
☑▨ 镜像特征 (11)
☑▱ 边倒圆 (15)
☑▱ 边倒圆 (16)
☑▱ **边倒圆 (17)**

图 4.5.1　前躯干的零件模型及相应的模型树

Step 1. 新建文件。执行下拉菜单中的 文件(F) → ▯ 新建(N)... 命令，系统弹出"新建"对话框。在 模型 选项卡的 模板 区域中选取模板类型为 🔵 模型 ；在 名称 文本框中输入文件名称"qianqugan.prt"，单击 确定 按钮，进入建模环境。

Step 2. 创建如图 4.5.2 所示的拉伸特征 1。执行 插入(S) →设计特征(E)→ ▥ 拉伸(X)... 命令（或单击 ▥ "拉伸"按钮）；单击"拉伸"对话框中的"绘制截面"按钮 ▤ 草图，系统弹出"创建草图"对话框，选取 XY 基准平面为草图平面，单击 确定 按钮，绘制如图 4.5.3 所示的截面草图，然后退出草图环境；在 限制 区域的 结束 下方的 距离 文本框中输入"20"；其他参数按系统默认设置；单击 确定 按钮，完成拉伸特征 1 的创建。

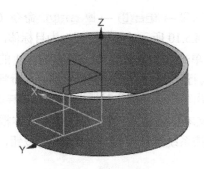

图 4.5.2 拉伸特征 1

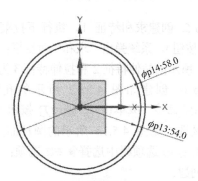

图 4.5.3 截面草图

Step 3. 创建如图 4.5.4 所示的拉伸特征 2。执行 插入(S) →设计特征(E)→ ⬜ 拉伸(X)... 命令（或单击 ⬜ "拉伸"按钮）；单击"拉伸"对话框中的"绘制截面"按钮 🖎 草图，系统弹出"创建草图"对话框，选择如图 4.5.5 所示平面为草图平面，单击 确定 按钮，绘制如图 4.5.6 所示的截面草图，然后退出草图环境；在限制区域的结束 下方的距离 文本框中输入"30"，单击 确定 按钮；单击 ⬙ 拔模 按钮，在要拔模的面 的角度 1 文本框中输入"10"；其他参数按系统默认设置；单击 确定 按钮，完成拉伸特征 2 的创建。

图 4.5.4 拉伸特征 2

选取此平面

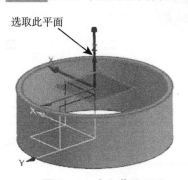

图 4.5.5 定义草图平面

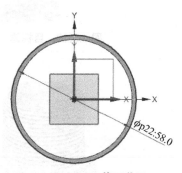

图 4.5.6 截面草图

Step 4. 创建如图 4.5.7 所示的拉伸特征 3。执行 插入(S) →设计特征(E)→ ⬜ 拉伸(X)... 命令（或单击 ⬜ "拉伸"按钮）；单击"拉伸"对话框中的"绘制截面"按钮 🖎 草图，系统弹出"创建草图"对话框，选择如图 4.5.8 所示平面为草图平面，单击 确定 按钮，绘制如图 4.5.9 所示的截面草图，然后退出草图环境；在限制区域的结束 下方的距离 文本框中输入"29"；其他参数按系统默认设置；单击 确定 按钮，完成拉伸特征 3 的创建。

图 4.5.7 拉伸特征 3

选取此平面

图 4.5.8 定义草图平面

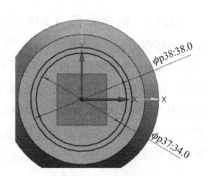

图 4.5.9 截面草图

Step 5. 创建求和特征 1。执行下拉菜单中的 插入(S) → 组合(B) → 合并(U)... 命令（或单击 合并 按钮），系统弹出"求和"对话框；选取如图 4.5.10 所示的拉伸特征 1 为目标体，选取如图 4.5.11 所示的拉伸特征 2 和拉伸特征 3 为工具体，单击 确定 按钮，完成求和特征 1 的创建。

Step 6. 创建如图 4.5.12 所示的孔特征。执行下拉菜单中的 插入(S) → 设计特征(E) → 螺纹(T)... 命令（或单击 螺纹刀 按钮），系统弹出"螺纹切削"对话框；选择⊙详细 选项，在绘图区选中如图 4.5.13 所示的圆柱面，在螺距文本框中输入"2"，在角度 文本框中输入"60"，在旋转 选项栏中选择⊙右旋 选项；其他参数按系统默认设置，单击 确定 按钮，完成孔特征的创建。

图 4.5.10　目标体

图 4.5.11　工具体

图 4.5.12　孔特征

图 4.5.13　圆柱面

Step 7. 创建如图 4.5.14 所示的拉伸求差特征 1。执行 插入(S) → 设计特征(E) → 拉伸(X)... 命令（或单击 "拉伸"按钮）；单击"拉伸"对话框中的"绘制截面"按钮 草图 ，系统弹出"创建草图"对话框，选择如图 4.5.15 所示平面为草图平面，单击 确定 按钮，绘制如图 4.5.16 所示的截面草图，然后退出草图环境；在"拉伸"对话框的方向 区域中单击"反向"按钮 X ，在限制区域的结束 下方的距离 文本框中输入"30"；在布尔区域的布尔 选项栏中选择 减去 选项，并在下方 ✔ 选择体 (1) 中选择 Step 5 的求和特征 1；其他参数按系统默认设置；单击 确定 按钮，完成拉伸求差特征 1 的创建。

选取此平面

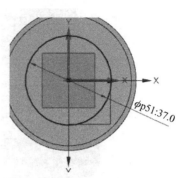

φp51:37.0

图 4.5.14　拉伸求差特征 1　　　　　图 4.5.15　定义草图平面　　　　　图 4.5.16　截面草图

Step 8. 创建如图 4.5.17 所示的拉伸求差特征 2。执行 插入(S) → 设计特征(E) → 拉伸(X)... 命令（或单击 "拉伸"按钮）；单击"拉伸"对话框中的"绘制截面"按钮 草图 ，系统弹出"创建草图"对话框，选取 XZ 平面为草图平面，单击 确定 按钮，绘制如图 4.5.18 所示的截面草图，然后退出草图环境；在 限制 区域的 结束 选项栏中选择 对称值 选项，并在下方的 距离 文本框中输入"4"；在 布尔 区域的 布尔 选项栏中选择 减去 选项，并在下方 ✔ 选择体 (1) 中选择如图 4.5.14 中的拉伸求差特征 1；其他参数按系统默认设置；单击 确定 按钮，完成拉伸求差特征 2 的创建。

p64:5.0

p63:14.0

p61:10.0

p60:15.0

p59:28.0

图 4.5.17　拉伸求差特征 2　　　　　　图 4.5.18　截面草图

Step 9. 创建如图 4.5.19 所示的拉伸求差特征 3。执行 插入(S) → 设计特征(E) → 拉伸(X)... 命令（或单击 "拉伸"按钮）；单击"拉伸"对话框中的"绘制截面"按钮 草图 ，系统弹出"创建草图"对话框，选择如图 4.5.20 所示的平面为草图平面，单击 确定 按钮，绘制如图 4.5.21 所示的截面草图，然后退出草图环境；在"拉伸"对话框的 方向 区域中单击"反向"按钮 ⊠，在 限制 区域的 结束 选项栏中选择 贯通 选项；在 布尔 区域的 布尔 选项栏中选择 减去 选项，并在下方 ✔ 选择体 (1) 中选择如图 4.5.17 所示的拉伸求差特征 2；其他参数按系统默认设置；单击 确定 按钮，完成拉伸求差特征 3 的创建。

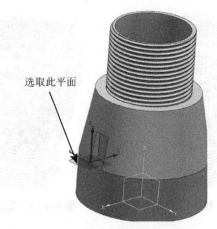

选取此平面

图 4.5.19　拉伸求差特征 3　　　　　　　**图 4.5.20　定义草图平面**

Step 10. 创建镜像特征 1。执行下拉菜单中的 插入(S) → 关联复制(A) → 镜像特征 命令；系统弹出"镜像特征"对话框；选取拉伸求差特征 2 与拉伸求差特征 3 为镜像特征对象；选取 YZ 基准平面；最后效果如图 4.5.22 所示，单击 确定 按钮，完成镜像特征 1 的创建。

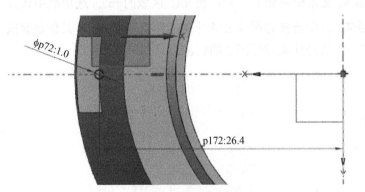

图 4.5.21　截面草图　　　　　　　　　　**图 4.5.22　镜像特征 1**

Step 11. 创建如图 4.5.23 所示的边倒圆特征 1。执行 "边倒圆"命令，系统弹出"边倒圆"对话框；在 * 选择边 (0) 中选择如图 4.5.24 中所示的 1 条边线，并在 半径 1 文本框中输入"6"；单击 确定 按钮，完成边倒圆特征 1 的创建。

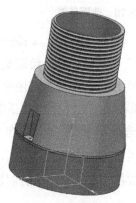

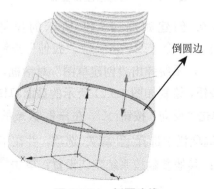

倒圆边

图 4.5.23　边倒圆特征 1　　　　　　　**图 4.5.24　倒圆边线**

Step 12. 创建边倒圆特征 2。选择如图 4.5.25 中所示的边线作为边倒圆参照，其圆角半径为 0.5。

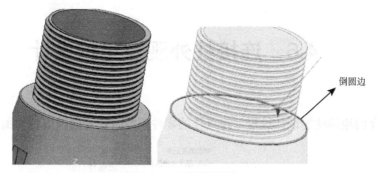

图 4.5.25　边倒圆特征 2

Step 13. 创建边倒圆特征 3。选择如图 4.5.26 中所示的边线（镜像特征的也需要）作为边倒圆参照，其圆角半径为 0.5。

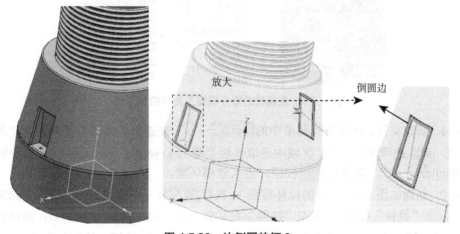

图 4.5.26　边倒圆特征 3

Step 14. 保存零件模型。执行下拉菜单中的 文件(F) → 保存(S) 命令，即可保存零件模型，至此完成此结构的全部外观和结构设计。

注：扫此二维码可观看相应数字资源（含视频及拓展课外资源）。

4.6　连接柱外观及结构设计

本节重点介绍连接柱的设计过程，连接柱的零件模型及相应的模型树如图 4.6.1 所示。

模型历史记录	☑零体 (15)
基准坐标系 (0)	☑零体 (16)
☑拉伸 (1)	☑零体 (17)
☑拔模 (2)	☑零体 (18)
☑拉伸 (3)	☑零体 (19)
☑拉伸 (4)	☑零体 (20)
☑螺纹 (5)	☑零体 (21)
☑螺纹 (6)	☑合并 (22)
☑拉伸 (7)	☑边倒圆 (23)
☑草图 (8) "SKETC...	☑边倒圆 (24)
☑旋转 (9)	☑边倒圆 (25)
☑阵列特征 [圆形] ...	☑边倒圆 (26)
☑草图 (11) "SKET...	☑边倒圆 (27)
☑旋转 (12)	
☑边倒圆 (13)	
☑零体 (14)	

图 4.6.1　连接柱的零件模型及相应的模型树

Step 1. 新建文件。执行下拉菜单中的 文件(F) → 新建(N)... 命令，系统弹出"新建"对话框。在 模型 选项卡的 模板 区域中选取模板类型为 模型 ；在 名称 文本框中输入文件名称"lianjiezhu.prt"，单击 确定 按钮，进入建模环境。

Step 2. 创建如图 4.6.2 所示的拉伸特征 1。执行 插入(S) → 设计特征(E) → 拉伸(X)... 命令（或单击 "拉伸"按钮）；单击"拉伸"对话框中的"绘制截面"按钮，系统弹出"创建草图"对话框，选取 XY 基准平面为草图平面，单击 确定 按钮，绘制如图 4.6.3 所示的截面草图，然后退出草图环境；在限制区域的结束下方的距离文本框中输入"55"；单击 拔模 按钮，在要拔模的面 的角度 1 文本框中输入"2"；其他参数按系统默认设置；单击 确定 按钮，完成拉伸特征 1 的创建。

图 4.6.2　拉伸特征 1

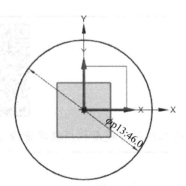

图 4.6.3　截面草图

Step 3. 创建如图 4.6.4 所示的拉伸求差特征 1。执行 ▥ "拉伸" 命令,单击 "拉伸" 对话框中的 "绘制截面" 按钮 ▦ ,系统弹出 "创建草图" 对话框,选择如图 4.6.5 所示平面为草图平面,单击 [确定] 按钮,绘制如图 4.6.6 所示的截面草图,然后退出草图环境;在 "拉伸" 对话框的方向区域中单击 "反向" 按钮 ✕ ,在限制区域的结束 下方的距离 文本框中输入 "20";在布尔区域的布尔 选项栏中选择 ▣ 减去 选项,并在下方 ✔ 选择体 (1)中选择如图 4.6.2 所示的拉伸特征 1;其他参数按系统默认设置;单击 [确定] 按钮,完成拉伸求差特征 1 的创建。

图 4.6.4 拉伸求差特征 1

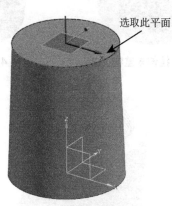

选取此平面

图 4.6.5 定义草图平面

选取此平面

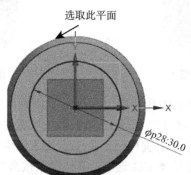

$\phi p28:30.0$

图 4.6.6 截面草图

Step 4. 创建如图 4.6.7 所示的拉伸求差特征 2。执行 ▥ "拉伸" 命令,单击 "拉伸" 对话框中的 "绘制截面" 按钮 ▦ 草图,系统弹出 "创建草图" 对话框,选择如图 4.6.8 所示平面为草图平面,单击 [确定] 按钮,绘制如图 4.6.9 所示的截面草图,然后退出草图环境;在 "拉伸" 对话框的方向 区域中单击 "反向" 按钮 ✕ ,在限制区域的结束 下方的距离 文本框中输入值 30;在布尔区域的布尔 选项栏中选择 ▣ 减去 选项,并在下方 ✔ 选择体 (1)中选择如图 4.6.2 所示的拉伸特征 1;其他参数按系统默认设置;单击 [确定] 按钮,完成拉伸求差特征 2 的创建。

Step 5. 创建如图 4.6.10 所示的孔特征 1。执行下拉菜单中的 插入(S) →设计特征(E)→ ▤ 螺纹(T)... 命令(或单击 ▤ 螺纹刀 按钮),系统弹出 "螺纹切削" 对话框;选中 ◉ 详细 选项,在绘图区选中如图 4.6.11 所示的圆柱面,在螺距 文本框中输入 "1.5",在角度 文本框中输入 "30",在旋转 选项栏中选择 ◉ 右旋 选项;其他参数按系统默认设置,单击 [确定] 按钮,完成孔特征 1 的创建。

图 4.6.7 拉伸求差特征 2

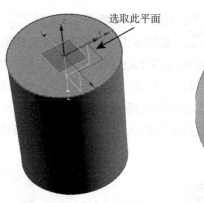

图 4.6.8 定义草图平面

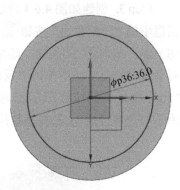

图 4.6.9 截面草图

图 4.6.10 孔特征 1

图 4.6.11 圆柱面

Step6. 创建如图 4.6.12 所示的孔特征 2。执行下拉菜单中的 插入(S) →设计特征(E)→ 螺纹(T)... 命令（或单击 螺纹刀 按钮），系统弹出"螺纹切削"对话框；选择◉详细 选项，在绘图区选中如图 4.6.13 所示的圆柱面，在螺距 文本框中输入"1.5"，在角度 文本框中输入"30"，在旋转 选项栏中选择◉右旋 选项；其他参数按系统默认设置，单击 确定 按钮，完成孔特征 2 的创建。

图 4.6.12 孔特征 2

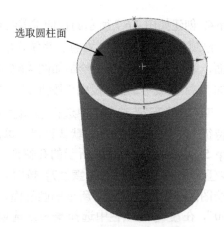

图 4.6.13 圆柱面

Step 7. 创建如图 4.6.14 所示的拉伸求差特征 3。执行 ▥ "拉伸"命令，单击"拉伸"对话框中的"绘制截面"按钮 ▧ 草图，系统弹出"创建草图"对话框，选择如图 4.6.15 所示平面为草图平面，单击 确定 按钮，绘制如图 4.6.16 所示的截面草图，然后退出草图环境；在"拉伸"对话框的方向区域中单击"反向"按钮 ⊠，在限制区域的结束 选项栏中选择 ⊛ 贯通 选项；在布尔区域的布尔 选项栏中选择 ▢ 减去 选项，并在下方 ✔ 选择体 (1) 中选择如图 4.6.2 所示的拉伸特征 1；其他参数按系统默认设置；单击 确定 按钮，完成拉伸求差特征 3 的创建。

图 4.6.14　拉伸求差特征 3

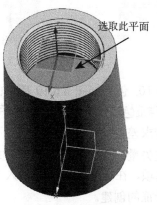

图 4.6.15　定义草图平面

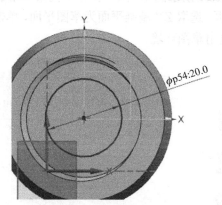

图 4.6.16　截面草图

Step 8. 创建如图 4.6.17 所示的草图 1。执行下拉菜单中的 插入(S) → ▧ 草图 命令，系统弹出"创建草图"对话框，选取 ZY 基准平面为草图平面，单击 确定 按钮，绘制如图 4.6.17 所示的截面草图，然后退出草图环境。

Step 9. 创建如图 4.6.18 所示的回转求差特征 1。执行下拉菜单中的 插入(S) → 设计特征(E) → ▣ 旋转(R)... 命令（或单击 ▤ 按钮）；弹出"旋转"对话框，在表区域驱动 的 ✔ 选择曲线 (2) 中选择如图 4.6.17 草图 1 所示的四边形；在轴区域的 ＊ 指定矢量 中选择 Z 轴为旋转轴，并在下方的 ＊ 指定点 中选择原点为旋转点；在限制区域的开始 下方的角度 文本框中输入"−15°"；在限制 区域的结束 下方的角度 文本框中输入"15°"；在布尔 区域的布尔 选项栏中选择 ▢ 减去 选项，并在下方 ✔ 选择体 (1) 中选择如图 4.6.2 所示的拉伸特征 1；其他参数按系统默认设置；单击 确定 按钮，完成回转求差特征 1 的创建。

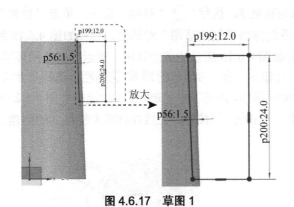

图 4.6.17　草图 1

图 4.6.18　回转求差特征 1

Step 10. 创建如图 4.6.19 所示的阵列特征。执行下拉菜单中的 插入(S) → 关联复制(A) → ⟲ 阵列特征(A)... 命令（或单击⟲ 阵列特征按钮）；单击"阵列特征"对话框，选取 Step 9 创建的回转求差特征 1，在阵列定义下方的布局选项栏中选择 ○ 圆形 选项，单击"旋转轴"按钮指定矢量，选取 Z 轴作为基准轴，指定点选取原点，在斜角方向 选项栏中选择"数量和间隔"选项，在数量 文本框中输入"9"，在节距角 文本框中输入"40"，单击 确定 按钮；完成阵列特征的创建。

Step 11. 创建如图 4.6.20 所示的草图 2。执行下拉菜单中的 插入(S) → 草图 命令，系统弹出"创建草图"对话框，选取 ZY 基准平面为草图平面，单击 确定 按钮，绘制如图 4.6.20 所示的截面草图，然后退出草图环境。

图 4.6.19　阵列特征

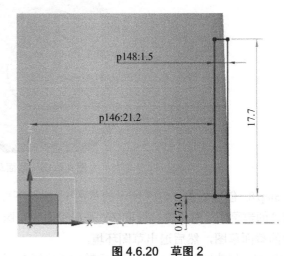

图 4.6.20　草图 2

Step 12. 创建如图 4.6.21 所示的回转特征 1。执行 "回转"命令，弹出"旋转"对话框，在 表区域驱动 的 ✔ 选择曲线 (2) 中选择如图 4.6.20 草图 2 所示的长方形；在轴区域的 ✱ 指定矢量 中选择 Z 轴为旋转轴并在下方的 ✱ 指定点 中选择该边的端点为旋转点；在限制区域的开始下方的角度 文本框中输入"0"；在限制区域的结束 下方的角度 文本框中输入"360"；其他参数按系统默认设置，最后效果如图 4.6.22 所示；单击 确定 按钮，完成回转特征 1 的创建。

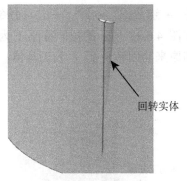

回转实体

图 4.6.21　回转特征 1

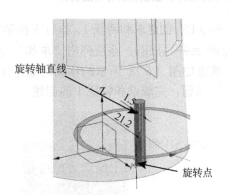

旋转轴直线

Z 1.5
21.2

旋转点

图 4.6.22　效果图

Step 13. 创建如图 4.6.23 所示的边倒圆特征 1。执行 "边倒圆"命令，系统弹出"边倒圆"对话框；在✳ 选择边 (0)中选择如图 4.6.24 中所示的 1 条边线，并在半径 1 文本框中输入"1"；单击 确定 按钮，完成边倒圆特征 1 的创建。

图 4.6.23　边倒圆特征 1

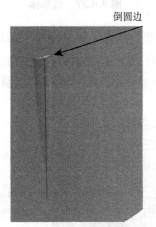

倒圆边

图 4.6.24　倒圆边线

Step 14. 创建如图 4.6.25 所示的移动对象操作。执行下拉菜单中的 编辑(E) → 移动对象(O) 命令，系统弹出"移动对象"对话框；选取已倒圆的图 4.6.21 所示的回转特征 1，先在变换区域的运动 选项栏中选择 角度 ，后在✳ 指定矢量 中选择 Z 轴为旋转轴，并在下方的✳ 指定轴点 中选择原点为旋转点且在其下方的角度 文本框中输入"40"；在结果 区域中选择复制原先的 选项，并在下方的非关联副本数 文本框中输入"8"，其他参数按系统默认设置，最后效果如图 4.6.26 所示；单击 确定 按钮，完成移动对象操作的创建。

图 4.6.25　移动对象操作

图 4.6.26　效果图

Step 15. 创建求和特征 1。执行下拉菜单中的 插入(S) → 组合(B) → 合并(U)... 命令（或单击 合并 按钮），系统弹出"求和"对话框；选取如图 4.6.27 所示的拉伸特征 1 为目标体，选取如图 4.6.28 所示的移动对象操作生成的实体和原来的回转特征 1 为工具体，单击 确定 按钮，完成求和特征 1 的创建。

图 4.6.27　目标体

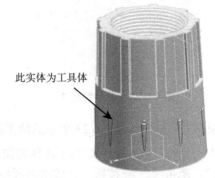

图 4.6.28　工具体

Step 16. 创建如图 4.6.29 所示的边倒圆特征 2。单击 "边倒圆"按钮，系统弹出"边倒圆"对话框；在 选择边 (0) 中选择如图 4.6.30 中所示的 18 条边线，并在 半径 1 文本框中输入"4"；单击 确定 按钮，完成边倒圆特征 2 的创建。

图 4.6.29　边倒圆特征 2

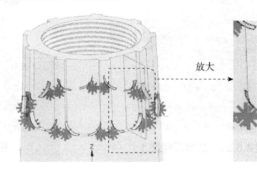

图 4.6.30　倒圆边线

Step 17. 创建边倒圆特征 3。选择如图 4.6.31 中所示的边线作为边倒圆参照，其圆角半径为 1。

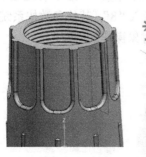

图 4.6.31　边倒圆特征 3

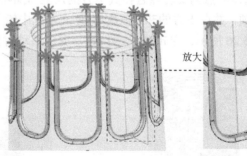

Step 18. 创建边倒圆特征 4。选择如图 4.6.32 中所示的边线作为边倒圆参照，其圆角半径为 1。

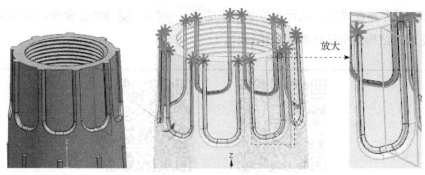

图 4.6.32　边倒圆特征 4

Step 19. 创建边倒圆特征 5。选择如图 4.6.33 中所示的边线作为边倒圆参照，其圆角半径为 1。

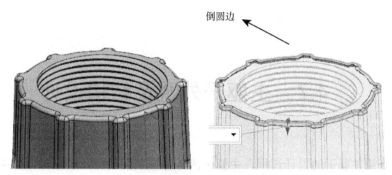

图 4.6.33　边倒圆特征 5

Step 20. 创建边倒圆特征 6。选择如图 4.6.34 中所示的边线作为边倒圆参照，其圆角半径为 2。

Step 21. 将对象移动至图层并隐藏。执行下拉菜单中的 编辑(E) → 显示和隐藏(H) → 显示和隐藏(O)... 命令，所有对象将会处于显示状态；执行下拉菜单中的 格式(R) → 移动至图层(M)... 命令，系统弹出"类选择"对话框；在"类选择"对话框的对象 区域中单击 选择对象 (O) 按钮；选取需要选取的对象，单击对话框中的 确定 按钮，此时系统弹出"图层移动"对话框，在目标图层或类别文本框中输入"62"，单击 确定 按钮，完成对象的隐藏。执行下拉菜单中的 格式(R) → 图层设置(S)... 命令，系统弹出"图层设置"对话框，在图层列表框中选择 ☑ 62 选项，对象显示。

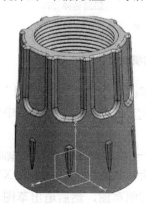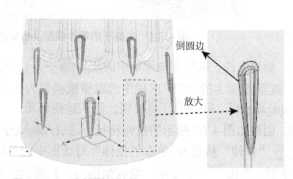

图 4.6.34　边倒圆特征 6

Step 22. 保存零件模型。执行下拉菜单中的 文件(F) → 📙 保存(S) 命令，即可保存零件模型，至此完成此结构的全部外观和结构设计。

注：扫此二维码可观看相应数字资源（含视频及拓展课外资源）。

4.7 主躯干外观及结构设计

本节重点介绍主躯干的设计过程，主躯干的零件模型及相应的模型树如图 4.7.1 所示。

图 4.7.1 主躯干的零件模型及相应的模型树

Step 1. 新建文件。执行下拉菜单中的 文件(F) → 🗋 新建(N)... 命令，系统弹出"新建"对话框。在 模型 选项卡的 模板 区域中选取模板类型为 📄模型 ；在 名称 文本框中输入文件名称"zhuqugan.prt"，单击 确定 按钮，进入建模环境。

Step 2. 创建如图 4.7.2 所示的拉伸特征 1。执行 插入(S) → 设计特征(E) → 📖 拉伸(X)... 命令（或单击 📖 "拉伸"按钮）；单击"拉伸"对话框中的"绘制截面"按钮，选取 XY 基准平面为草图平面，单击 确定 按钮，绘制如图 4.7.3 所示的截面草图，然后退出草图环境；在限制区域的**结束** 下方的**距离** 文本框中输入"12";其他参数按系统默认设置,完成拉伸特征1 的创建。

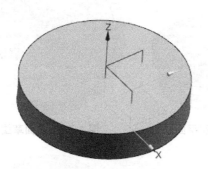

图 4.7.2　拉伸特征 1

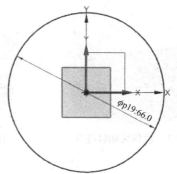

图 4.7.3　截面草图

Step 3. 创建如图 4.7.4 所示的拉伸求和特征 1。执行 ▥▮ "拉伸"命令,单击"拉伸"对话框中的"绘制截面"按钮 ▦ 草图 ,系统弹出"创建草图"对话框,选择如图 4.7.5 所示平面为草图平面,单击 确定 按钮,绘制如图 4.7.6 所示的截面草图,然后退出草图环境;在限制区域的**结束** 下方的**距离** 文本框中输入"6";在**布尔**区域的**布尔** 选项栏中选择 合并选项,并在下方 ✔ **选择体** (1) 中选择如图 4.7.2 所示的拉伸特征 1;其他参数按系统默认设置;单击 确定 按钮,完成拉伸求和特征 1 的创建。

图 4.7.4　拉伸求和特征 1

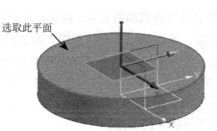

图 4.7.5　定义草图平面

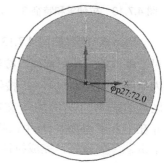

图 4.7.6　截面草图

Step 4. 创建如图 4.7.7 中的拉伸求和特征 2。执行 ▥▮ "拉伸"命令,再单击"拉伸"对话框中的"绘制截面"按钮 ▦ 草图 ,系统弹出"创建草图"对话框,选择如图 4.7.8 所示平面为草图平面,单击 确定 按钮,绘制如图 4.7.9 所示的截面草图,然后退出草图环境;在限制区域的**结束** 下方的**距离** 文本框中输入"19";在**布尔**区域的**布尔** 选项栏中选择 合并选项,并在下方 ✔ **选择体** (1) 中选择如图 4.7.4 所示的拉伸求和特征 1;其他参数按系统默认设置;单击 确定 按钮,完成拉伸求和特征 2 的创建。

Step 5. 创建如图 4.7.10 所示的拉伸求和特征 3。执行 ▥▮ "拉伸"命令,单击"拉伸"对话框中的"绘制截面"按钮 ▦ 草图 ,系统弹出"创建草图"对话框,选择如图 4.7.11 所示平面为草图平面,单击 确定 按钮,绘制如图 4.7.12 所示的截面草图,然后退出草图环境;在限制区域的**结束** 下方的**距离** 文本框中输入"9";在**布尔**区域的**布尔** 选项栏中选择 合并选项,并在下方 ✔ **选择体** (1) 中选择如图 4.7.7 所示的拉伸求和特征 2;其他参数按系统默认设置;单击 确定 按钮,完成拉伸求和特征 3 的创建。

图 4.7.7 拉伸求和特征 2

选取此平面

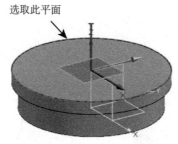

图 4.7.8 定义草图平面

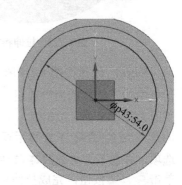

图 4.7.9 截面草图

图 4.7.10 拉伸求和特征 3

选取此平面

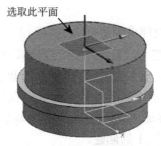

图 4.7.11 定义草图平面

图 4.7.12 截面草图

Step 6. 创建如图 4.7.13 所示的拉伸求和特征 4。执行 ▯ "拉伸"命令，单击"拉伸"对话框中的"绘制截面"按钮 ▥ ，系统弹出"创建草图"对话框，选择如图 4.7.14 所示平面为草图平面，单击 确定 按钮，绘制如图 4.7.15 所示的截面草图，然后退出草图环境；在限制区域的结束 下方的距离 文本框中输入"3"；在布尔区域的布尔 选项栏中选择 ▯ 合并选项，并在下方 ✔ 选择体 (1) 中选择如图 4.7.10 所示的拉伸求和特征 3；其他参数按系统默认设置；单击 确定 按钮，完成拉伸求和特征 4 的创建。

图 4.7.13 拉伸求和特征 4

选取此平面

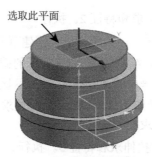

图 4.7.14 定义草图平面

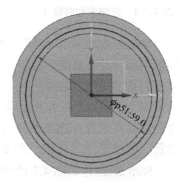

图 4.7.15 截面草图

Step 7. 创建如图 4.7.16 所示的拉伸求和特征 5。执行 ▯ "拉伸"命令，单击"拉伸"对话框中的"绘制截面"按钮 ▥ 草图 ，系统弹出"创建草图"对话框，选择如图 4.7.17 所示平面为草图平面，单击 确定 按钮，绘制如图 4.7.18 所示的截面草图，然后退出草图环境；在限制区域的结束 下方的距离 文本框中输入"16"；在布尔区域的布尔 选项栏中选择

合并 选项，并在下方 ✔ 选择体 (1) 中选择如图 4.7.13 所示的拉伸求和特征 4；其他参数按系统默认设置；单击 确定 按钮，完成拉伸求和特征 5 的创建。

图 4.7.16　拉伸求和特征 5

图 4.7.17　定义草图平面

选取此平面

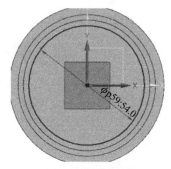
图 4.7.18　截面草图

Step 8. 创建如图 4.7.19 中的拉伸求差特征 1。执行 "拉伸" 命令，单击 "拉伸" 对话框中的 "绘制截面" 按钮 草图 ，系统弹出 "创建草图" 对话框，选取 ZY 平面为草图平面，单击 确定 按钮，绘制如图 4.7.20 所示的截面草图，然后退出草图环境；在 限制 区域的开始下方的 距离 文本框中输入 "25"；在 限制 区域的 结束 选项栏中选择 贯通 选项；在 布尔 区域的 布尔 选项栏中选择 减去 选项，并在下方 ✔ 选择体 (1) 中选择如图 4.7.16 所示的拉伸求和特征 5；其他参数按系统默认设置；单击 确定 按钮，完成拉伸求差特征 1 的创建。

图 4.7.19　拉伸求差特征 1

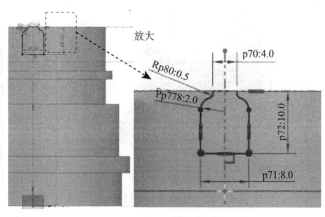
图 4.7.20　截面草图

放大

Rp80:0.5
Pp778:2.0
p70:4.0
p72:10.0
p71:8.0

Step 9. 创建镜像特征 1。执行下拉菜单中的 插入(S) → 关联复制(A) → 镜像特征(R)... 命令（或单击 镜像特征 按钮）；系统弹出 "镜像特征" 对话框；选取拉伸求差特征 1 为镜像特征对象；选取 ZY 基准平面；最后效果如图 4.7.21 所示，单击 确定 按钮，完成镜像特征 1 的创建。

Step 10. 创建如图 4.7.22 所示的草图 1。执行下拉菜单中的 插入(S) → 草图 命令，系统弹出 "创建草图" 对话框，选取 ZY 基准平面为草图平面，单击 确定 按钮，绘制如图 4.7.22 所示的截面草图，然后退出草图环境。

图 4.7.21　镜像特征 1

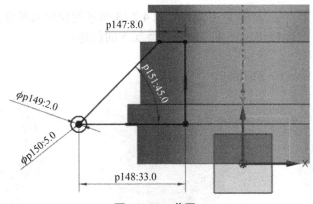

图 4.7.22　草图 1

Step 11. 创建如图 4.7.23 所示的拉伸求和特征 6。执行 "拉伸"命令，单击"拉伸"对话框中的"绘制截面"按钮 ▣ 草图 ，弹出"拉伸"对话框，在 表区域驱动 的 ✔ 选择曲线 中选择如图 4.7.22 草图 1 所示的梯形直线；在 限制区域的 开始 下方的 距离 文本框中输入"13"；在 限制区域的 结束 下方的 距离 文本框中输入"15"；在 布尔区域的 布尔 选项栏中选择 🔘 合并选项，并在下方 ✔ 选择体 (1) 中选择如图 4.7.16 所示的拉伸求和特征 5；效果如图 4.7.24 所示；其他参数按系统默认设置；单击 确定 按钮，完成拉伸求和特征 6 的创建。

图 4.7.23　拉伸求和特征 6

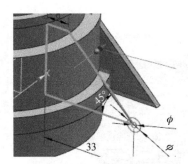

图 4.7.24　效果展示

Step 12. 创建镜像特征 2。执行下拉菜单中的 插入(S) → 关联复制(A) → 镜像特征(R)... 命令（或单击 镜像特征 按钮）；系统弹出"镜像特征"对话框；选取拉伸求和特征 6 镜像特征对象；选取 ZY 基准平面；最后效果如图 4.7.25 所示，单击 确定 按钮，完成镜像特征 2 的创建。

Step 13. 创建如图 4.7.26 所示的拉伸求差特征 2。执行 "拉伸"命令，单击"拉伸"对话框中的"绘制截面"按钮 ▣ 草图 ，弹出"拉伸"对话框，在 表区域驱动 的 ✔ 选择曲线 中选择如图 4.7.22 中所示的直径为 5mm 的大圆；在 限制区域的 开始 下方的 距离 文本框中输入"−15"；在 限制区域的 结束 下方的 距离 文本框中输入"15"；在 布尔区域的 布尔 选项栏中选择 🔘 减去 选项，并在下方 ✔ 选择体 (1) 中选择以完成镜像特征的拉伸求和特征 6，效果如图 4.7.27 所示；其他参数按系统默认设置；单击 确定 按钮，完成拉伸求差特征 2 的创建。

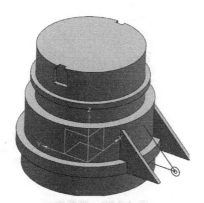

图 4.7.25　镜像特征 2

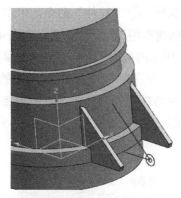

图 4.7.26　拉伸求差特征 2

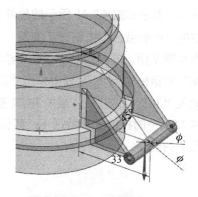

图 4.7.27　效果展示

Step 14. 创建如图 4.7.28 所示的拉伸特征 2。执行 "拉伸" 命令，单击 "拉伸" 对话框中的 "绘制截面" 按钮 草图，弹出 "创建草图" 对话框，在 表区域驱动 的 ✔ 选择曲线 中选择如图 4.7.22 中所示的直径为 5mm 的大圆与直径为 2mm 的小圆；在 限制 区域的 开始 下方的 距离 文本框中输入 "13"；在 限制 区域的 结束 下方的 距离 文本框中输入 "15"；效果如图 4.7.29 所示；其他参数按系统默认设置；单击 确定 按钮，完成拉伸特征 2 的创建。

图 4.7.28　拉伸特征 2

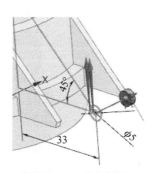

图 4.7.29　效果展示

Step 15. 创建镜像体。执行下拉菜单中的 插入(S) → 关联复制(A) → 镜像特征(R)... 命令（或单击 镜像特征 按钮）；系统弹出 "镜像特征" 对话框；选取如图 4.7.28 所示的拉伸特征 2 为镜像体对象；选取 ZY 基准平面；最后效果如图 4.7.30 所示，单击 确定 按钮，完成镜像体的创建。

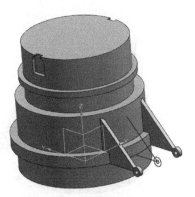

图 4.7.30　镜像体

Step 16. 创建如图 4.7.31 所示的拉伸求和特征 7。执行 ⬜ "拉伸"命令，单击"拉伸"
对话框中的"绘制截面"按钮 🖫 草图　，系统弹出"创建草图"对话框，选择如图 4.7.32 所
示平面为草图平面，单击 确定 按钮，绘制如图 4.7.33 所示的截面草图，然后退出草图环境；
在"拉伸"对话框的方向 区域中单击"反向"按钮 ✕，在限制区域的结束 下方的距离 文
本框中输入"30"；在布尔 区域的布尔 选项栏中选择🗐合并选项，并在下方 ✔ 选择体 (1) 中
选择图 4.7.23 中的拉伸求和特征 6；其他参数按系统默认设置；单击 确定 按钮，完成拉伸
求和特征 7 的创建。

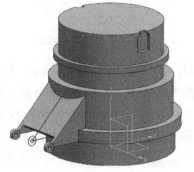

图 4.7.31　拉伸求和特征 7

图 4.7.32　定义草图平面

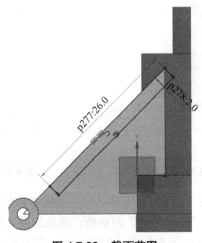

图 4.7.33　截面草图

Step 17. 创建如图 4.7.34 的边倒圆特征 1。执行 "边倒圆" 命令，系统弹出 "边倒圆" 对话框；在 * 选择边 (0) 中选择如图 4.7.35 中所示的 2 条边线，并在 半径 1 文本框中输入值 "1"；单击 确定 按钮，完成边倒圆特征 1 的创建。

图 4.7.34　边倒圆特征 1

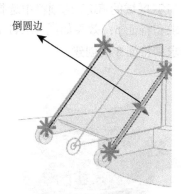

图 4.7.35　倒圆边线

Step 18. 创建求和特征。执行下拉菜单中的 插入(S) → 组合(B) → 合并(U)... 命令（或单击 合并 按钮），系统弹出 "求和" 对话框；选取如图 4.7.36 所示的拉伸求和特征 7 为目标体，选取如图 4.7.37 所示的拉伸特征 2 及其镜像体为工具体，单击 确定 按钮，完成求和特征的创建。

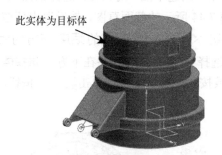

图 4.7.36　目标体

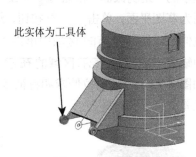

图 4.7.37　工具体

Step 19. 创建如图 4.7.38 所示的边倒圆特征 2。执行 "边倒圆" 命令，系统弹出 "边倒圆" 对话框；在 * 选择边 (0) 中选择如图 4.7.39 中所示的 3 条边线，并在 半径 1 文本框中输入 "1"；单击 确定 按钮，完成边倒圆特征 2 的创建。

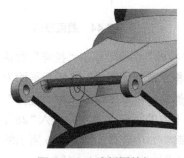

图 4.7.38　边倒圆特征 2

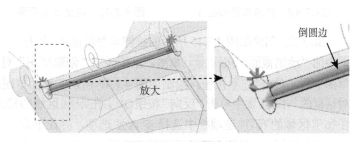

图 4.7.39　倒圆边线

Step 20. 创建如图 4.7.40 所示的拉伸求和特征 8。执行  "拉伸"命令，单击"拉伸"对话框中的"绘制截面"按钮 草图 ，系统弹出"创建草图"对话框，选取 ZY 平面为草图平面，单击 确定 按钮，绘制如图 4.7.41 所示的截面草图，然后退出草图环境；在限制区域的开始 下方的距离 文本框中输入"−10"；在限制区域的结束 下方的距离 文本框中输入"10"；在布尔区域的布尔 选项栏中选择 合并选项，并在下方 选择体 (1)中选择如图 4.7.16中的拉伸求和特征 5；效果如图 4.7.41 所示；其他参数按系统默认设置；单击 确定 按钮，完成拉伸求和特征 8 的创建。

图 4.7.40　拉伸求和特征 8

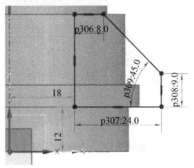

图 4.7.41　截面草图

Step 21. 创建如图 4.7.42 所示的拉伸求差特征 3。执行 "拉伸"命令，单击"拉伸"对话框中的"绘制截面"按钮 草图 ，系统弹出"创建草图"对话框，选择如图 4.7.43 所示平面为草图平面，单击 确定 按钮，绘制如图 4.7.44 所示的截面草图，然后退出草图环境；在"拉伸"对话框的方向 区域中单击"反向"按钮 ，在限制区域的结束 下方的距离 文本框中输入"35"；在布尔区域的布尔 选项栏中选择 减去 选项，并在下方 选择体 (1)中选择如图 4.7.16 所示的拉伸求和特征 5；其他参数按系统默认设置；单击 确定 按钮，完成拉伸求差特征 3 的创建。

图 4.7.42　拉伸求差特征 3

图 4.7.43　定义草图平面

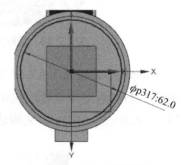

图 4.7.44　截面草图

Step 22. 创建如图 4.7.45 所示的拉伸求差特征 4。执行 "拉伸"命令，单击"拉伸"对话框中的"绘制截面"按钮 草图，系统弹出"创建草图"对话框，选择如图 4.7.46 所示平面为草图平面，单击 确定 按钮，绘制如图 4.7.47 所示的截面草图，然后退出草图环境；在"拉伸"对话框的方向 区域中单击"反向"按钮 ，在限制区域的结束 下方的距离 文本框中输入"28"；在布尔区域的布尔 选项栏中选择 减去 选项，并在下方 选择体 (1)中选择如图 4.7.16 所示的拉伸求和特征 5；其他参数按系统默认设置；单击 确定 按钮，完成拉伸求差特征 4 的创建。

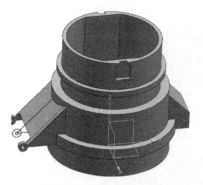

图 4.7.45　拉伸求差特征 4

选取此平面

图 4.7.46　定义草图平面

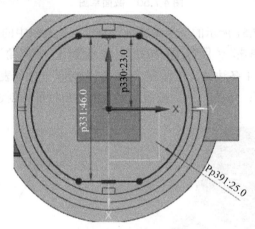

图 4.7.47　截面草图

Step 23. 创建如图 4.7.48 所示的拉伸求差特征 5。执行 ![icon]"拉伸"命令，单击"拉伸"对话框中的"绘制截面"按钮 ![icon] 草图 ，系统弹出"创建草图"对话框，选择如图 4.7.49 所示平面为草图平面，单击 确定 按钮，绘制如图 4.7.50 所示的截面草图，然后退出草图环境；在"拉伸"对话框的方向 区域中单击"反向"按钮 ![icon]，在限制区域的结束 下方的距离文本框中输入"28"；在布尔区域的布尔 选项栏中选择 ![icon] 减去 选项，并在下方 ✔ 选择体 (1) 中选择如图 4.7.45 所示的拉伸求差特征 4；其他参数按系统默认设置；单击 确定 按钮，完成拉伸求差特征 5 的创建。

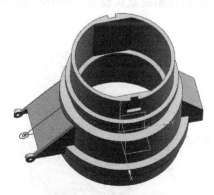

图 4.7.48　拉伸求差特征 5

选取此平面

图 4.7.49　定义草图平面

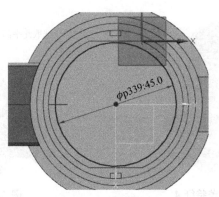

图 4.7.50 截面草图

Step 24. 创建如图 4.7.51 所示的倒斜角特征。执行下拉菜单中的 插入(S) → 细节特征(L) → 倒斜角(M)... 命令（或单击 倒斜角 按钮），系统弹出"倒斜角"对话框；在 ✔ 选择边 中选择如图 4.7.52 中所示的 1 条边线，在 偏置 区域的 横截面 下拉列表中选择 对称 选项，并在 距离 文本框中输入"2"；单击 确定 按钮，完成倒斜角特征的创建。

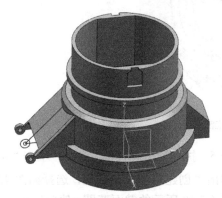

图 4.7.51 倒斜角特征

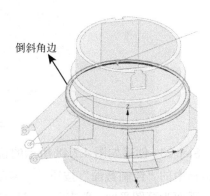

图 4.7.52 倒斜角边线

Step 25. 创建如图 4.7.53 所示的孔特征。执行下拉菜单中的 插入(S) → 设计特征(E) → 螺纹(T)... 命令（或单击 螺纹刀 按钮），系统弹出"螺纹切削"对话框；选择 ● 详细选项，在绘图区选中如图 4.7.54 所示的圆柱面，在 螺距 文本框中输入"1.5"，在 角度 文本框中输入"60"，在 旋转 选项栏中选择 ● 右旋 选项；其他参数按系统默认设置，单击 确定 按钮，完成孔特征的创建。

图 4.7.53 孔特征

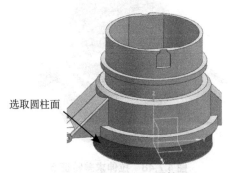

图 4.7.54 圆柱面

Step 26. 创建如图 4.7.55 所示的拉伸求差特征 6。执行 "拉伸"命令,单击"拉伸"对话框中的"绘制截面"按钮 草图 ,系统弹出"创建草图"对话框,选择如图 4.7.56 所示平面为草图平面,单击 确定 按钮,绘制如图 4.7.57 所示的截面草图,然后退出草图环境;在"拉伸"对话框的方向区域中单击"反向"按钮 ,在限制区域的结束选项框中选择 直至选定选项,并选择如图 4.7.58 中所示的平面;在布尔区域的布尔选项栏中选择 减去选项,并在下方 选择体 (1) 中选择如图 4.7.48 所示的拉伸求差特征 5;其他参数按系统默认设置;单击 确定 按钮,完成拉伸求差特征 6 的创建。

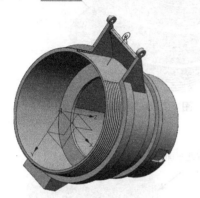

图 4.7.55　拉伸求差特征 6

选取此平面

图 4.7.56　定义草图平面

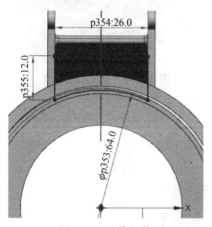

p354:26.0

p355:12.0

φp353:64.0

图 4.7.57　截面草图

选取此平面

图 4.7.58　选定平面

Step 27. 创建如图 4.7.59 所示的偏置曲面(由于完成操作后曲面处于实体内部所以已将其延伸便于观察)。执行下拉菜单中的 插入(S)→偏置/缩放(O)→ 偏置曲面(O)... 命令(或单击 偏置曲面 按钮);系统弹出"偏置曲面"对话框;在面区域的 选择面 中选择如图 4.7.60 所示的平面,并在下方的偏置 1 文本框中输入"2",然后单击"反向"按钮 ;其他参数按系统默认设置;单击 确定 按钮,完成偏置曲面的创建。

Step 28. 创建如图 4.7.61 所示的拉伸求差特征 7。执行 "拉伸"命令,单击"拉伸"对话框中的"绘制截面"按钮 草图 ,系统弹出"创建草图"对话框,选择如图 4.7.62 所示平面为草图平面,单击 确定 按钮,绘制如图 4.7.63 所示的截面草图,然后退出草图环境;在"拉伸"对话框的方向区域中单击"反向"按钮 ,在限制区域的结束选项框中选择

●直至选定 选项，并选择如图 4.7.59 所示的偏置曲面；在布尔区域的布尔 选项栏中选择 🔲减去 选项，并在下方 ✔ 选择体 (1) 中选择如图 4.7.48 所示的拉伸求差特征 5；其他参数按系统默认设置；单击 确定 按钮，完成拉伸求差特征 7 的创建。

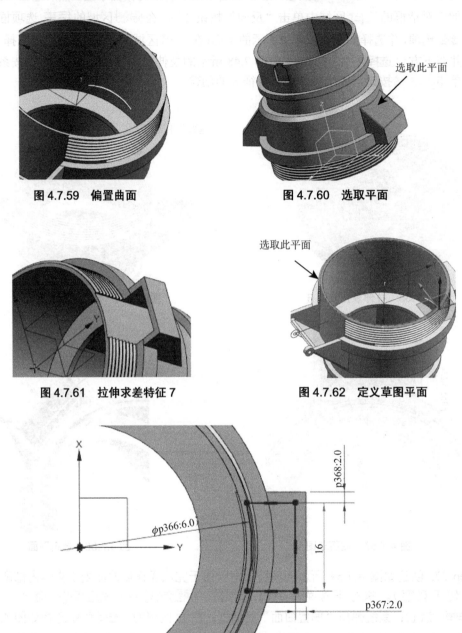

图 4.7.59　偏置曲面　　　　　　　　　图 4.7.60　选取平面

图 4.7.61　拉伸求差特征 7　　　　　　图 4.7.62　定义草图平面

图 4.7.63　截面草图

Step 29. 创建如图 4.7.64 所示的边倒圆特征 3。执行 🔲 "边倒圆" 命令，系统弹出 "边倒圆" 对话框；在 ✱ 选择边 (0) 中选择如图 4.7.65 中所示的 6 条边线，并在 半径 1 文本框中输入 "1"；单击 确定 按钮，完成边倒圆特征 3 的创建。

Step 30. 创建边倒圆特征 4。选择如图 4.7.66 所示边线作为边倒圆参照，其圆角半径为 1。

图 4.7.64　边倒圆特征 3

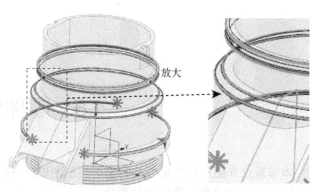

放大

图 4.7.65　倒圆边线

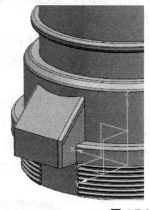

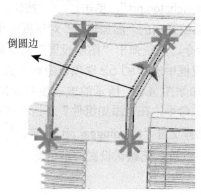

倒圆边

图 4.7.66　边倒圆特征 4

Step 31. 将对象移动至图层并隐藏。执行下拉菜单中的 编辑(E) → 显示和隐藏(H) → 显示和隐藏(O)... 命令，所有对象将会处于显示状态；执行下拉菜单中的 格式(R) → 移动至图层(M)... 命令，系统弹出 "类选择" 对话框；在 "类选择" 对话框的对象 区域中单击 选择对象 (O)按钮；选取需要选取的对象，单击对话框中的 确定 按钮，此时系统弹出 "图层移动" 对话框，在目标图层或类别文本框中输入 "62"，单击 确定 按钮，完成对象的隐藏。执行下拉菜单中的 格式(R) → 图层设置(S)... 命令，系统弹出 "图层设置" 对话框，在图层列表框中选择 ☑ 62 选项，对象显示。

Step 32. 保存零件模型。执行下拉菜单中的 文件(F) → 保存(S) 命令，即可保存零件模型，至此完成此结构的全部外观和结构设计。

注：扫此二维码可观看相应数字资源（含视频及拓展课外资源）。

4.8 零件装配

本节重点介绍户外防水插头的整个装配的设计过程，使读者进一步熟悉 UG 的装配操作。

Step 1. 新建文件。执行下拉菜单中的 文件(F) → 📄 新建(N)... 命令，系统弹出"新建"对话框。在 模型 选项卡的 模板 区域中选取模板类型为 🗂 装配，在名称 文本框中输入文件名称"huwaifangshuichatou.prt"，单击 确定 按钮，进入装配环境。

Step 2. 在系统弹出的"添加组件"对话框中单击 取消 按钮，执行下拉菜单中的 格式(R) → 🗃 图层设置(S)... 命令，系统弹出"图层设置"对话框，在 显示 下拉列表中选择 所有图层 选项，然后在 图层 列表框中选择 ☑ 62 选项，隐藏对象。

Step 3. 添加如图 4.8.1 所示的玻璃盖并定位。执行下拉菜单中的 装配(A) → 组件(C) → 🔧 添加组件(A)... 命令，在"添加组件"对话框中单击 打开 区域中的 🗂 按钮，在弹出"部件名"对话框中选择文件"touminggai.prt"，单击 OK 按钮，系统返回到"添加组件"对话框；其他参数按系统默认设置；单击 确定 按钮，此时玻璃盖已被添加到装配文件中。

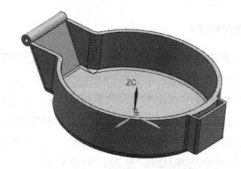

图 4.8.1 添加玻璃盖

图 4.8.2 添加主躯干

Step 4. 添加如图 4.8.2 所示的主躯干并定位。

（1）添加组件。执行下拉菜单中的 装配(A) → 组件(C) → 🔧 添加组件(A)... 命令，在"添加组件"对话框中单击 打开 区域中的 🗂 按钮，在弹出的"部件名"对话框中选择文件"zhuqugan.prt"，单击 OK 按钮，系统返回到"添加组件"对话框。

（2）选择定位方式。在 放置 下方选择 ⊙ 约束 选项。

（3）添加约束。在 约束类型 区域中选择 ⋈ 选项，在 要约束的几何体 区域的 方位 下拉列表中选择 🔧 首选接触 选项，在"组件预览"窗口中选择如图 4.8.3 所示的模型表面，然后在图形中选取如图 4.8.4 所示的模型表面，选取 2 个表面后，系统自动进入下一步，然后其他数据保持不变，在"组件预览"窗口中选择如图 4.8.5 所示的模型表面，然后在图形中选取如图 4.8.6 所示的模型表面，之后系统又进入下一步，最后在"组件预览"窗口中选择如图 4.8.7 所示的模型表面，然后在图形中选取如图 4.8.8 所示的模型表面，单击 应用 按钮。结果如图 4.8.9

所示（为便于观察将每个接触对齐面分组，共 3 组，每组的两个面相互接触对齐）。

（4）在"装配约束"对话框中单击 取消 按钮，完成主躯干的添加。

Step 5. 添加如图 4.8.10 所示的插头放置孔并定位。

（1）添加组件。执行下拉菜单中的 装配(A) → 组件(C) → 添加组件(A)... 命令，在"添加组件"对话框中单击打开 区域中的 按钮，在弹出的"部件名"对话框中选择文件"chatoufangzhikong.prt"，单击 OK 按钮，系统返回到"添加组件"对话框。

（2）选择定位方式。在 放置 下方选择 约束 选项。

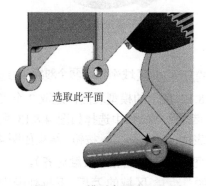

图 4.8.3　模型表面（组 1-1）

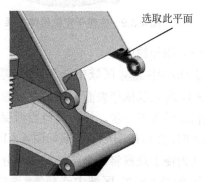

图 4.8.4　模型表面（组 1-2）

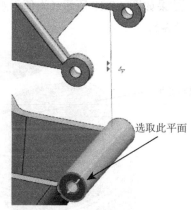

图 4.8.5　模型表面（组 2-1）

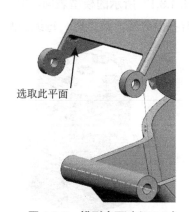

图 4.8.6　模型表面（组 2-2）

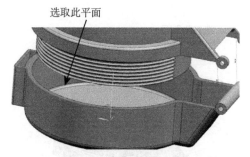

图 4.8.7　模型表面（组 3-1）

图 4.8.8　模型表面（组 3-2）

图 4.8.9　主躯干定位最终效果

图 4.8.10　添加插头放置孔

（3）添加约束。

①在 约束类型 区域中选择 ⚡ 选项，在 要约束的几何体 区域 ✳ 选择两个对象 中选择如图 4.8.11 所示的模型表面，然后在图形中选取如图 4.8.12 所示的模型表面，选取 2 个表面后系统自动进入下一步，然后其他数据保持不变，在 ✳ 选择两个对象 中选择如图 4.8.13 所示的模型表面，然后在图形中选取如图 4.8.14 所示的模型表面，单击 应用 按钮。结果如图 4.8.15 所示（为便于观察将每个接触对齐面分组，共 2 组，每组的两个面相互接触对齐）。

②在 约束类型 区域中选择 ⚡ 选项，在 要约束的几何体 区域的 方位 下拉列表中选择 ⚡ 首选接触 选项，在"组件预览"窗口中选择如图 4.8.16 所示的模型表面，然后在图形中选取如图 4.8.17 所示的模型表面，单击 应用 按钮。结果如图 4.8.18 所示（为便于观察将每个接触对齐面分组，共 1 组，每组的两个面相互接触对齐）。

图 4.8.11　模型表面（组 4-1）

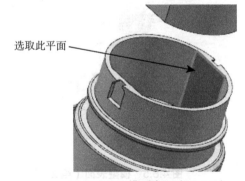

图 4.8.12　模型表面（组 4-2）

图 4.8.13　模型表面（组 5-1）

图 4.8.14　模型表面（组 5-2）

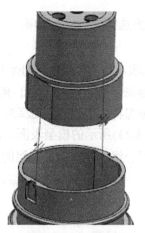

图 4.8.15　效果展示

图 4.8.16　模型表面（组 6-1）

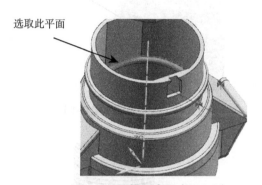

图 4.8.17　模型表面（组 6-2）

图 4.8.18　插头放置口定位最终效果

图 4.8.19　添加前躯干

（4）在"装配约束"对话框中单击 取消 按钮，完成插头放置孔的添加。

Step 6. 添加如图 4.8.19 所示的前躯干并定位。

（1）添加组件。执行下拉菜单中的 装配(A) → 组件(C) → 添加组件(A)... 命令，在"添加组件"对话框中单击打开 区域中的 按钮，在弹出的"部件名"对话框中选择文件"qianqugan.prt"，单击 OK 按钮，系统返回到"添加组件"对话框。

（2）选择定位方式。在 放置 下方选择 ⦿ 约束 选项。

（3）添加约束。

①在 约束类型 区域中选择 ⫽ 选项，在 要约束的几何体 区域 ✱ 选择两个对象 中选择如图 4.8.20 所示的模型表面，然后在图形中选取如图 4.8.21 所示的模型表面，选取 2 个表面后系统自动进入下一步，然后其他数据保持不变，在 ✱ 选择两个对象 中选择如图 4.8.22 所示的模型表面，然后在图形中选取如图 4.8.23 所示的模型表面，单击 应用 按钮。结果如图 4.8.24 所示（为便于观察将每个接触对齐面分组，共 2 组，每组的两个面相互接触对齐）。

图 4.8.20　模型表面（组 7-1）

图 4.8.21　模型表面（组 7-2）

图 4.8.22　模型表面（组 8-1）

图 4.8.23　模型表面（组 8-2）

图 4.8.24　效果展示

②在约束类型区域中选择 选项，在要约束的几何体区域的方位下拉列表中选择 首选接触选项，在"组件预览"窗口中选择如图 4.8.25 所示的模型表面，然后在图形中选取如图 4.8.26 所示的模型表面，单击 应用 按钮。结果如图 4.8.27 所示（为便于观察将每个接触对齐面分组，共 1 组，每组的两个面相互接触对齐）。

（4）在"装配约束"对话框中单击 取消 按钮，完成前躯干的添加。

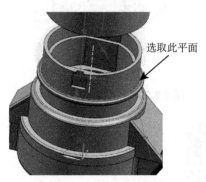
图 4.8.25　模型表面（组 9-1）

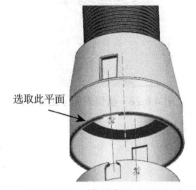
图 4.8.26　模型表面（组 9-2）

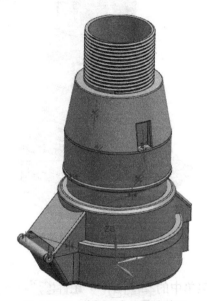
图 4.8.27　前躯干定位最终效果

Step 7. 添加连接柱并定位。

（1）添加组件。执行下拉菜单中的 装配(A) → 组件(C) → 添加组件(A)... 命令，在"添加组件"对话框中单击打开 区域中的 按钮，在"部件名"对话框中选择文件"lianjiezhu.prt"，单击 OK 按钮，系统返回到"添加组件"对话框。

（2）选择定位方式。在放置下方选择 约束 选项。

（3）添加约束。在约束类型区域中选择 选项，在要约束的几何体区域的方位下拉列表中选择 首选接触选项，在"组件预览"窗口中选择如图 4.8.28 所示的模型表面，然后在图形中选取如图 4.8.29 所示的模型表面，单击 应用 按钮。结果如图 4.8.30 所示。

（4）在"装配约束"对话框中单击 取消 按钮，完成连接柱的添加。

图 4.8.28　模型表面（组 9-3）

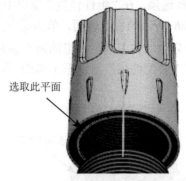

图 4.8.29　模型表面（组 9-4）

图 4.8.30　连接柱定位最终效果

Step 8. 添加顶帽并定位。

（1）添加组件。执行下拉菜单中的 装配(A) → 组件(C) → 添加组件(A)... 命令，在"添加组件"对话框中单击打开 区域中的 按钮，在"部件名"对话框中选择文件"dingmao.prt"，单击 OK 按钮，系统返回到"添加组件"对话框。

（2）选择定位方式。在放置 下方选择 约束 选项。

（3）添加约束。在约束类型 区域中选择 选项，在要约束的几何体区域的方位 下拉列表中选择 首选接触 选项，在"组件预览"窗口中选择如图 4.8.31 所示的模型表面，然后在图形中选取如图 4.8.32 所示的模型表面，单击 应用 按钮。结果如图 4.8.33 所示。

（4）在"装配约束"对话框中单击 取消 按钮，完成顶帽的添加。

Step 9. 保存零件模型。执行下拉菜单中的 文件(F) → 保存(S) 命令，即可保存零件模型，至此完成装配设计。

选取此平面

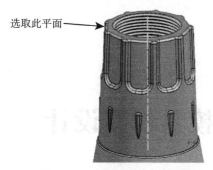

图 4.8.31　模型表面（组 10-1）

选取此平面

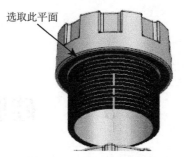

图 4.8.32　模型表面（组 10-2）

图 4.8.33　顶帽定位最终效果

注：扫此二维码可观看相应数字资源（含视频及拓展课外资源）。

第 5 章　硅胶米糕模具创新设计

【学习目标】

◎ 了解硅胶米糕底盘的细节及结构 UG 建模过程。

◎ 了解动物（章鱼、圣诞帽）的细节及结构 UG 建模过程。

◎ 了解动物（海星、飞鱼）的细节及结构 UG 建模过程。

◎ 了解动物（海龟、螃蟹）的细节及结构 UG 建模过程。

【重点难点】

◎ 修剪体、阵列、偏置曲面、管、壳体等命令的应用。

◎ 掌握硅胶米糕整体创建的基本方法和应用。

5.1　硅胶米糕模具设计评析

1. 设计评析

本设计是受义乌某企业要求为家庭设计的一款解决儿童饮食的米糕模具产品，使用的材料为食品级硅胶，使用的人群主要是母亲及儿童，通过母子互动，制作精美的糕点或面食，迎合儿童的兴趣，促进儿童饮食和营养提升。

（1）方案一

以海洋动物为主要设计元素，将鱼、海龟、海星、螃蟹、章鱼等形象作为细节进行设计，突出可爱、呆萌的产品需求取向，如图 5.1.1 所示。本设计更倾向于在炎炎夏日进行手工美食制作，适合春夏两季营销策略。

产品材料：食品级硅胶。

产品尺寸：直径 20cm，高度 3.8cm。

制造工艺：前期设计验证阶段使用 3D 打印技术，批量生产阶段使用模具翻模。

设计优点：底部设计加强筋增强产品强度，增加产品使用次数；底部加了平托圆圈，可以保证产品使用时放平，利于提高美食制作的精美度；海洋动物呆萌、卡通，具有一定的购买吸引力。

设计缺陷：周围小孔等一些太小的细节会增加产品脱模难度，使废品率增加；海洋动物存在的一些小细节在米糕脱模时容易导致米糕破损；海洋系列具有一定营销季节性，不适合全年销售。

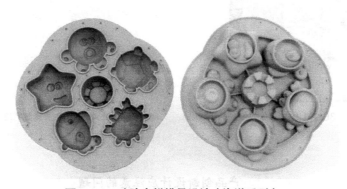

图 5.1.1　硅胶米糕模具设计（海洋系列）

（2）方案二

以常见哺乳动物为主要设计元素，将小狗、小猪、小牛、小熊、松鼠等形象提取细节元素进行细节设计，以蘑菇屋为主要形体元素进行整体形体设计，突出可爱、呆萌的产品需求取向，如图 5.1.2 所示。本设计在营销范围上不受气候条件影响，手工美食制作体现亲子互动。

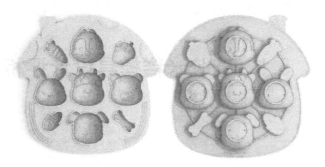

图 5.1.2　硅胶米糕模具设计（蘑菇屋系列）

产品材料：食品级硅胶。

产品尺寸：直径 23cm，高度 56cm。

制造工艺：前期设计验证阶段使用 3D 打印技术，批量生产阶段使用模具翻模，如图 5.1.3 所示。

设计优点：底部设计加强筋增强产品强度，增加产品使用次数；底部加了平托圆圈，可以保证产品使用时放平，利于提高美食制作的精美度；提取的哺乳动物简洁形象与蘑菇屋形象融合恰当，更呆萌、卡通，且间隙处增加这些小动物喜欢吃的胡萝卜、松果、骨头、玉米等食物形象，增加产品功能，具有很强的购买吸引力。

设计缺陷：小狗等个别小动物表情有点凶狠，还需进一步优化，使其更呆萌；小兔耳朵等地方需要进行圆角处理，提高米糕制作的完整度；尺寸偏大、偏高一点点，尺寸一般与市场现有蒸锅、烤箱等空间尺寸适应，因此尺寸需进一步优化。

米糕模具制作的糕点形象如图 5.1.4 所示。

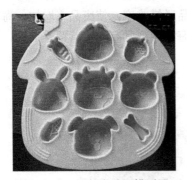

图 5.1.3　3D 打印验证模型图

图 5.1.4　米糕模具制作的糕点形象

★ 提示

产品创新设计应注意的问题

在新产品设计过程中，设计师首先要考虑的是这个产品创意是否符合消费群体的使用需求，有没有抓住人们消费痛点。其次，则需要考虑在当前的技术条件下，该产品创意能否落地，制作成本是否过高，制造难度是否合适，能否实现批量生产。这都是在新产品设计之初就要考虑的问题。简而言之，产品设计不能脱离现实制造水平。

5.2　米糕模具底盘设计

本节重点介绍底盘的设计过程，底盘的模型及相应的模型树如图 5.2.1 所示。

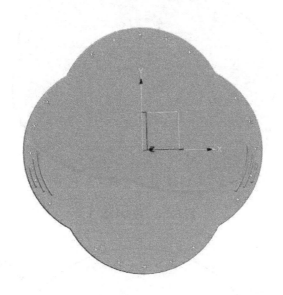

图 5.2.1　底盘的模型及相应的模型树

Step 1. 新建文件。执行下拉菜单中的 文件(F) → 新建(N)... 命令，系统弹出"新建"对话框。在 模型 选项卡的 模板 区域中选取模板类型为 模型 ，在 名称 文本框中输入文件名 "guijiaomuju.prt"，单击 确定 按钮，进入建模环境。

Step 2. 创建如图 5.2.2 所示的拉伸特征 1。执行下拉菜单中的 插入(S) → 设计特征(E) → 拉伸(X)... 命令（或单击 按钮）；单击"拉伸"对话框中的"绘画截面"按钮 ，系统弹出"创建草图"对话框，选取 XY 基准平面为草图平面，单击 < 确定 > 按钮，绘制如图 5.2.3 所示的截面草图，然后退出草图环境；在 限制 区域的 开始 下方的 距离 文本框中输入"−1"，在 限制 区域的 结束 下方的 距离 文本框中输入"2"；其他参数按系统默认设置；单击 < 确定 > 按钮，完成拉伸特征 1 的创建。

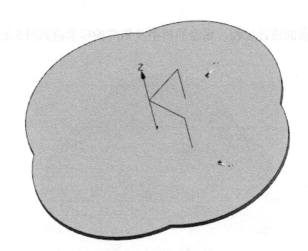

图 5.2.2　拉伸特征 1

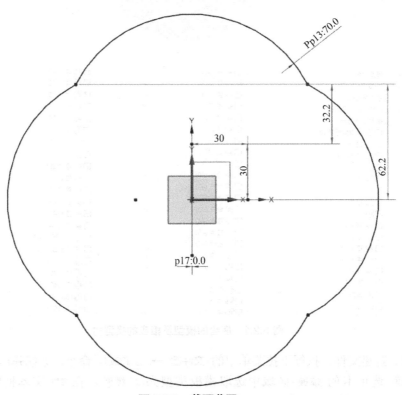

图 5.2.3　截面草图

Step 3. 创建如图 5.2.4 所示的拉伸特征 2。执行 ▯▯ "拉伸" 命令，在 ✔ 选择曲线 (4)
中选择如图 5.2.5 中所示的 4 条边；在 限制 区域的开始 下方的 距离 文本框中输入 "0"，在
限制 区域的 结束 下方的 距离 文本框中输入 "2"；在 布尔 区域的 布尔 选项栏中选择
▯ 求和 选项，并在下方 选择体 中选择如图 5.2.2 所示的拉伸特征 1；在 偏置 区域的 偏置
选项栏中选择 两侧 选项，在 结束 文本框中输入 "−2"，其他参数按系统默认设置；单击
< 确定 > 按钮，完成拉伸特征 2 的创建。

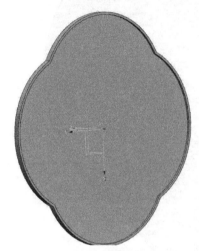

图 5.2.4　拉伸特征 2

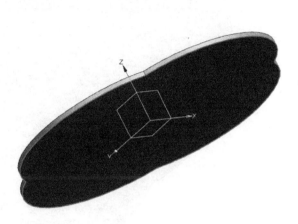

图 5.2.5　边线选取

Step 4. 创建如图 5.2.6 所示的孔特征 1。执行下拉菜单中的 插入(S) → 品 草图(S)... 命令（或
单击 ▯ "草图" 按钮）；系统弹出 "创建草图" 对话框，选取 XY 基准平面为草图平面，单击
< 确定 >按钮，绘制如图 5.2.7 所示的截面草图，然后退出草图环境；执行下拉菜单中的 插入(S)
→ 基准/点(D) → ✲✲ 点集(S)... 命令，在下方 基本几何体 区域中选择如图 5.2.7 所示的截面草图中
所画曲线；在 等弧长定义 区域的 点数 文本框中输入 "7"，其他参数按系统默认设置；单击
< 确定 >按钮，完成点集创建。执行下拉菜单中的 插入(S) → 品 草图(S)... 命令（或单击 ▯ "草
图" 按钮）；系统弹出 "创建草图" 对话框，选取 XY 基准平面为草图平面，单击< 确定 >按钮，
在所创建的点集上绘制如图 5.2.8 所示的截面草图；执行下拉菜单中的 插入(S) → 编辑(E) →
▯ 移动对象(O)... 命令，在 ✔ 选择对象 (5) 中选择如图 5.2.8 中所示的 5 个圆，在 变换 区域的 运动
选项栏中选择 ⚟ 角度 选项，角度 文本框中输入 "90"；在 结果 区域中选择 ◉ 复制原先的
选项，非关联副本数 文本框中输入 "3"；单击< 确定 >按钮，绘制如图 5.2.9 所示的截面草图，
完成后退出草图环境；执行 ▯▯ "拉伸" 命令，在 ✻ 选择曲线 (0) 中选择如图 5.2.9 所示的截
面草图为所画圆；在 限制 区域的 开始 下方的 距离 文本框中输入 "−5"，在 限制 区域的
结束 下方的 距离 文本框中输入 "5"；在 布尔 区域的 布尔 选项栏中选择 ▯ 减去 选项，
并在下方选择体 中选择如图 5.2.4 所示的拉伸特征 2；其他参数按系统默认设置；单击< 确定 >按
钮，完成孔特征 1 的创建。

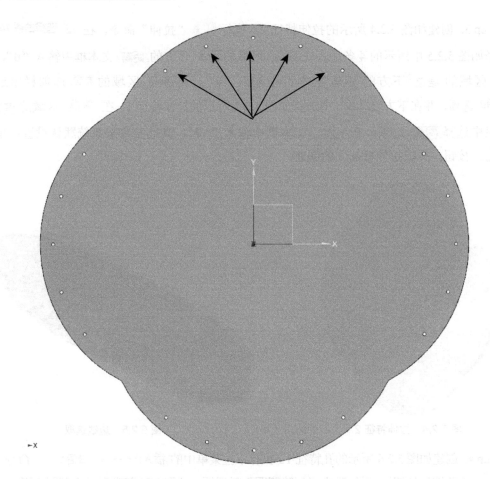

图 5.2.6　孔特征 1

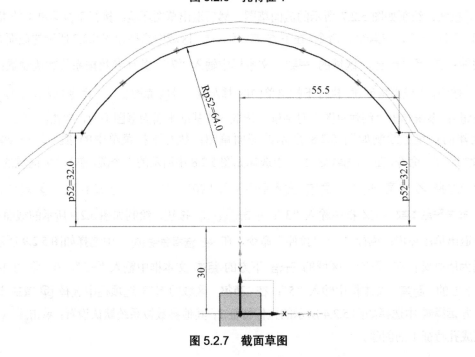

图 5.2.7　截面草图

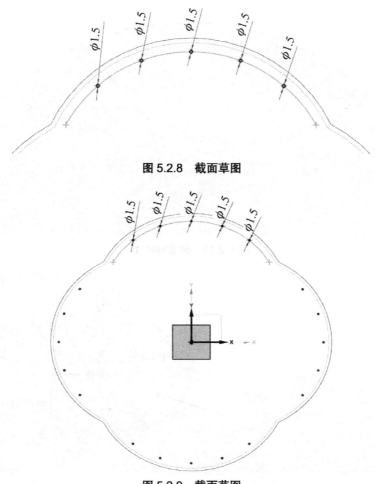

图 5.2.8 截面草图

图 5.2.9 截面草图

Step 5. 创建如图 5.2.10 所示的细节特征 1。执行下拉菜单中的 插入(S) → 🔲 草图(S)... 命令（或单击 🔲 "草图"按钮）；系统弹出"创建草图"对话框，选底盘平面为草图平面，单击< 确定 >按钮，绘制如图 5.2.11 所示的截面草图，然后退出草图环境； 执行下拉菜单中的 插入(S) → 扫掠(W) → 🔾 管(T)... 命令；在 ✳ 选择曲线 (0) 中选择如图 5.2.11 所示的截面草图；在 横截面 区域的 外径 文本框中输入"0.6"；其他参数按系统默认设置；单击 < 确定 >按钮，完成管的创建。执行下拉菜单中的 插入(S) → 组合(B) → 🔾 合并(U). 命令（或单击 🔾 合并 ▾ 按钮）；在 目标 区域的 ✳ 选择体 (0) 中选择管（8）；在 工具 区域的 ✳ 选择体 (0) 中选择管（9-13）；其他参数按系统默认设置；单击< 确定 >按钮，完成合并。执行 🔲 "拉伸"命令，在 ✳ 选择曲线 (0) 中选择如图 5.2.12 所示边线；在 限制 区域的 开始 下方的 距离 文本框中输入"-5"；在 限制 区域的 结束 下方的 距离 文本框中输入"5"；在 布尔 区域的 布尔 选项栏中选择 🔾 减去 选项，并在下方 选择体 中选择合并（14）；其他参数按系统默认设置；单击< 确定 >按钮，完成部分细节的创建。创建如图 5.2.13 所示的细节特征；此操作重复 4 次，完成细节特征 1 的创建。

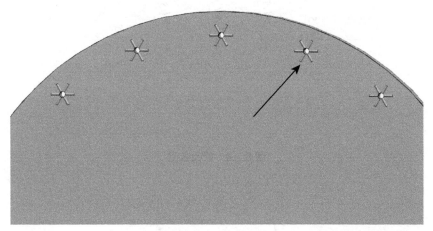

图 5.2.10　细节特征 1

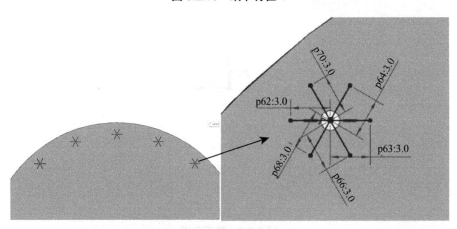

图 5.2.11　截面草图及尺寸

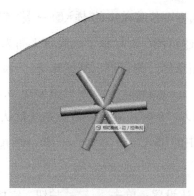

图 5.2.12　边线选取

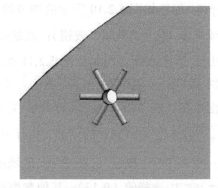

图 5.2.13　细节特征

　　Step 6. 创建如图 5.2.14 所示的细节特征 2。执行下拉菜单中的 编辑(E) → 移动对象(O)... 命令；在 ✔ 选择对象 (30) 中选择如图 5.2.10 所示的细节特征 1；在 变换 区域的 运动 选项栏中选择 角度选项；在 指定矢量 中选择 Z 轴；在 角度文本框中输入 "90"；在 结果 区域选择 ◉ 复制原先的选项；在 非关联副本数 文本框中输入 "3"；其他参数按系统默认设置；单击 < 确定 > 按钮，完成如图 5.2.14 所示细节特征 2 的创建。

Step 7. 创建如图 5.2.15 所示的细节特征 3。执行下拉菜单中的 → 编辑(E) → 移动对象(O) 命令；在 选择对象 (O) 中选择如图 5.2.14 所示的细节特征 2；在 变换 区域的 运动 选项栏 中选择 距离 选项；在 指定矢量 中选择 Z 轴；在 距离 文本框中输入 "-3"；在 结果 区 域选择 复制原先的 选项；在 非关联副本数 文本框中输入 "1"；其他参数按系统默认设 置；单击 < 确定 > 按钮，完成如图 5.2.15 所示细节特征 3 的创建。

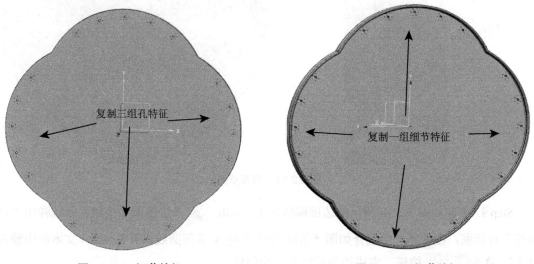

图 5.2.14　细节特征 2　　　　　　　　　　图 5.2.15　细节特征 3

Step 8. 创建如图 5.2.16 所示的细节特征 4。执行下拉菜单中的 插入(S) → 草图(S)... 命 令（或单击 "草图" 按钮）；系统弹出 "创建草图" 对话框，选取底盘平面为草图平面， 单击 < 确定 > 按钮，绘制如图 5.2.17 所示的截面草图，然后退出草图环境；执行下拉菜单中的 插入(S) → 扫掠(W) → 管(T)... 命令；在 选择曲线 (O) 中选择如图 5.2.17 所示的截面草图； 在 横截面 区域的 外径 文本框中输入 "2"；其他参数按系统默认设置；单击 < 确定 > 按钮， 完成如图 5.2.16 所示细节特征 4 的创建。

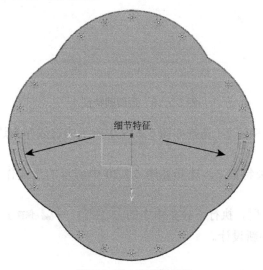

图 5.2.16　细节特征 4

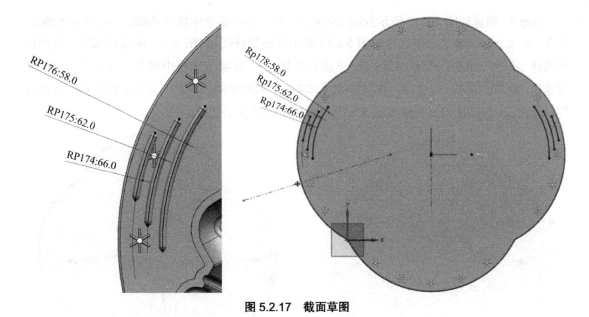

图 5.2.17   截面草图

Step 9. 创建如图 5.2.18 所示的边倒圆特征 1。单击 "边倒圆"按钮，系统弹出"边倒圆"对话框；在 选择边 中选择如图 5.2.18 中所示的 8 条倒圆线，并在半径 1 文本框中输入"1.5"；单击< 确定 >按钮，完成边倒圆特征 1 的创建。

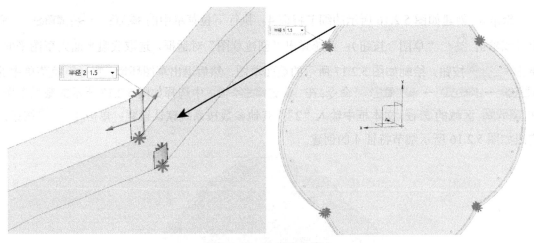

图 5.2.18   边倒圆特征 1

Step 10. 创建边倒圆特征 2。选择如图 5.2.19 中所示的边线作为边倒圆参照，其圆角半径为 1.5。

Step 11. 创建边倒圆特征 3。选择如图 5.2.20 中所示的边线作为边倒圆参照，其圆角半径为 1。

Step 12. 保存底盘模型。执行下拉菜单中的 文件(F) → 保存(S) 命令，即可保存底盘模型，至此完成此结构的创新设计。

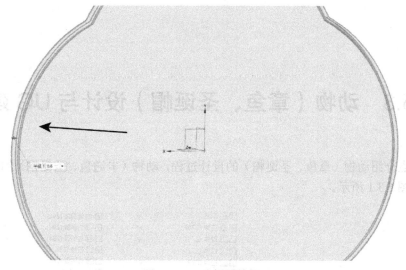

图 5.2.19　边倒圆特征 2

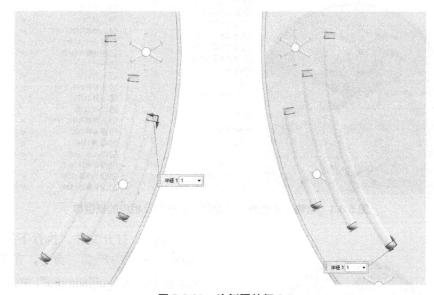

图 5.2.20　边倒圆特征 3

注：扫此二维码可观看相应数字资源（含视频及拓展课外资源）。

5.3 动物（章鱼、圣诞帽）设计与 UG 建模

本节重点介绍动物（章鱼、圣诞帽）的设计过程，动物（卡通鱼、圣诞帽）的模型及相应的模型树如图 5.3.1 所示。

☑ 草图 (269) "SKETCH...	✔	☑ 修剪体 (292)	✔
☑ 拉伸 (270)	✔	☑ 边倒圆 (293)	✔
☑ 拉伸 (271)	✔	☑ 边倒圆 (294)	✔
☑ 拉伸 (272)	✔	☑ 拉伸 (296)	✔
☑ 拉伸 (273)	✔	☑ 边倒圆 (302)	✔
☑ 拉伸 (274)	✔	☑ 点 (303)	✔
☑ 修剪体 (275)	✔	☑ 点 (304)	✔
☑ 合并 (276)	✔	☑ 球 (305)	✔
☑ 边倒圆 (277)	✔	☑ 球 (306)	✔
☑ 边倒圆 (278)	✔	☑ 镜像几何体 (307)	✔
☑ 边倒圆 (279)	✔	☑ 合并 (311)	✔
☑ 边倒圆 (280)	✔	☑ 修剪体 (312)	✔
☑ 壳 (281)	✔	☑ 点 (313)	✔
☑ 草图 (282) "SKETCH...	✔	☑ 点 (314)	✔
☑ 旋转 (283)	✔	☑ 投影曲线 (316)	✔
☑ 草图 (284) "SKETCH...	✔	☑ 球 (317)	✔
☑ 投影曲线 (285)	✔	☑ 球 (318)	✔
☑ 管 (286)	✔	☑ 镜像几何体 (319)	✔
☑ 草图 (287) "SKETCH...	✔	☑ 合并 (323)	✔
☑ 拉伸 (288)	✔	☑ 壳 (324)	✔
☑ 拉伸 (289)	✔	☑ 拉伸 (326)	✔
☑ 管 (290)	✔	☑ 边倒圆 (327)	✔
☑ 偏置曲面 (291)	✔	☑ 边倒圆 (328)	✔
		☑ 边倒圆 (329)	✔

图 5.3.1 动物（卡通鱼、圣诞帽）的模型及相应的模型树

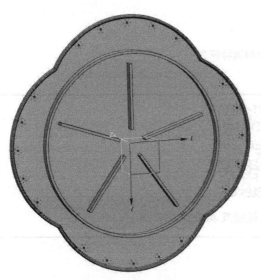

图 5.3.2 拉伸特征 1

Step 1. 打开文件。执行下拉菜单中的 文件(F) → 打开(O)... 命令，在 文件名(N): 文本框中输入"guijiaomuju"，单击 确定 按钮，进入建模环境。

Step 2. 创建如图 5.3.2 所示的拉伸特征 1。单击"拉伸"对话框中的"绘画截面"按钮 ，系统弹出"创建草图"对话框，选取底盘底面为草图平面，单击< 确定 >按钮，绘制如图 5.3.3 所示的截面草图 1，然后退出草图环境；在 限制 区域的 开始 下方的 距离 文本框中输入"-6"；在 限制 区域的 结束 下方的 距离 文本框中输入"1.1"；其他参数按系统默认设置；单击< 确定 >按钮，完成拉伸特征 1 的创建。

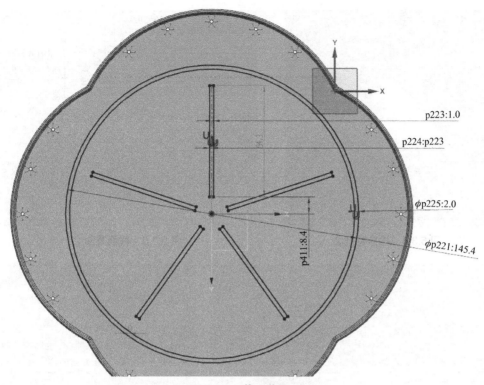

图 5.3.3　截面草图 1

Step 3. 创建如图 5.3.4 所示的拉伸特征 2。单击"拉伸"对话框中的"绘画截面"按钮 ，系统弹出"创建草图"对话框，选取底盘底面为草图平面，单击 < 确定 > 按钮，绘制如图 5.3.5 所示的截面草图 2，然后退出草图环境；在 限制 区域的 开始 下方的 距离 文本框中输入"-5"；在 限制 区域的 结束 下方的 距离 文本框中输入"24"；其他参数按系统默认设置；单击 < 确定 > 按钮；单击"拉伸"对话框中的"绘画截面"按钮 ，系统弹出"创建草图"对话框，选取底盘底面为草图平面，单击 < 确定 > 按钮，用艺术样条工具绘制如图 5.3.6 所示的截面草图 3，然后退出草图环境；在 限制 区域的 开始 下方的 距离 文本框中输入"-5"；在 限制 区域的 结束 下方的 距离 文本框中输入"24"；其他参数按系统默认设置；单击 < 确定 > 按钮；单击"拉伸"对话框中的"绘画截面"按钮 ，系统弹出"创建草图"对话框，选取底盘底面为草图平面，单击 < 确定 > 按钮，用艺术样条工具绘制如图 5.3.7 所示的截面草图 4，然后退出草图环境；在 限制 区域的 开始 下方的 距离 文本框中输入"-5"；在 限制 区域的 结束 下方的 距离 文本框中输入"13.5"；其他参数按系统默认设置；单击 < 确定 > 按钮； 单击"拉伸"对话框中的"绘画截面"按钮 ，系统弹出"创建草图"对话框，选取底盘底面为草图平面，单击 < 确定 > 按钮，用艺术样条工具绘制如图 5.3.8 所示的截面草图 5，然后退出草图环境；在 限制 区域的开始下方的 距离 文本框中输入"20"；在 限制 区域的 结束 下方的 距离 文本框中输入"-20"；其他参数按系统默认设置；单击 < 确定 > 按钮； 执行下拉菜单中的 插入(S) → 修剪(T) → 修剪体(T) 命令；在 目标 区域的 ✳ 选择体 (0) 中选择如图 5.3.5 所示截面草图 2 所拉伸的体；在 工具 区域的 ✳ 选择面或平面 (0) 中选择如图 5.3.8 所示截面草图 5 所拉伸的片体；单击 < 确定 > 按钮，完成拉伸特征 2 的创建。

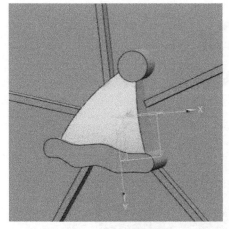

图 5.3.4　拉伸特征 2

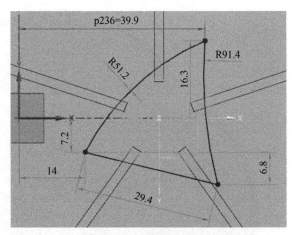

图 5.3.5　截面草图 2

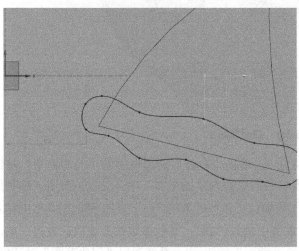

图 5.3.6　截面草图 3

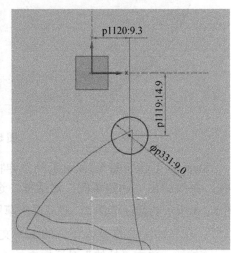

图 5.3.7　截面草图 4

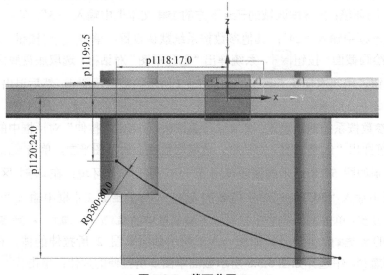

图 5.3.8　截面草图 5

Step 4. 创建如图 5.3.9 所示的边倒圆特征 1。执行下拉菜单中的 插入(S) → 组合(B) → 合并(U)...命令（或单击 合并 ▼ 按钮）；在 目标 区域的 选择体 (0) 中选择如图 5.3.5 所示截面草图 2 所拉伸的体；在 工具 区域的 选择体 (0) 中选择如图 5.3.6 所示截面草图 3 和如图 5.3.7 所示截面草图 4 所拉伸的体；其他参数按系统默认设置；单击< 确定 >按钮，完成合并。执行下拉菜单中的 插入(S) → 细节特征(L) → 边倒圆(E)... 命令（或单击 按钮），系统弹出"边倒圆"对话框；在 选择边 中选择如图 5.3.10 中所示的倒圆线，并在 半径1 文本框中输入"4"；单击< 确定 >按钮，完成边倒圆特征 1 的创建。

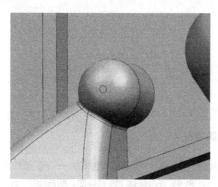
图 5.3.9 边倒圆特征 1

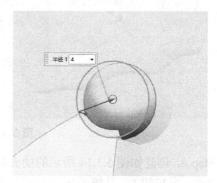
图 5.3.10 倒圆边线

Step 5. 创建边倒圆特征 2。选择如图 5.3.11 中所示边线作为边倒圆参照，其圆角半径为 3。

Step 6. 创建边倒圆特征 3。选择如图 5.3.12 中所示边线作为边倒圆参照，其圆角半径为 1.5。

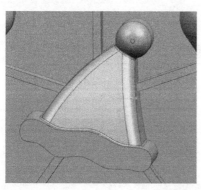
图 5.3.11 边倒圆特征 2

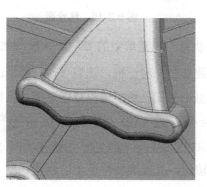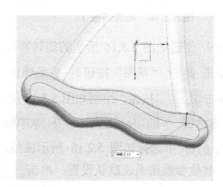
图 5.3.12 边倒圆特征 3

Step 7. 创建边倒圆特征4。选择如图5.3.13中所示边线作为边倒圆参照，其圆角半径为0.5。

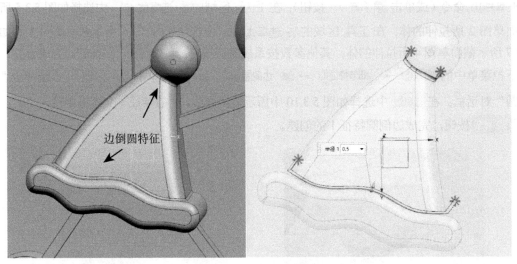

图5.3.13　边倒圆特征4

Step 8. 创建如图5.3.14所示的抽壳特征1。执行 插入(S) → 偏置/缩放(O) → 抽壳(H)... 命令（或单击 按钮），系统弹出"抽壳"对话框；在 类型 中选择 移除面，然后抽壳 选项；在 要穿透的面 区域的 选择面 (0) 中选择如图5.3.15所示的面为移除面，并在厚度 文本框中输入"–2"，采用系统默认的抽壳方向；单击< 确定 >按钮，完成抽壳特征1的创建。

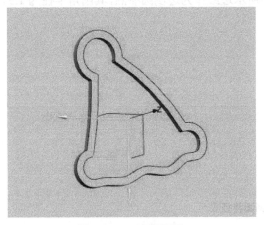

图5.3.14　抽壳特征1

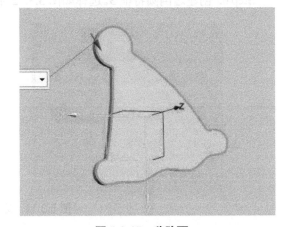

图5.3.15　移除面

Step 9. 创建如图5.3.16所示的旋转特征1。执行下拉菜单中的 插入(S) → 草图(S)... 命令（或单击 "草图"按钮）；系统弹出"创建草图"对话框，选取YZ基准平面为草图平面，单击< 确定 >按钮，绘制如图5.3.17所示的截面草图，然后退出草图环境；执行下拉菜单中的 插入(S) → 设计特征(E) → 旋转(R)... 命令（或单击"旋转"按钮 ）；在 选择曲线 (0) 中选择如图5.2.18所示曲线；在轴 区域的 指定矢量 中选择如图5.3.19所示曲线；其他参数按系统默认设置；单击< 确定 >按钮，完成旋转特征1的创建。

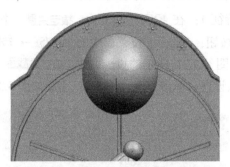

图 5.3.16　旋转特征 1

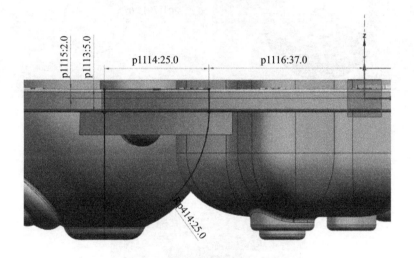

图 5.3.17　截面草图

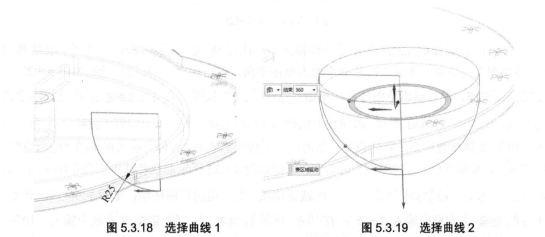

图 5.3.18　选择曲线 1　　　　　　　图 5.3.19　选择曲线 2

Step 10. 创建如图 5.3.20 所示的管特征 1。执行 插入(S) → 品 草图(S)... 命令；系统弹出"创建草图"对话框，选取 YZ 基准平面为草图平面，单击 < 确定 > 按钮，绘制如图 5.3.20 所示的截面草图，然后退出草图环境；选择 曲线 → 派生曲线 → 投影曲线；在 要投影的曲线或点 的

✳ 选择曲线或点 (0) 中选择如图 5.3.20 所示的截面草图；在 要投影的对象 中的 ✳ 选择对象 (0) 选择如图 5.3.16 所示的旋转特征 1；在 投影方向 的 ✳ 指定矢量 中选择–Z 轴，其他参数按系统默认设置；单击 < 确定 > 按钮； 执行下拉菜单中的 插入(S) → 扫掠(W) → 🕹 管(T)... 命令；在 ✳ 选择曲线 (0) 中选择如图 5.3.21 所示的投影曲线；在 横截面 区域的 外径 文本框中输入"3.6"；其他参数按系统默认设置；单击 < 确定 > 按钮，完成如图 5.3.20 所示管特征 1 的创建。

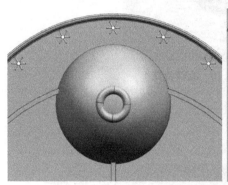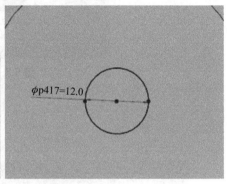

图 5.3.20 管特征 1 及其截面草图

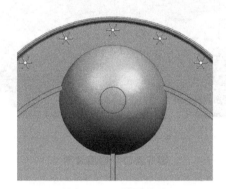

图 5.3.21 投影曲线

Step 11. 创建如图 5.3.22 所示的拉伸特征 1。 执行 插入(S) → 🔲 草图(S)... 命令；系统弹出"创建草图"对话框，选取 YZ 基准平面为草图平面，单击 < 确定 > 按钮，绘制如图 5.3.22 所示的截面草图，然后退出草图环境；单击 🔲 "拉伸"按钮，在 ✳ 选择曲线 (0) 中选择刚才画的曲线；在 限制 区域的 开始 选项栏中选择 🔘 对称值 选项，在 限制 区域的 距离 文本框中输入"10"；其他参数按系统默认设置；单击 < 确定 > 按钮；单击"拉伸"对话框中的"绘画截面"按钮 🔲，系统弹出"创建草图"对话框，选择如图 5.3.22 所示曲线拉伸平面为草图平面，单击 < 确定 > 按钮，绘制如图 5.3.23 所示的截面草图，然后退出草图环境；在 限制 区域的开始下方的 距离 文本框中输入"–15"；在 限制 区域的 结束 下方的 距离 文本框中输入"10"；其他参数按系统默认设置；单击 < 确定 > 按钮； 执行下拉菜单中的 插入(S) → 偏置/缩放(O) → 🔲 偏置曲面(O)... 命令；在 ✓ 选择面 (1) 中选择如图 5.3.24 所示的曲面；在 偏置 1 文本框中输入"3"；其他参数按系统默认设置；单击 < 确定 > 按钮；执行下拉菜单中的 插入(S) → 偏置/缩放(O) → 🔲 偏置曲面(O)... 命令；在 ✓ 选择面 (1) 中选择如图 5.3.24 所示的曲面；在 偏置 1 文本框中输入

"3"；单击 < 确定 > 按钮；执行下拉菜单中的 插入(S) → 修剪(T) → 📠 修剪体(T) （或单击 📠 按钮）命令；在 目标 区域中的 ✳ 选择体 (0) 中选择如图 5.3.23 所示的截面草图所拉伸的体；在 工具 区域中的 ✳ 选择面或平面 (0) 中选择如图 5.3.24 所示的曲面；其他参数按系统默认设置；单击 < 确定 > 按钮；将草图曲线、拉伸曲面、偏置曲面隐藏；完成如图 5.3.22 所示拉伸特征 1 的创建。

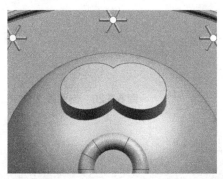
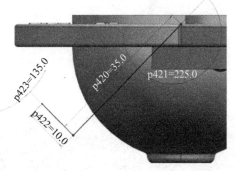

图 5.3.22　拉伸特征 1 及其截面草图

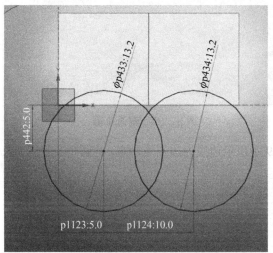

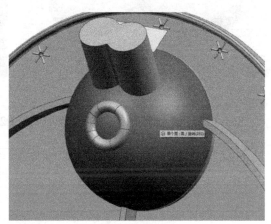

图 5.3.23　截面草图　　　　　　**图 5.3.24　选择面**

　　Step 12. 创建边倒圆特征 1。单击 🗊 "边倒圆"按钮，系统弹出"边倒圆"对话框；在 选择边 中选择如图 5.3.25 中所示的倒圆线，并在 半径 1 文本框中输入"0.6"；单击 < 确定 > 按钮，完成边倒圆特征 1 的创建。

　　Step 13. 创建边倒圆特征 2。选择如图 5.3.26 中所示的边线作为边倒圆参照，其圆角半径为 2。

　　Step 14. 创建如图 5.3.27 所示的拉伸特征 2。单击"拉伸"对话框中的"绘画截面"按钮 🔢，系统弹出"创建草图"对话框，选择如图 5.3.22 所示曲线拉伸平面为草图平面，单击 < 确定 > 按钮，绘制如图 5.3.28 所示的截面草图，然后退出草图环境；在 限制 区域的 开始 下方的 距离 文本框中输入"-7"；在 限制 区域的 结束 下方的 距离 文本框中输入"-1.8"；其他参数按系统默认设置；单击 < 确定 > 按钮；完成如图 5.3.27 所示拉伸特征 2 的创建。

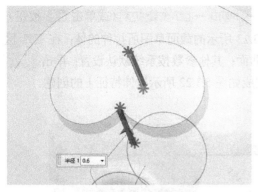

图 5.3.25　倒圆线 1

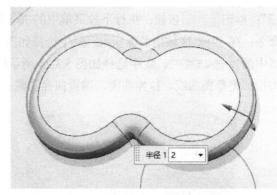

图 5.3.26　倒圆线 2

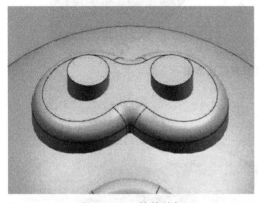

图 5.3.27　拉伸特征 2

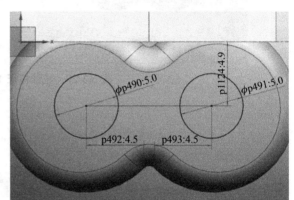

图 5.3.28　截面草图

Step 15. 创建边倒圆特征 1。选择如图 5.3.29 中所示边线为边倒圆参照，其圆角半径为 1.5。

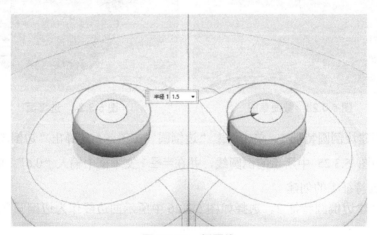

图 5.3.29　倒圆线

Step 16. 创建如图 5.3.30 所示的细节特征 1。执行下拉菜单中的 插入(S) → 基准/点(D) → ＋ 点(P)… 命令（或单击 ＋ "点"按钮）；在 类型 选项栏中选择 光标位置 选项；在 输出坐标 区域中的 X 文本框中输入 "–26"；Y 文本框中输入 "–53"；Z 文本框中输入 "2"；其他参数 按系统默认设置；单击 < 确定 > 按钮；执行下拉菜单中的 插入(S) → 基准/点(D) → ＋ 点(P)…

命令（或单击 ＋ "点"按钮）；在 类型 选项栏中选择 ┼光标位置 选项；在 输出坐标 区域中的 X 文本框中输入"–11.5"；Y 文本框中输入"–36"；Z 文本框中输入"2"；其他参数按系统默认设置；单击< 确定 >按钮；完成如图 5.3.31 所示的两个点的创建；执行下拉菜单中的 插入(S) → 设计特征(E) → ◯ 球(S)... 命令；在 中心点 区域的 ✔ 指定点 中选择创建的两个点；在 尺寸 区域的 直径 文本框中输入"16"；单击< 确定 >按钮；完成如图 5.3.32 所示的两个球体的创建；执行下拉菜单中的 插入(S) → 关联复制(A) → ◈ 镜像几何体(G)... 命令；在 要镜像的几何体 区域的 ✳ 选择对象 (O) 中选择如图 5.3.32 所示的两个球体；在 镜像平面 区域的 ✳ 指定平面 中选择 YZ 基准平面；其他参数按系统默认设置；单击< 确定 >按钮；完成如图 5.3.30 所示细节特征 1 的创建。

Step 17. 创建如图 5.3.33 所示的合并体。执行下拉菜单中的 插入(S) → 组合(B) → ◉ 合并(U)... 命令（或单击 ◉ 合并 ▾ 按钮）；在 目标 和 工具 区域的 ✳ 选择体 (O) 中选择如图 5.3.33 中所示的合并体；其他参数按系统默认设置；单击< 确定 >按钮，完成合并。

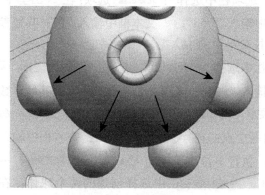

图 5.3.30　细节特征 1

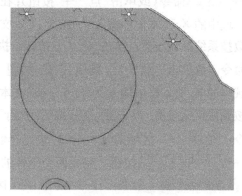

图 5.3.31　创建点

图 5.3.32　球体

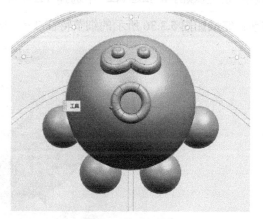

图 5.3.33　合并体

Step 18. 创建如图 5.3.34 所示的修剪体特征。执行下拉菜单中的 插入(S) → 修剪(T) → ▥ 修剪体(T)（或单击 ▥ 按钮）命令；在 目标 区域中的 ✳ 选择体 (O) 中选择如图 5.3.33 所示的合并体；在 工具 区域中的 ✳ 选择面或平面 (O) 中选择如图 5.3.35 所示的选择平面；其他参数按系统默认设置；单击< 确定 >按钮；完成如图 5.3.34 所示的修剪体的创建。

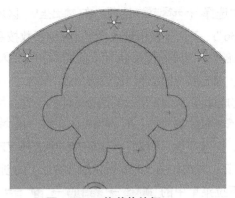
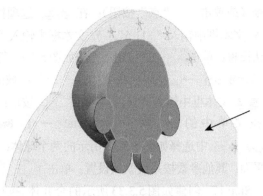

图 5.3.34　修剪体特征　　　　　　　　　　　图 5.3.35　选择平面

Step 19. 创建如图 5.3.36 所示的细节特征 2。执行下拉菜单中的 插入(S) → 基准/点(D) → ＋ 点(P)... 命令（或单击"点" ＋ 按钮）；在 类型 选项栏中选择 光标位置 选项；在 输出坐标 区域中的 X 文本框中输入"–28.5"；Y 文本框中输入"–53"；Z 文本框中输入"0"；其他参数按系统默认设置；单击< 确定 >按钮；执行下拉菜单中的 插入(S) → 基准/点(D) → ＋ 点(P)... 命令（或单击"点" ＋ 按钮）；在 类型 选项栏中选择 光标位置 选项；在 输出坐标 区域中的 X 文本框中输入"–12.5"；Y 文本框中输入"–34"；Z 文本框中输入"0"；其他参数按系统默认设置；单击< 确定 >按钮；执行下拉菜单中的 插入(S) → 设计特征(E) → 球(S)... 命令；在 中心点 区域的 指定点 中选择创建的两个点；在 尺寸 区域的直径 文本框中输入"6"；单击< 确定 >按钮；完成两个球体的创建；执行下拉菜单中的 插入(S) → 关联复制(A) → 镜像几何体(G)... 命令；在 要镜像的几何体区域的 选择对象 (0) 中选择创建的两个球体；在 镜像平面 区域的 指定平面 中选择 YZ 基准平面；其他参数按系统默认设置；单击< 确定 >按钮；完成如图 5.3.36 所示的细节特征 2 的创建。

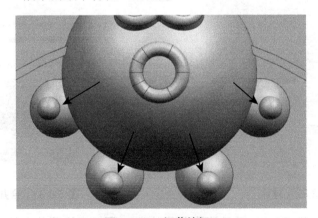

图 5.3.36　细节特征 2

Step 20. 创建如图 5.3.37 所示的抽壳特征。执行下拉菜单中的 插入(S) → 组合(B) → 合并(U)... 命令（或单击 合并 ▼ 按钮）；在 目标 和 工具 区域的 选择体 (0) 中选择如图 5.3.38 中所示的合并体；其他参数按系统默认设置；单击< 确定 >按钮，完成合并。执行下拉菜中的插入(S) → 偏置/缩放(O) → 抽壳(H)... 命令（或单击 按钮），系统弹出"抽壳"对话框；在 **类型** 中选择 移除面，然后抽壳 选项；在 要穿透的面 区域的 选择面 (0) 中选择如图 5.3.39 所示的面为移除面，并在 **厚度** 文本框中输入"-2"，采用系统默认的抽壳方向；单击 < 确定 > 按钮，完成抽壳特征 1 的创建。

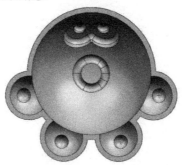

图 5.3.37　抽壳特征

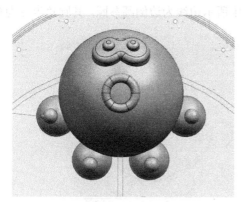

图 5.3.38　合并体

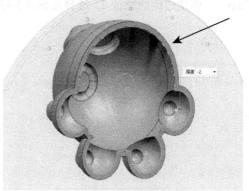

图 5.3.39　移除面

Step 21. 创建如图 5.3.40 所示的拉伸特征。将底盘等多余部分隐藏；执行"拉伸"命令 ；在 选择曲线 (0) 中选择如图 5.3.41 所示的曲线；在 限制 区域的 结束 下方的 距离 文本框中输入"2"；在 布尔 区域的布尔 选项栏中选择 合并 选项；在 选择体 (1) 中选择如图 5.3.37 所示的抽壳体；其他参数按系统默认设置；单击 < 确定 > 按钮，完成拉伸特征的创建。

图 5.3.40　拉伸特征

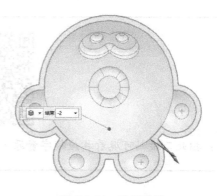

图 5.3.41　选择曲线

Step 22. 创建如图 5.3.42 所示的边倒圆特征 1。单击 ■ "边倒圆"按钮，在 选择边 中选择如图 5.3.42 中所示的倒圆线，并在 半径 1 文本框中输入"0.8"；单击 < 确定 > 按钮，完成边倒圆特征 1 的创建。

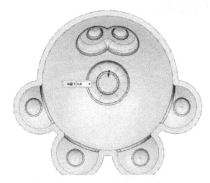

图 5.3.42 倒圆角特征 1

Step 23. 创建边倒圆特征 2。选择如图 5.3.43 中所示边线为边倒圆参照，其圆角半径为 0.6。

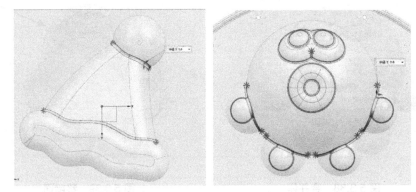

图 5.3.43 边倒圆特征 2、3

Step 24. 创建边倒圆特征 3。选择如图 5.3.43 中所示边线为边倒圆参照，其圆角半径为 0.8。

Step 25. 保存模型。执行下拉菜单中的 文件(F) → ■ 保存(S) 命令，即可保存底盘模型，至此完成此结构的设计。

注：扫此二维码可观看相应数字资源（含视频及拓展课外资源）。

5.4　动物（海星、飞鱼）设计与 UG 建模

本节重点介绍动物（海星，飞鱼）的设计过程，动物（海星，飞鱼）的模型及相应的模型树如图 5.4.1 所示。

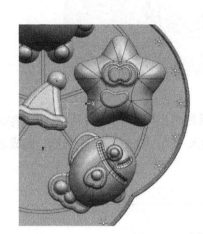

☑📇 草图 (316) "SKETCH... ✔	☑📝 投影曲线 (339) ✔
☑▥ 拉伸 (317) ✔	☑◯ 球 (340) ✔
☑🔷 边倒圆 (318) ✔	☑◯ 球 (341) ✔
☑🔷 边倒圆 (319) ✔	☑◯ 球 (342) ✔
☑🔷 边倒圆 (320) ✔	☑◯ 球 (343) ✔
☑▥ 拉伸 (321) ✔	☑📑 合并 (344) ✔
☑▥ 拉伸 (322) ✔	☑🐚 壳 (345) ✔
☑▥ 拉伸 (323)	☑🔷 边倒圆 (346) ✔
☑🐚 壳 (324) ✔	☑🔷 边倒圆 (347) ✔
☑🔷 边倒圆 (325) ✔	☑📝 投影曲线 (348)
☑🔷 边倒圆 (326) ✔	☑🔵 管 (349) ✔
☑🔷 边倒圆 (327) ✔	☑🔵 管 (350) ✔
☑▥ 拉伸 (328) ✔	☑📑 减去 (351) ✔
☑🔷 边倒圆 (329) ✔	☑🔷 边倒圆 (352) ✔
☑▥ 拉伸 (330) ✔	☑🔷 边倒圆 (353) ✔
☑▥ 拉伸 (331) ✔	☑🔷 边倒圆 (354) ✔
☑📇 草图 (332) "SKETCH...	☑🔷 边倒圆 (355) ✔
☑▥ 拉伸 (334) ✔	☑🔵 管 (356) ✔
☑✛ 点 (335) ✔	☑🔵 管 (357) ✔
☑✛ 点 (336) ✔	☑📑 减去 (358) ✔
☑✛ 点 (337) ✔	☑🔷 边倒圆 (359) ✔
☑✛ 点 (338) ✔	☑🔷 **边倒圆 (360)** ✔

图 5.4.1　动物（海星，飞鱼）的模型及相应的模型树

Step 1.打开文件。执行下拉菜单中的 文件(F) → 🗁 打开(O)... 命令，在 文件名(N): 文本框中输入"guijiaomuju"，单击 确定 按钮，进入建模环境。

Step 2. 创建如图 5.4.2 所示的拉伸特征 1。执行下拉菜单中的 插入(S) → 📇 草图(S)... 命令（或单击草图 📇 按钮）；系统弹出"创建草图"对话框，选择底盘平面为草图平面，绘制如图 5.4.3 所示的截面草图；单击< 确定 >按钮；执行 ▥ "拉伸"命令；在 ✳ 选择曲线 (0) 中选择如图 5.4.3 所示的截面草图；在 限制 区域的 开始 下方的 距离 文本框中输入"-26"，在 限制 区域的 结束 下方的 距离 文本框中输入"2"；其他参数按系统默认设置；单击< 确定 >按钮，完成拉伸特征 1 的创建。

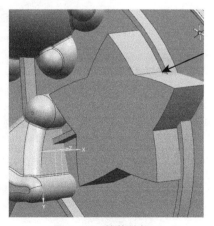

图 5.4.2　拉伸特征 1

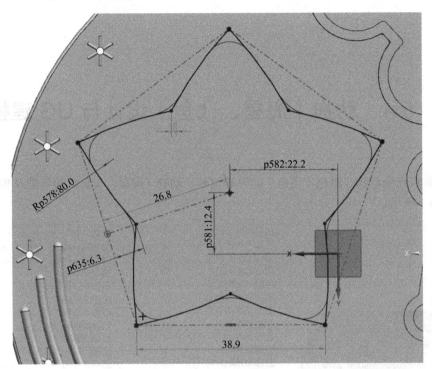

图 5.4.3　截面草图

Step 3. 创建边倒圆特征 1。单击 ![]"边倒圆"按钮，系统弹出"边倒圆"对话框；在 选择边 中选择如图 5.4.4 中所示的倒圆线，并在半径 1 文本框中输入"8"；单击< 确定 >按钮，完成边倒圆特征 1 的创建。

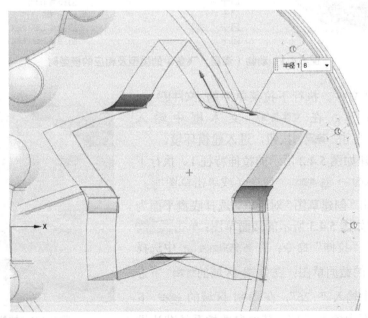

图 5.4.4　边倒圆特征 1

Step 4. 创建边倒圆特征 2。选择如图 5.4.5 中所示的边线作为边倒圆参照，其圆角半径为 5。

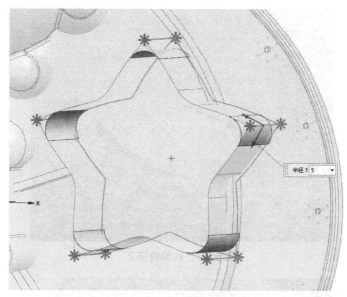

图 5.4.5　边倒圆特征 2

Step 5. 创建边倒圆特征 3。选择如图 5.4.6 中所示边线为边倒圆参照，其圆角半径为 12。

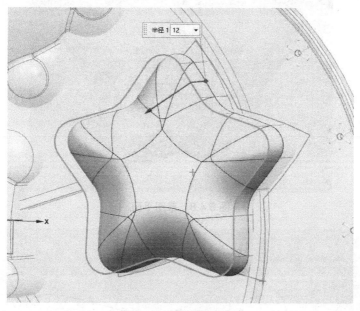

图 5.4.6　边倒圆特征 3

Step 6. 创建如图 5.4.7 所示的拉伸特征 2。单击"拉伸"对话框中的"绘画截面"按钮 📇，系统弹出"创建草图"对话框，选择如图 5.4.8 所示的拉伸所得平面为草图平面，单击 < 确定 > 按钮，用艺术样条工具绘制如图 5.4.9 所示的截面草图，然后退出草图环境；在 限制 区域的开始 下方的 距离 文本框中输入"−3"；在 限制 区域的 结束 下方的 距离 文本框中输入"3"；在 布尔 区域的布尔 选项栏中选择 🔗 合并 选项；在 ✔ 选择体 (1) 中选择如图 5.4.2 所示的拉伸特征 1；其他参数按系统默认设置；单击 < 确定 > 按钮。

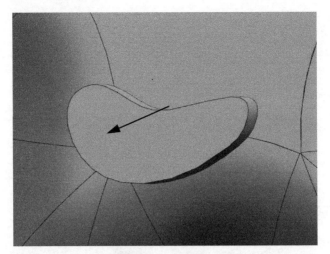

图 5.4.7　拉伸特征 2

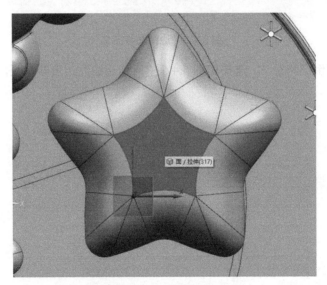

图 5.4.8　草图平面

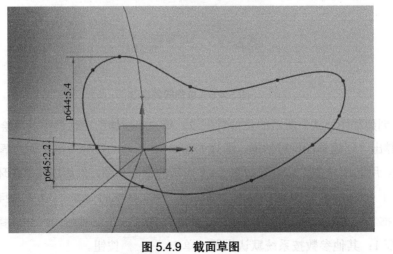

图 5.4.9　截面草图

Step 7. 创建如图 5.4.10 所示的拉伸特征 3。单击"拉伸"对话框中的"绘画截面"按钮 ，系统弹出"创建草图"对话框，选择如图 5.4.11 所示的拉伸所得平面为草图平面，单击 < 确定 > 按钮，用艺术样条工具绘制如图 5.4.12 所示的截面草图，然后退出草图环境；在 限制 区域的开始 下方的 距离 文本框中输入"−3"；在 限制 区域的 结束 下方的 距离 文本框中输 入"3"；在 布尔 区域的布尔 选项栏中选择 合并 选项；在 选择体 (1) 中选择如图 5.4.2 所 示的拉伸特征 1；其他参数按系统默认设置；单击 < 确定 > 按钮。

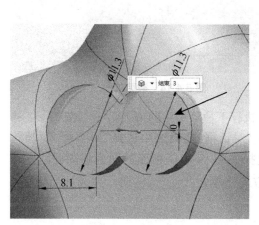

图 5.4.10　拉伸特征 3

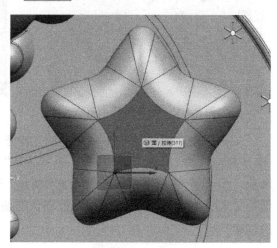

图 5.4.11　草图平面

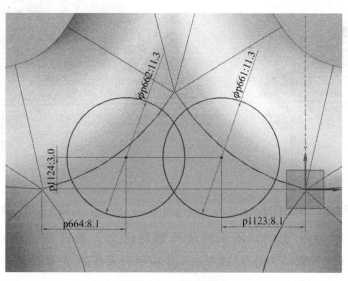

图 5.4.12　截面草图

Step 8. 创建如图 5.4.13 所示的拉伸特征 4。单击"拉伸"对话框中的"绘画截面"按钮 ，系统弹出"创建草图"对话框，选择如图 5.4.9 所示的拉伸所得平面为草图平面，单击 < 确定 > 按钮，用艺术样条工具绘制如图 5.4.14 所示的截面草图，然后退出草图环境；在 限制 区域的开始 下方的 距离 文本框中输入"−2"；在 限制 区域的 结束 下方的 距离 文本框中输 入"2"；在 布尔 区域的布尔 选项栏中选择 合并 选项；在 选择体 (1) 中选择如图 5.4.2 所示的拉伸特征 1；其他参数按系统默认设置；单击 < 确定 > 按钮。

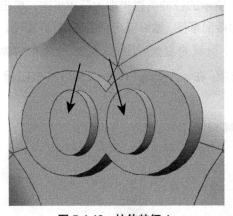

图 5.4.13　拉伸特征 4

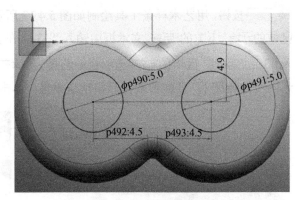

图 5.4.14　截面草图

Step 9. 创建如图 5.4.15 所示的抽壳特征 1。执行下拉菜单中的 插入(S) → 偏置/缩放(O) → 抽壳(H)... 命令（或单击 按钮），系统弹出"抽壳"对话框；在 类型 中选择 移除面，然后抽壳选项；在 要穿透的面 区域中的 选择面 (0) 中选择如图 5.4.16 所示的面为移除面，并在 厚度 文本框中输入"-2"，采用系统默认的抽壳方向；单击 < 确定 > 按钮，完成抽壳特征 1 的创建。

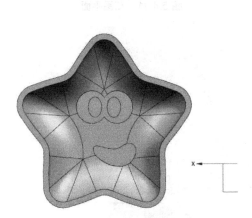

图 5.4.15　抽壳特征 1

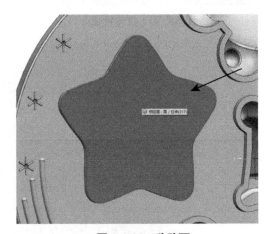

图 5.4.16　移除面

Step 10. 创建如图 5.4.17 所示的边倒圆特征 2。执行下拉菜单中的 插入(S) → 细节特征(L) → 边倒圆(E)... 命令（或单击 按钮），系统弹出"边倒圆"对话框；在 选择边 中选择如图 5.4.17 中所示的倒圆线，并在 半径 1 文本框中输入"0.7"；单击 < 确定 > 按钮，完成边倒圆特征 2 的创建。

Step 11. 创建边倒圆特征 3。选择如图 5.4.18 中所示的边线作为边倒圆参照，其圆角半径为 1.2。

Step 12. 创建边倒圆特征 4。选择如图 5.4.19 中所示的边线作为边倒圆参照，其圆角半径为 1.2。

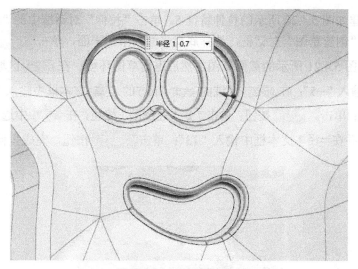

图 5.4.17　边倒圆特征 2

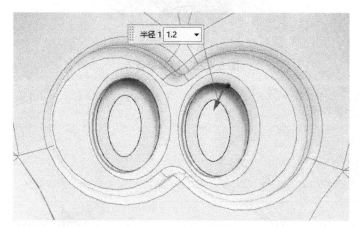

图 5.4.18　边倒圆特征 3

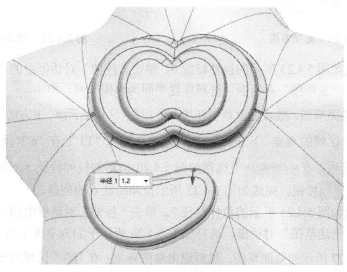

图 5.4.19　边倒圆特征 4

Step 13. 创建如图 5.4.20 所示的拉伸特征 5。单击"拉伸"对话框中的"绘画截面"按钮，系统弹出"创建草图"对话框，选择底盘平面为草图平面，单击< 确定 >按钮，用艺术样条工具绘制如图 5.4.21 所示的截面草图，然后退出草图环境；在 限制 区域的开始 下方的 距离 文本框中输入"−5"；在 限制 区域的 结束 下方的 距离 文本框中输入"28"；其他参数按系统默认设置；单击< 确定 >按钮；单击 "边倒圆"按钮，在选择边 中选择如图 5.4.22 中所示的倒圆线，并在半径 1 文本框中输入"13"；单击< 确定 >按钮，完成拉伸特征 5 的创建。

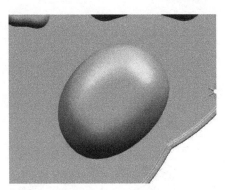

图 5.4.20　拉伸特征 5

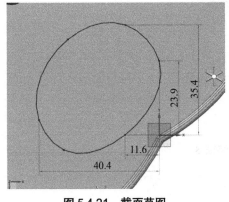

图 5.4.21　截面草图

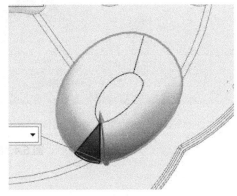

图 5.4.22　倒圆线

Step 14. 创建如图 5.4.23 所示的拉伸特征 6。单击"拉伸"对话框中的"绘画截面"按钮，系统弹出"创建草图"对话框，选择底盘平面为草图平面，单击< 确定 >按钮，绘制如图 5.4.24 所示的截面草图，然后退出草图环境；在 限制 区域的开始 下方的 距离 文本框中输入"−5"；在 限制 区域的 结束 下方的 距离 文本框中输入"13"；在 布尔 区域的布尔 选项栏中选择 合并 选项；在 选择体 (1) 中选择如图 5.4.20 所示的拉伸特征 5；其他参数按系统默认设置；单击< 确定 >按钮；完成如图 5.4.23 所示拉伸特征 6 的创建。

Step 15. 创建如图 5.4.25 所示的拉伸特征 7。单击"拉伸"对话框中的"绘画截面"按钮，系统弹出"创建草图"对话框，选择如图 5.4.26 所示平面为草图平面，单击< 确定 >按钮，绘制如图 5.4.27 所示的截面草图，然后退出草图环境；在 限制 区域的开始 下方的 距离 文本框中输入"−3"；在 限制 区域的 结束 下方的 距离 文本框中输入"3"；在 布尔 区域的

布尔 选项栏中选择 合并 选项；在 ✔ 选择体 (1) 中选择如图 5.4.19 所示的边倒圆特征 4；其他参数按系统默认设置；单击 < 确定 > 按钮；完成如图 5.4.25 所示拉伸特征 7 的创建。

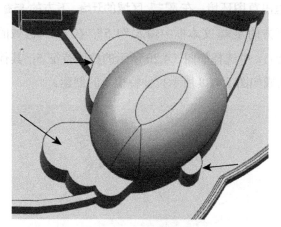

图 5.4.23　拉伸特征 6

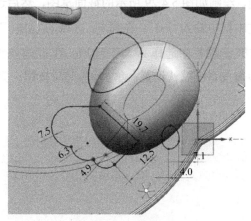

图 5.4.24　截面草图

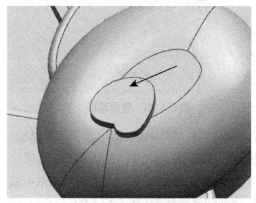

图 5.4.25　拉伸特征 7

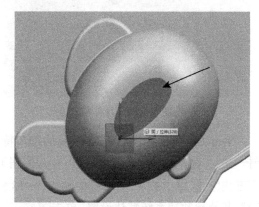

图 5.4.26　选择平面

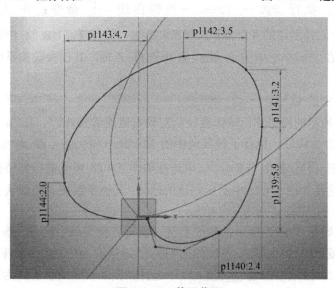

图 5.4.27　截面草图

Step 16. 创建如图 5.4.28 所示的拉伸特征 8。单击"拉伸"对话框中的"绘画截面"按钮 ，系统弹出"创建草图"对话框，选择如图 5.4.24 所示平面为草图平面，单击 < 确定 > 按钮，绘制如图 5.4.29 所示的截面草图，然后退出草图环境；在 限制 区域的开始 下方的 距离 文本框中输入"−5"；在 限制 区域的 结束 下方的 距离 文本框中输入"1.5"；在 布尔 区域的 布尔 选项栏中选择 合并 选项；在 选择体 (1) 中选择如图 5.4.20 所示的拉伸特征 5；其他参数按系统默认设置；单击 < 确定 > 按钮；完成如图 5.4.28 所示拉伸特征 8 的创建。

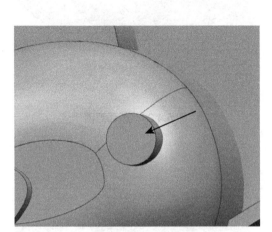

图 5.4.28　拉伸特征 8

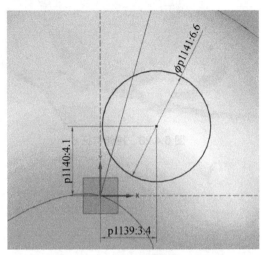

图 5.4.29　截面草图

Step 17. 创建如图 5.4.30 所示的细节特征 1。执行下拉菜单中的 插入(S) → 基准/点(D) → 点(P)... 命令（或单击"点" 按钮）；在 类型 选项栏中选择 光标位置 选项；在 输出坐标 区域中的 X 文本框中输入"−18.5"；Y 文本框中输入"−32.5"；Z 文本框中输入"0"；其他参数按系统默认设置；单击 < 确定 > 按钮；分别创建坐标为（36.5,47.5,0）、（18.5,62,0）、（12,55.5,0）的点；执行 曲线 → 派生曲线 → 投影曲线 命令；在 要投影的曲线或点 的 选择曲线或点 (0) 中选择创建的 4 个点；在 要投影的对象 的 选择对象 (0) 中选择如图 5.4.20 所示的拉伸特征 5；在 投影方向 中的 指定矢量 中选择−Z 轴，其他参数按系统默认设置；单击 < 确定 > 按钮；

执行下拉菜单中的 插入(S) → 设计特征(E) → 球(S)... 命令；在 中心点 区域的 指定点 中选择如图 5.4.31 所示的投影点；球体直径从左到右依次输入 6，5，4，3；单击 < 确定 > 按钮。

Step 18. 创建合并特征。执行下拉菜单中的 插入(S) → 组合(B) → 合并(U)... 命令（或单击按钮 合并 ▾ ）；在 目标 的 选择体 (0) 中选择如图 5.4.20 所示的拉伸特征 5 和 工具 区域的 选择体 (0) 中选择如图 5.4.28 中所示创建的球体；其他参数按系统默认设置；单击 < 确定 > 按钮，完成合并。

Step 19. 创建如图 5.4.32 所示的抽壳特征。执行下拉菜单中的 插入(S) → 偏置/缩放(O) → 抽壳(H)... 命令（或单击 按钮），系统弹出"抽壳"对话框；在 类型 中选择 移除面，然后抽壳 选项；在 要穿透的面 区域中的 选择面 (0) 中选择如图 5.4.33 所示的面为移除面，并在 厚度 文本框中输入"−2"，采用系统默认的抽壳方向；单击 < 确定 > 按钮，完成抽壳创建。

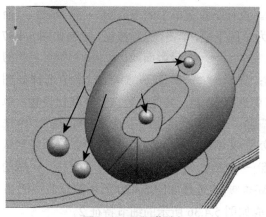

图 5.4.30　细节特征 1

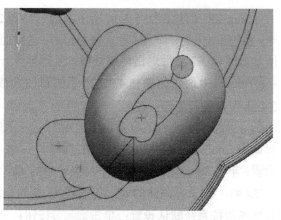

图 5.4.31　投影点

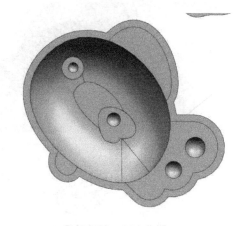

图 5.4.32　抽壳特征

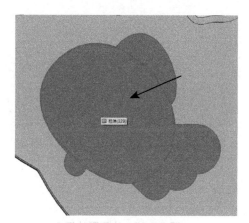

图 5.4.33　移除面

Step 20. 创建边倒圆特征 5。选择如图 5.4.34 中所示边线为边倒圆参照，其圆角半径为 1.8。

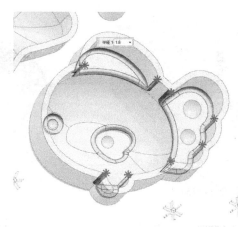

图 5.4.34　边倒圆特征 5

Step 21. 创建边倒圆特征 6。选择如图 5.4.35 中所示的边线作为边倒圆参照，其圆角半径为 0.5。

Step 22. 创建如图 5.4.36 所示的细节特征 2。执行下拉菜单中的 插入(S) → 🗗 草图(S)... 命令；系统弹出"创建草图"对话框，选取底盘平面为草图平面，单击< 确定 >按钮，绘制如图 5.4.37 所示截面草图，然后退出草图环境；选择 曲线 → 派生曲线 → 📐 投影曲线；在 要投影的曲线或点 的 ✳ 选择曲线或点 (0) 中选择如图 5.4.37 所示的草图曲线；在 要投影的对象 的 ✳ 选择对象 (0) 中选择如图 5.4.38 所示的投影面；在 投影方向 的 ✳ 指定矢量 中选择−Z 轴，其他参数按系统默认设置；单击< 确定 >按钮；执行下拉菜单中的 插入(S) → 扫掠(W) → 🐛 管(T)... 命令；在 ✳ 选择曲线 (0) 中选择如图 5.4.38 所示的投影曲线；在 横截面 区域 外径 文本框中输入"1"；其他参数按系统默认设置；单击< 确定 >按钮；执行下拉菜单中的 插入(S) → 组合(B) → 🗐 减去 命令；在 目标 区域的 ✳ 选择体 (0) 中选择创建的管；在 工具 区域的 ✳ 选择体 (0) 中选择如图 5.4.20 所示的拉伸特征 5；其他参数按系统默认设置；单击< 确定 >按钮；完成如图 5.4.36 所示的细节特征 2。

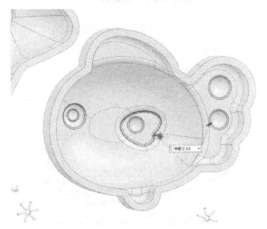

图 5.4.35　边倒圆特征 6

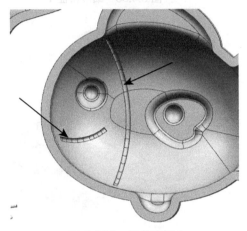

图 5.4.36　细节特征 2

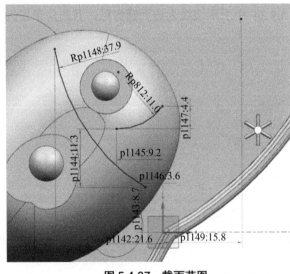

图 5.4.37　截面草图

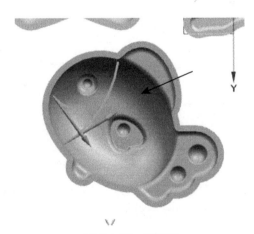

图 5.4.38　投影面

Step 23. 创建边倒圆特征 7。选择如图 5.4.39 中所示的边线作为边倒圆参照，其圆角半径为 0.3。

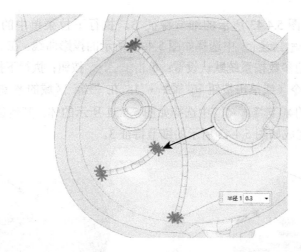

图 5.4.39　边倒圆特征 7

Step 24. 创建边倒圆特征 8。选择如图 5.4.40 中所示边线作为边倒圆参照，其圆角半径为 1。

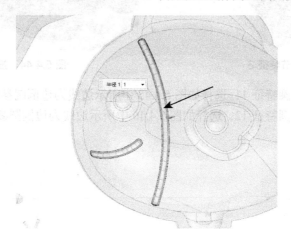

图 5.4.40　边倒圆特征 8

Step 25. 创建边倒圆特征 9。选择如图 5.4.41 中所示边线为边倒圆参照，其圆角半径为 1。

Step 26. 创建边倒圆特征 10。选择如图 5.4.42 中所示边线为边倒圆参照，其圆角半径为 0.6。

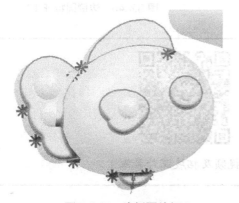

图 5.4.41　边倒圆特征 9

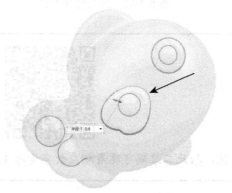

图 5.4.42　边倒圆特征 10

Step 27. 创建如图 5.4.43 所示的细节特征 3。执行下拉菜单中的 插入(S) → 扫掠(W) → 管(T)... 命令；在 * 选择曲线 (0) 中选择如图 5.4.44 所示的投影曲线；在 横截面 区域的 外径 文本框中输入 "2"；其他参数按系统默认设置；单击 < 确定 > 按钮；执行下拉菜单中的 插入(S) → 组合(B) → 减去 命令（或单击按钮 减去 ▾ ）；在 目标 区域的 * 选择体 (0) 中选择创建的管；在 工具 区域的 * 选择体 (0) 中选择如图 5.4.31 所示的体；其他参数按系统默认设置；单击 < 确定 > 按钮；完成如图 5.4.43 所示的细节特征 3。

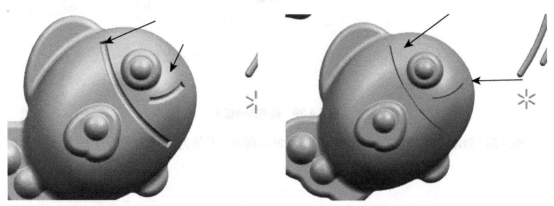

图 5.4.43　细节特征 3　　　　　　　　　　　图 5.4.44　投影曲线

Step 28. 创建边倒圆特征 11。选择如图 5.4.45 中所示边线为边倒圆参照，其圆角半径为 0.6。
Step 29. 创建边倒圆特征 12。选择如图 5.4.46 中所示边线为边倒圆参照，其圆角半径为 2。

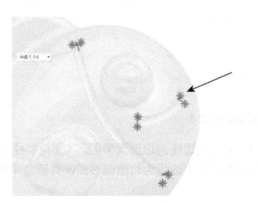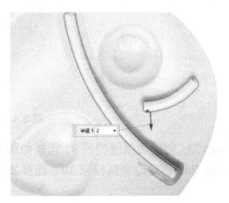

图 5.4.45　边倒圆特征 11　　　　　　　　　　图 5.4.46　边倒圆特征 12

注：扫此二维码可观看相应数字资源（含视频及拓展课外资源）。

5.5　动物（海龟、螃蟹）设计与 UG 建模

本节重点介绍动物（海龟、螃蟹）的设计过程，动物（海龟、螃蟹）的模型及相应的模型树如图 5.5.1 所示。

模型树项目		模型树项目	
☑ 十 点 (360)	✔	☑ 边倒圆 (380)	✔
☑ 球 (361)	✔	☑ 边倒圆 (381)	✔
☑ 修剪体 (362)	✔	☑ 拉伸 (382)	✔
☑ 草图 (363) "SKETCH...	✔	☑ 边倒圆 (383)	✔
☑ 投影曲线 (364)	✔	☑ 壳 (384)	✔
☑ 管 (365)	✔	☑ 边倒圆 (385)	✔
☑ 管 (366)	✔	☑ 草图 (386) "SKETCH...	✔
☑ 管 (367)	✔	☑ 拉伸 (387)	✔
☑ 管 (368)	✔	☑ 拉伸 (388)	✔
☑ 管 (369)	✔	☑ 拉伸 (389)	✔
☑ 管 (370)	✔	☑ 拉伸 (390)	✔
☑ 管 (371)	✔	☑ 拉伸 (391)	✔
☑ 管 (372)	✔	☑ 边倒圆 (392)	✔
☑ 管 (373)	✔	☑ 边倒圆 (393)	✔
☑ 管 (374)	✔	☑ 拉伸 (394)	✔
☑ 合并 (375)	✔	☑ 拉伸 (398)	✔
☑ 拉伸 (376)	✔	☑ 壳 (400)	✔
☑ 替换面 (377)	✔	☑ 边倒圆 (401)	✔
☑ 边倒圆 (378)	✔	☑ 边倒圆 (402)	✔
☑ 边倒圆 (379)	✔	☑ 边倒圆 (403)	✔
		☑ 边倒圆 (404)	✔
		☑ 边倒圆 (405)	✔

图 5.5.1　动物（海龟、螃蟹）的模型及相应的模型树

Step 1. 打开文件。执行下拉菜单中的 文件(F) → 打开(O)... 命令，在 文件名(N): 文本框中输入"guijiaomuju"，单击 确定 按钮，进入建模环境。

Step 2. 创建如图 5.5.2 所示的球体特征。执行下拉菜单中的 插入(S) → 基准/点(D) → 十 点(P)... 命令（或单击 十 "点"按钮）；在 类型 选项栏中选择 光标位置 选项；在 输出坐标 区域中的 X 文本框中输入"-53.5"；Y 文本框中输入"-20"；Z 文本框中输入"2"；其他参数按系统默认设置；单击 < 确定 > 按钮；执行下拉菜单中的 插入(S) → 设计特征(E) → 球(S)... 命令；在 中心点 区域的 ✔ 指定点 中选择所创建的点；球体直径设为 50；单击 < 确定 > 按钮；执行下拉菜单中的 插入(S) → 修剪(T) → 修剪体(T)... （或单击 按钮）命令；在 目标 区域中的 * 选择体 (0) 中选择如图 5.5.3 所示的球体；在 工具 区域中的 * 选择面或平面 (0) 中选择如图 5.5.4 所示的选择平面；其他参数按系统默认设置；单击 < 确定 > 按钮；完成如图 5.5.2 所示的球体特征。

Step 3. 创建如图 5.5.5 所示的细节特征 1。执行下拉菜单中的 插入(S) → 草图(S)... 命令（或单击 "草图" 按钮）；系统弹出 "创建草图" 对话框，选取底盘平面为草图平面，单击< 确定 >按钮，绘制如图 5.5.6 所示的截面草图，然后退出草图环境；选择 曲线 → 派生曲线 → 投影曲线；在 要投影的曲线或点 中的 选择曲线或点 (0) 中选择如图 5.5.6 所示的草图曲线；在 要投影的对象 中的 选择对象 (0) 中选择如图 5.5.7 所示体的面；在 投影方向 中的 指定矢量 中选择-Z 轴，其他参数按系统默认设置；单击< 确定 >按钮；执行下拉菜单中的 插入(S) → 扫掠(W) → 管(T)... 命令；在 选择曲线 (0) 中选择如图 5.5.7 所示所要投影的曲线；在 横截面 区域的 外径 文本框中输入 "2"；其他参数按系统默认设置；单击< 确定 >按钮。

Step 4. 创建如图 5.5.8 所示的合并特征。执行下拉菜单中的 插入(S) → 组合(B) → 合并(U)... 命令（或单击 合并 ▾ 按钮）；在 目标 和 工具 区域的 选择体 (0) 中选择如图 5.5.8 中所示的体；其他参数按系统默认设置；单击< 确定 >按钮，完成合并。

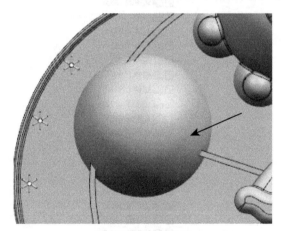

图 5.5.2　球体特征

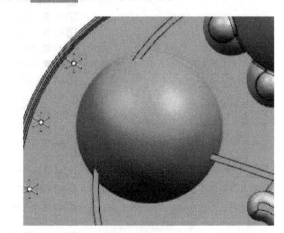

图 5.5.3　球体

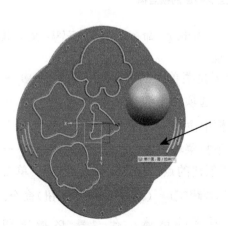

图 5.5.4　选择平面

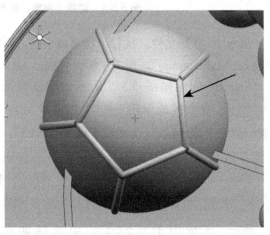

图 5.5.5　细节特征 1

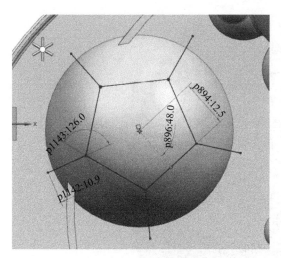

图 5.5.6 截面草图

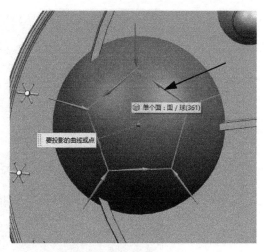

图 5.5.7 选择曲面

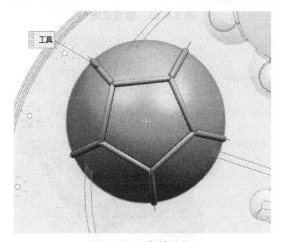

图 5.5.8 合并特征

Step 5. 创建如图 5.5.9 所示的拉伸特征 1。单击"拉伸"对话框中的"绘画截面"按钮 ![],系统弹出"创建草图"对话框，选择底盘平面为草图平面，单击 < 确定 > 按钮，绘制如图 5.5.10 所示的截面草图，然后退出草图环境；在 限制 区域的开始 下方的 距离 文本框中输入"2"；在 限制 区域的 结束 下方的 距离 文本框中输入"-11"；在 布尔 区域的布尔 选项栏中选择 合并 选项；在 选择体 (1) 中选择如图 5.5.11 所示的合并体；其他参数按系统默认设置；单击 < 确定 > 按钮；完成如图 5.5.9 所示拉伸特征 1 的创建。

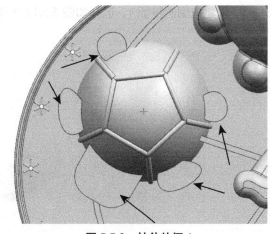

图 5.5.9 拉伸特征 1

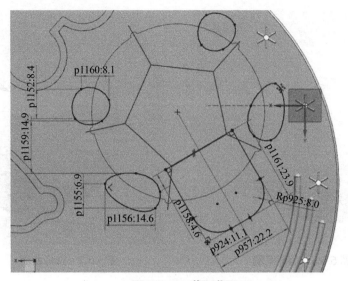

图 5.5.10　截面草图

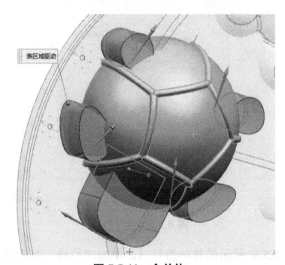

图 5.5.11　合并体

Step 6. 创建边倒圆特征 1。选择如图 5.5.12 中所示边线作为边倒圆参照，其圆角半径为 8。

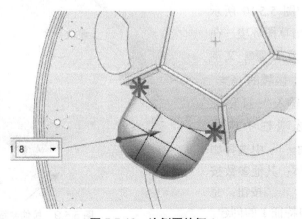

图 5.5.12　边倒圆特征 1

Step 7. 创建边倒圆特征 2。选择如图 5.5.13 中所示边线作为边倒圆参照，其圆角半径为 1.6。

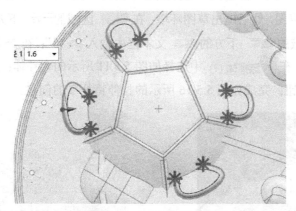

图 5.5.13　边倒圆特征 2

Step 8. 创建边倒圆特征 3。选择如图 5.5.14 中所示边线作为边倒圆参照，其圆角半径为 0.6。

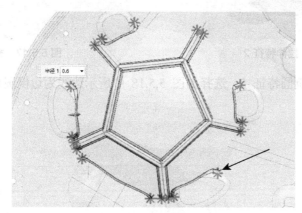

图 5.5.14　边倒圆特征 3

Step 9. 创建边倒圆特征 4。选择如图 5.5.15 中所示边线作为边倒圆参照，其圆角半径为 0.6。

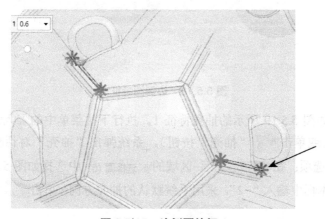

图 5.5.15　边倒圆特征 4

Step 10. 创建如图 5.5.16 所示的拉伸特征 2。单击"拉伸"对话框中的"绘画截面"按钮 ⬚，系统弹出"创建草图"对话框，选择底盘平面为草图平面，单击 < 确定 > 按钮，绘制如图 5.5.17 所示的截面草图，然后退出草图环境；在 限制 区域的开始 下方的 距离 文本框中输入"–7"；在 限制 区域的 结束 下方的 距离 文本框中输入"–15"；在 布尔 区域的布尔 选项栏中选择 🔗 合并 选项；在 ✔ 选择体 (1) 中选择如图 5.5.11 所示的合并体；其他参数按系统默认设置；单击 < 确定 > 按钮；完成如图 5.5.16 所示的拉伸特征 2 的创建。

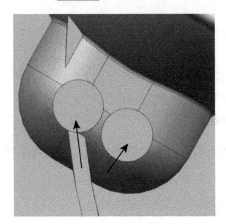

图 5.5.16　拉伸特征 2

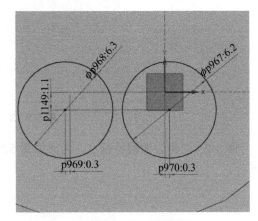

图 5.5.17　截面草图

Step 11. 创建边倒圆特征 5。选择如图 5.5.18 中所示边线为边倒圆参照，其圆角半径为1.5。

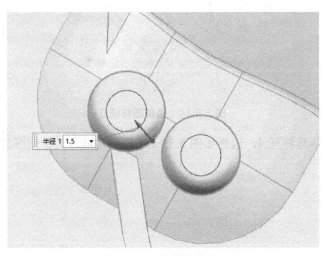

图 5.5.18　边倒圆特征 5

Step 12. 创建如图 5.5.19 所示的抽壳特征 1。执行下拉菜单中的 插入(S) → 偏置/缩放(O) → 🗋 抽壳(H)... 命令（或单击 🗋 "抽壳"按钮），系统弹出"抽壳"对话框；在 类型 中选择 🗋 移除面, 然后抽壳 选项；在 要穿透的面 区域的 ✱ 选择面 (0) 中选择如图 5.5.20 所示的面为移除面，并在 厚度 文本框中输入"–2"，采用系统默认的抽壳方向；单击 < 确定 > 按钮，完成抽壳特征 1 的创建。

图 5.5.19　抽壳特征 1

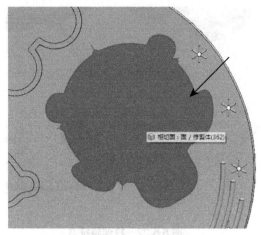

图 5.5.20　移除面

Step 13. 创建边倒圆特征 6。选择如图 5.5.21 中所示边线为边倒圆参照，其圆角半径为 0.6。

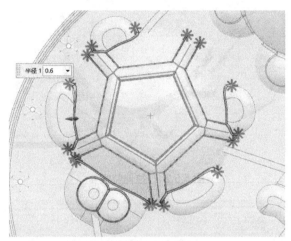

图 5.5.21　边倒圆特征 6

Step 14. 创建如图 5.5.22 所示的拉伸特征 3。单击"拉伸"对话框中的"绘画截面"按钮 ，系统弹出"创建草图"对话框，选择底盘平面为草图平面，单击< 确定 >按钮，绘制如图 5.5.23 所示的截面草图，然后退出草图环境；在 限制 区域的开始 下方的 距离 文本框中输入"2"；在 限制 区域的 结束 下方的 距离 文本框中输入"−30"；其他参数按系统默认设置；单击< 确定 >按钮；完成如图 5.5.22 所示拉伸特征 3 的创建。

Step 15. 创建如图 5.5.24 所示的拉伸特征 4。单击"拉伸"对话框中的"绘画截面"按钮 ，系统弹出"创建草图"对话框，选择底盘平面为草图平面，单击< 确定 >按钮，绘制如图 5.5.25 所示的截面草图，然后退出草图环境；在 限制 区域的开始 下方的 距离 文本框中输入"2"；在 限制 区域的 结束 下方的 距离 文本框中输入"−11"；在 布尔 区域的布尔 选项栏中选择 合并 选项；在 选择体 (1) 中选择如图 5.5.22 所示的拉伸特征 3；其他参数按系统默认设置；单击< 确定 >按钮；完成如图 5.5.24 所示拉伸特征 4 的创建。

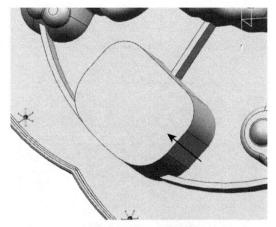

图 5.5.22　拉伸特征 3

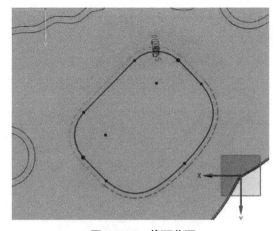

图 5.5.23　截面草图

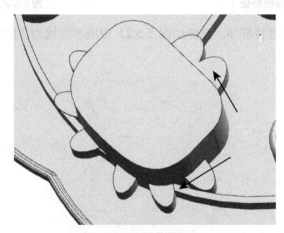

图 5.5.24　拉伸特征 4

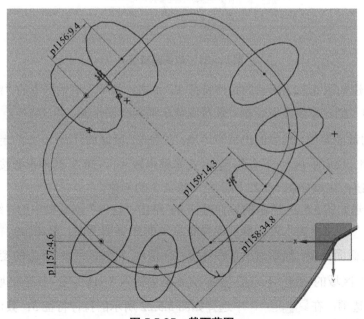

图 5.5.25　截面草图

Step 16. 创建如图 5.5.26 所示的拉伸特征 5。选择如图 5.5.26 所示的曲线；在 限制 区域的 开始 下方的 距离 文本框中输入 "0"；在 限制 区域的 结束 下方的 距离 文本框中输入 "2"；在 布尔 区域的布尔 选项栏中选择 ⁺◉ 合并 选项；在 ✓ 选择体 (1) 中选择如图 5.5.22 所示的拉伸特征 3；其他参数按系统默认设置；单击< 确定 >按钮；完成如图 5.5.26 所示拉伸特征 5 的创建。

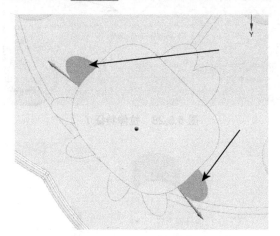

图 5.5.26　拉伸特征 5

Step 17. 创建如图 5.5.27 所示的拉伸特征 6。选择如图 5.5.27 所示的曲线；在 限制 区域的开始 下方的 距离 文本框中输入 "0"；在 限制 区域的 结束 下方的 距离 文本框中输入 "1"；在 布尔 区域的布尔 选项栏中选择 ⁺◉ 合并 选项；在 ✓ 选择体 (1) 中选择如图 5.5.22 所示的拉伸特征 3；其他参数按系统默认设置；单击< 确定 >按钮；完成如图 5.5.27 所示拉伸特征 6 的创建。

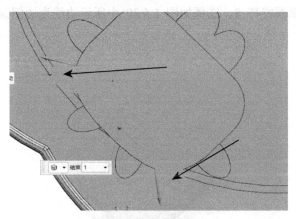

图 5.5.27　拉伸特征 6

Step 18. 创建如图 5.5.28 所示的拉伸特征 7。选择如图 5.5.28 所示的曲线；在 限制 区域的开始 下方的 距离 文本框中输入 "0"；在 限制 区域的 结束 下方的 距离 文本框中输入 "–4"；在 布尔 区域的布尔 选项栏中选择 ⁺◉ 合并 选项；在 ✓ 选择体 (1) 中选择如图 5.5.22 所示的拉伸特征 3；其他参数按系统默认设置；单击< 确定 >按钮；完成如图 5.5.28 所示拉伸特征 7 的创建。

Step 19. 创建边倒圆特征 7。选择如图 5.5.29 中所示的边线作为边倒圆参照，其圆角半径为 10。

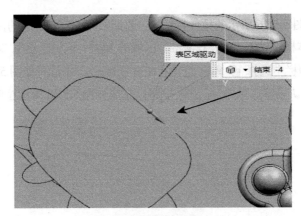

图 5.5.28　拉伸特征 7

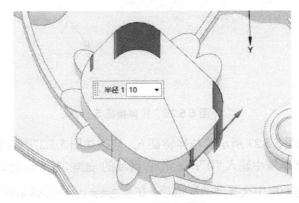

图 5.5.29　倒圆角特征 7

Step 20. 创建边倒圆特征 8。选择如图 5.5.30 中所示边线为边倒圆参照，其圆角半径为 10。

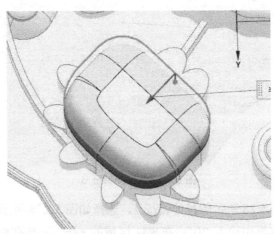

图 5.5.30　倒圆角特征 8

Step 21. 创建如图 5.5.31 所示的拉伸特征 8。单击"拉伸"对话框中的"绘画截面"按钮 ，系统弹出"创建草图"对话框，选择底盘平面为草图平面，单击 < 确定 > 按钮，绘制如图 5.5.32 所示的截面草图，然后退出草图环境；在 限制 区域的开始 下方的 距离 文本框中输入

"2"；在 限制 区域的 结束 下方的 距离 文本框中输入"−15"；在 布尔 区域的布尔 选项栏中
选择 合并 选项；在 选择体 (1) 中选择如图 5.5.21 所示的拉伸特征 3；其他参数按系统默
认设置；单击< 确定 >按钮；完成如图 5.5.31 所示拉伸特征 8 的创建。

图 5.5.31　拉伸特征 8

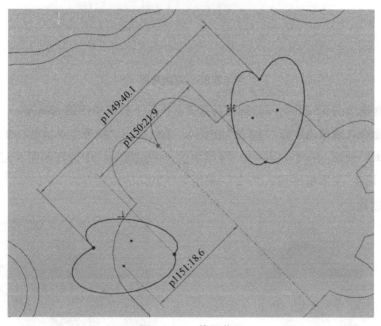

图 5.5.32　截面草图

Step 22. 创建如图 5.5.33 所示的拉伸特征 9。单击"拉伸"对话框中的"绘画截面"按钮
，系统弹出"创建草图"对话框，选择如图 5.5.34 所示平面为草图平面，单击< 确定 >按
钮，绘制如图 5.5.35 所示的截面草图，然后退出草图环境；在 限制 区域的开始 下方的 距离
文本框中输入"3"；在 限制 区域的 结束 下方的 距离 文本框中输入"0"；在 布尔 区域的布尔
选项栏中选择 合并 选项；在 选择体 (1) 中选择如图 5.5.22 所示的拉伸特征 3；其他参数
按系统默认设置；单击< 确定 >按钮；完成如图 5.5.33 所示拉伸特征 9 的创建。

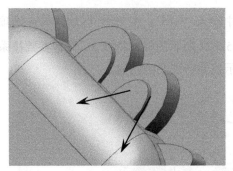

图 5.5.33　拉伸特征 9

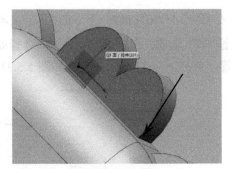

图 5.5.34　草图平面

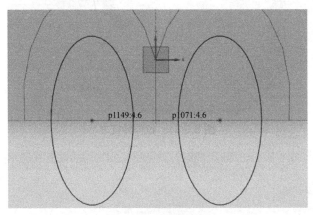

图 5.5.35　截面草图

Step 23. 创建如图 5.5.36 所示的抽壳特征 2。执行下拉菜单中的 插入(S) → 偏置/缩放(O) → 抽壳(H)... 命令（或单击 "抽壳" 按钮），系统弹出 "抽壳" 对话框；在 类型 中选择 移除面，然后抽壳 选项；在 要穿透的面 区域中的 选择面 (0) 中选择如图 5.5.37 所示的面为移除面，并在 厚度 文本框中输入 "-2"，采用系统默认的抽壳方向；单击 < 确定 > 按钮，完成抽壳特征 2 的创建。

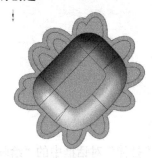

图 5.5.36　抽壳特征 2

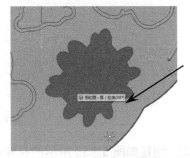

图 5.5.37　移除面

Step 24. 创建边倒圆特征 9。选择如图 5.5.38 所示边线作为边倒圆参照，其圆角半径为 1。

Step 25. 创建边倒圆特征 10。选择如图 5.5.39 所示边线作为边倒圆参照，其圆角半径为 1。

Step 26. 创建边倒圆特征 11。选择如图 5.5.40 所示边线作为边倒圆参照，其圆角半径为 2。

Step 27. 创建边倒圆特征 12。选择如图 5.5.41 中所示的边线作为边倒圆参照，其圆角半径为 1。

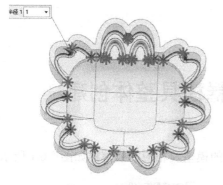

图 5.5.38　倒圆角特征 9

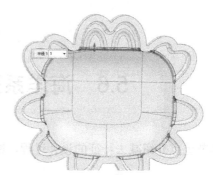

图 5.5.39　倒圆角特征 10

图 5.5.40　倒圆角特征 11

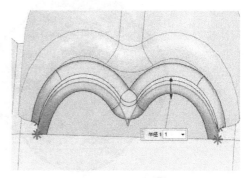

图 5.5.41　倒圆角特征 12

Step 28. 创建边倒圆特征 13。选择如图 5.5.42 中所示的边线作为边倒圆参照，其圆角半径为 0.5。

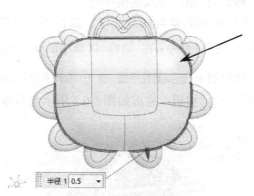

图 5.5.42　倒圆角特征 13

注：扫此二维码可观看相应数字资源（含视频及拓展课外资源）。

5.6 海洋系列米糕模具整体创建

本节重点介绍减去特征的设计过程，减去特征的模型及相应的模型树如图 5.6.1 所示。

图 5.6.1 减去特征的模型及相应的模型树

Step 1. 打开文件。执行下拉菜单中的 文件(F) → 打开(O)... 命令，在 文件名(N): 文本框中输入 "guijiaomuju"。单击 确定 按钮，进入建模环境。

Step 2. 创建如图 5.6.2 所示的修剪体特征 1。执行下拉菜单中的 插入(S) → 修剪(T) → 修剪体(T) （或单击 按钮）命令；在 目标 区域中的 选择体 (0) 中选择如图 5.6.3 所示的目标体；在 工具 区域中的 选择面或平面 (0) 中选择如图 5.6.4 所示的选择面；其他参数按系统默认设置；单击 < 确定 > 按钮；完成如图 5.6.2 所示修剪体特征 1 的创建。

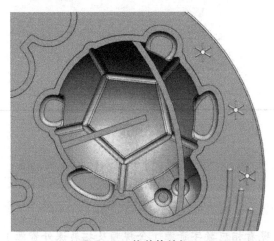

图 5.6.2 修剪体特征 1

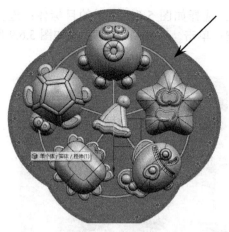

图 5.6.3　目标体

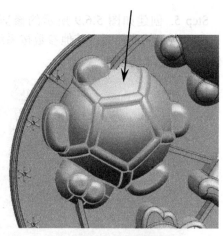

图 5.6.4　选择面

Step 3. 创建如图 5.6.5 所示的修剪体特征 2。选择如图 5.6.3 所示的目标体；选择如图 5.6.6 所示的选择面；其他参数按系统默认设置；单击 < 确定 > 按钮；完成如图 5.6.5 所示修剪体特征 2 的创建。

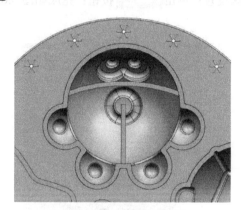

图 5.6.5　修剪体特征 2

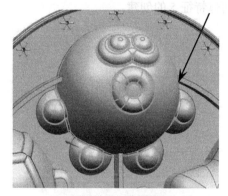

图 5.6.6　选择面

Step 4. 创建如图 5.6.7 所示的修剪体特征 3。选择如图 5.6.3 所示的目标体；选择如图 5.6.8 所示的选择面；其他参数按系统默认设置；单击 < 确定 > 按钮；完成如图 5.6.7 所示修剪体特征 3 的创建。

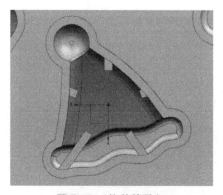

图 5.6.7　修剪体特征 3

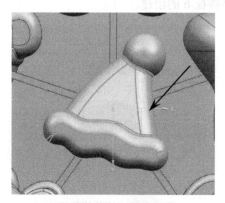

图 5.6.8　选择面

Step 5. 创建如图 5.6.9 所示的修剪体特征 4。选择如图 5.6.3 所示的目标体；选择如图 5.6.10 所示的选择面；其他参数按系统默认设置；单击 < 确定 > 按钮；完成如图 5.6.9 所示的修剪体特征 4 的创建。

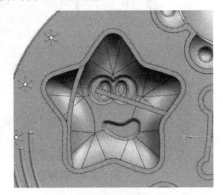

图 5.6.9　修剪体特征 4

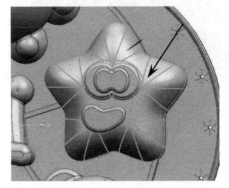

图 5.6.10　选择面

Step 6. 创建如图 5.6.11 所示的修剪体特征 5。目标体选择如图 5.6.3 所示的目标体；选择如图 5.6.12 所示的选择面；其他参数按系统默认设置；单击 < 确定 > 按钮；完成如图 5.6.11 所示修剪体特征 5 的创建。

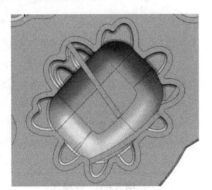

图 5.6.11　修剪体特征 5

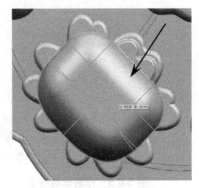

图 5.6.12　选择面

Step 7. 创建如图 5.6.13 所示的修剪体特征 6。选择如图 5.6.3 所示的目标体；选择如图 5.6.14 所示的选择面；其他参数按系统默认设置；单击 < 确定 > 按钮；完成如图 5.6.13 所示修剪体特征 6 的创建。

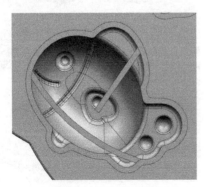

图 5.6.13　修剪体特征 6

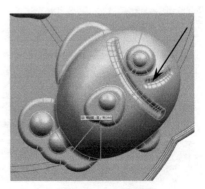

图 5.6.14　选择面

Step 8. 创建如图 5.6.15 所示的修剪体特征 7。选择如图 5.6.16 所示的目标体；选择如图 5.6.17 所示的选择面；其他参数按系统默认设置；单击< 确定 >按钮；完成如图 5.6.15 所示修剪体特征 7 的创建。

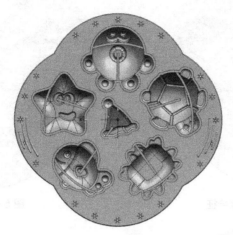

图 5.6.15　修剪体特征 7

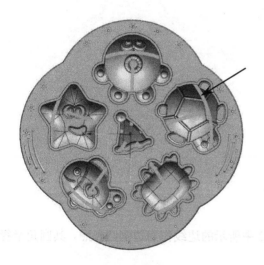

图 5.6.16　目标体

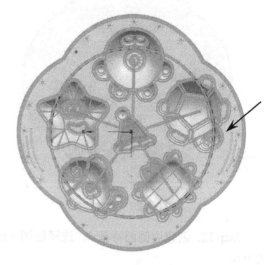

图 5.6.17　选择面

Step 9. 创建如图 5.6.18 所示的隐藏特征。执行下拉菜单中的 编辑(E) → 显示和隐藏(H) → 隐藏(H)... 命令；在 对象 区域的 ✳ 选择对象 (O) 中选择如图 5.6.19 所示的选择体；单击 < 确定 >按钮；完成如图 5.6.18 所示隐藏特征的创建。

Step 10. 创建如图 5.6.20 所示的合并特征。执行下拉菜单中的 插入(S) → 组合(B) → 合并(U)... 命令（或单击 合并 ▾ 按钮）；在 目标 区域的 ✳ 选择体 (O) 中选择 "底盘"；在 工具 区域的 ✳ 选择体 (O) 中选择 "其余部分"；其他参数按系统默认设置；单击< 确定 >按钮，完成如图 5.6.20 所示的合并特征。

Step 11. 创建边倒圆特征 1。选择如图 5.6.21 中所示的边线作为边倒圆参照，其圆角半径为 0.6。

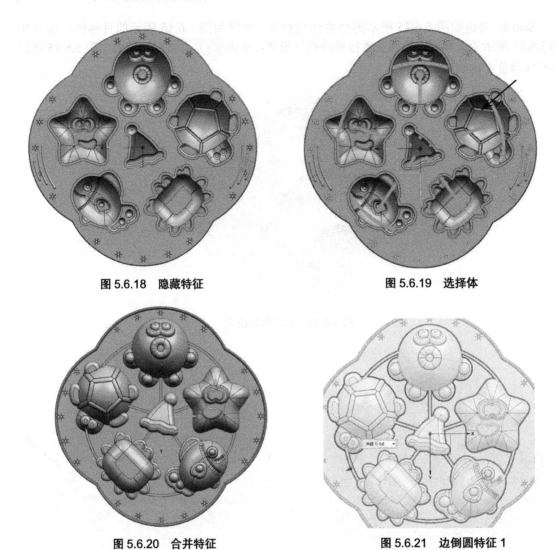

图 5.6.18　隐藏特征　　　　　　　　　　图 5.6.19　选择体

图 5.6.20　合并特征　　　　　　　　　　图 5.6.21　边倒圆特征 1

Step 12. 创建边倒圆特征 2。选择如图 5.6.22 中所示的边线作为边倒圆参照，其圆角半径为 0.6。

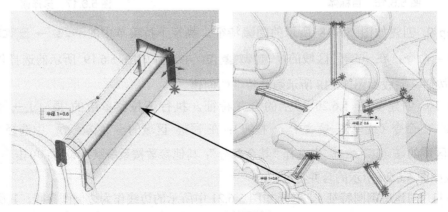

图 5.6.22　边倒圆特征 2

Step 13. 创建边倒圆特征 3。选择如图 5.6.23 中所示的边线作为边倒圆参照，其圆角半径为 0.6。

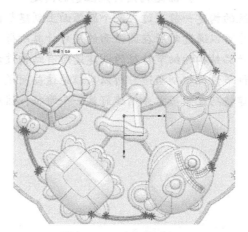

图 5.6.23　边倒圆特征 3

Step 14. 创建边倒圆特征 4。选择如图 5.6.24 中所示的边线作为边倒圆参照，其圆角半径为 0.6。

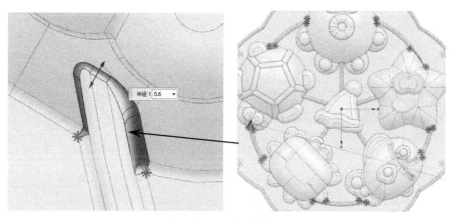

图 5.6.24　边倒圆特征 4

Step 15. 保存模型。执行下拉菜单中的 文件(F) → 保存(S) 命令，即可保存模型，至此完成模型设计。

注：扫此二维码可观看相应数字资源（含视频及拓展课外资源）。

★ 提示

产品结构设计应注意的问题

（1）螺纹的构建：螺纹的构建一般通过在某个圆弧面上创建获得，构建时采用"详细"特征选项，螺纹的具体尺寸可以通过对所在圆弧面的尺寸计算所得。

（2）结构细节特征：产品结构的细节特征的创建是所有结构设计中的重点，很多设计者往往细节设计不够完善，细节设计粗制滥造，所以应杜绝这些问题。本案例的顶部细节采用阵列特征创建获得，其创建技巧在于：首先创建好第一个特征，然后计算好阵列的个数和偏移距离即可。

第6章 太阳能随身充外观创新设计

【学习目标】

◎ 了解太阳能随身充上盖的细节及结构 UG 建模过程。

◎ 了解太阳能随身充下盖的细节及结构 UG 建模过程。

◎ 了解太阳能随身充外盖的细节及结构 UG 建模过程。

◎ 了解太阳能随身充侧壳的细节及结构 UG 建模过程。

◎ 了解太阳能随身充显示灯的细节及结构 UG 建模过程。

【重点难点】

◎ 分割面、加厚、修剪体、投影曲线、拆分体等命令的应用。

◎ 掌握太阳能随身充曲面形态构造的 UG 建模方法。

6.1 太阳能随身充设计评析

当你在旅行或者出差的过程中，出现手机、数码、相机、MP4 甚至笔记本电脑等电子产品电量不足但又找不到电源及时进行充电时，我们的这款太阳能随身充将发挥它的作用，如图 6.1.1 所示。此时，将太阳能随身充放在任何一个可以接收到阳光的地方，按下太阳能电池板控制按键，太阳能随身充电池板自动弹开，并进行充电，如图 6.1.2 所示。这款太阳能随身充的最大优点在于：充分利用太阳能，实现零排放，环保、方便。同时，这款太阳能随身充还带有音乐播放和手电筒两个辅助功能，音乐可以很好地缓解旅行和出差的疲劳；而

图 6.1.1 太阳能随身充外观

手电筒主要用在旅行时的夜间使用。

图 6.1.2 太阳能随身充工作状态外观

太阳能随身充尺寸如图 6.1.3 所示。

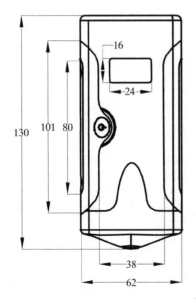
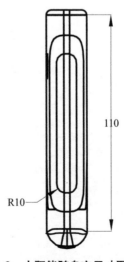
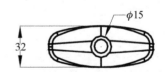

图 6.1.3 太阳能随身充尺寸图

6.2　太阳能随身充上盖外观设计

本节重点介绍上盖外观的设计过程，上盖的零件模型及相应的模型树如图 6.2.1 所示。

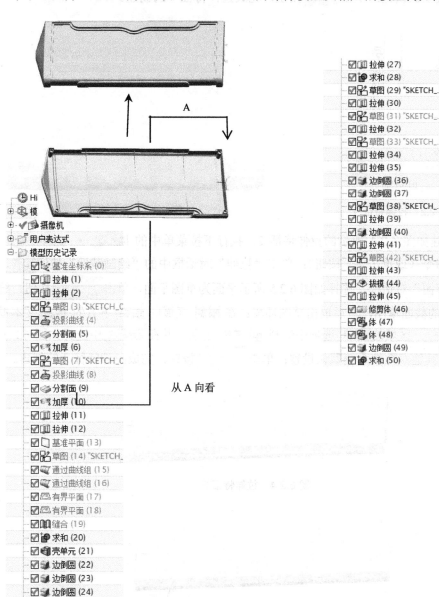

图 6.2.1　上盖的零件模型及相应的模型树

Step 1. 新建文件。执行下拉菜单中的 文件(F) → 🗋 新建(N)... 命令，系统弹出"新建"的对话框。在 模型 选项卡的 模板 区域中选取模板类型为 🔘 模型 ，在 名称 文本框中输入文件名称"shanggai_prt"，单击 < 确定 > 按钮，进入建模环境。

Step 2. 创建如图 6.2.2 所示的拉伸特征 1。执行下拉菜单中的 插入(S) → 设计特征(E) → 🔲 拉伸(X)... 命令（或单击 🔲 按钮）；单击"拉伸"对话框中的"绘画截面"按钮 🖼 ，系统弹出"创建草图"对话框，选取 XY 基准平面为草图平面，单击 < 确定 > 按钮，绘制如图 6.2.3 所示的截面草图，然后退出草图环境；在 限制 区域的 结束 下方的 距离 文本框中输入"180"；其他参数按系统默认设置；单击 < 确定 > 按钮，完成拉伸特征 1 的创建。

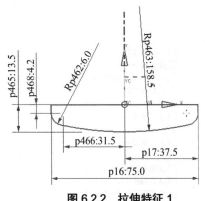

图 6.2.2 拉伸特征 1

图 6.2.3 截面草图

Step 3. 创建如图 6.2.4 所示的拉伸特征 2。执行下拉菜单中的 插入(S) → 设计特征(E) → 🔲 拉伸(X)... 命令（或单击 🔲 按钮）；单击"拉伸"对话框中的"绘画截面"按钮 🖼 ，系统弹出"创建草图"对话框，选择如图 6.2.5 所示平面为草图平面，单击 < 确定 > 按钮，绘制如图 6.2.6 所示的截面草图，然后退出草图环境；在 限制 区域的 结束 下方的 距离 文本框中输入"3"；在 布尔 区域的 布尔 选项中选择 🔘 减去 选项，并在 选择体 中选择如图 6.2.2 所示拉升特征 1；其他参数按系统默认设置；单击 < 确定 > 按钮，完成拉伸特征 2 的创建。

图 6.2.4 拉伸特征 2

选取此平面

图 6.2.5 定义草图平面

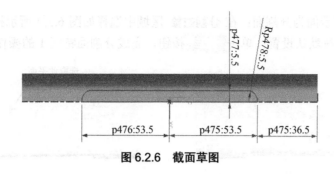

图 6.2.6　截面草图

Step 4. 创建如图 6.2.7 所示的截面草图。执行下拉菜单中的 插入(S) → 草图(H)… 命令（或单击 按钮）；选择如图 6.2.8 所示平面为草图平面，绘制如图 6.2.7 所示截面草图，之后单击 完成草图 按钮，完成草图的绘制。

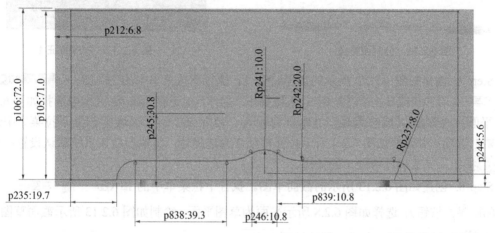

图 6.2.7　截面草图

选取此平面

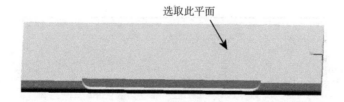

图 6.2.8　定义草图平面

Step 5. 创建如图 6.2.9 所示的投影曲线特征 1。执行下拉菜单中的 插入(S) → 派生曲线(U) → 投影(P)… 命令（或单击 按钮）；系统弹出"投影曲线"对话框，在**要投影的曲线或点**区域中选择如图 6.2.7 所示的截面草图；在**要投影的对象**区域中选择如图 6.2.10 所示平面为投影平面；在**投影方向**区域的 方向 中选择沿矢量 选项，再选择 YC 轴对应的矢量；并单击"反向"按钮；其他参数按系统默认设置；单击 < 确定 > 按钮，完成投影曲线特征 1 的操作。

Step 6. 创建如图 6.2.11 所示的分割面特征 1。执行下拉菜单中的 插入(S) → 修剪(T) → 分割面(D)… 命令（或单击 按钮）；系统弹出"分割面"对话框，在**要分割的面**区域中选择如图 6.2.10 所示面为分割面；在 **分割对象** 区域中选择如图 6.2.9 所示投影曲线为分割对象；其他参数按系统默认设置；单击 < 确定 > 按钮，完成分割面特征 1 的操作。

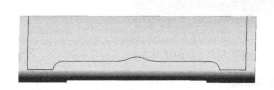

图 6.2.9 投影曲线特征 1

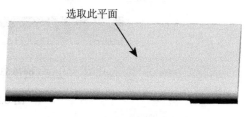

选取此平面

图 6.2.10 投影面

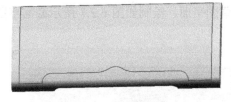

图 6.2.11 分割面特征 1

图 6.2.12 加厚特征 1

Step 7. 创建如图 6.2.12 所示的加厚特征 1。执行下拉菜单中的 插入(S) → 偏置/缩放(O) → 加厚(T)... 命令（或单击 按钮）；系统弹出"加厚"对话框，在 **面** 区域中选择如图 6.2.10 所示平面；在 **厚度** 区域的 **偏置 1** 文本框内输入"−2"；在 **布尔** 区域中 **布尔** 下拉菜单中选择 减去 选项；并选择如图 6.2.4 所示拉伸特征 2 为选择体；其他参数按系统默认设置；单击 < 确定 > 按钮，完成加厚特征 1 的操作。

Step 8. 创建如图 6.2.13 所示的截面草图。执行下拉菜单中的 插入(S) → 草图(H)... 命令（或单击 按钮）；选择如图 6.2.8 所示平面为草图平面，绘制如图 6.2.13 所示截面草图，之后单击 完成草图 按钮，完成草图的绘制。

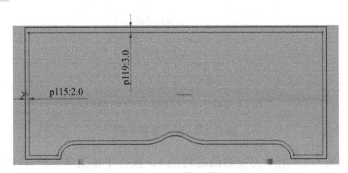

p119:3.0

p115:2.0

图 6.2.13 截面草图

Step 9. 创建如图 6.2.14 所示的投影曲线特征 2。执行下拉菜单中的 插入(S) → 派生曲线(U) → 投影(P)... 命令（或单击 按钮）；系统弹出"投影曲线"对话框，在 **要投影的曲线或点** 区域中选择如图 6.2.13 所示的截面草图；在 **要投影的对象** 区域中选择如图 6.2.15 所示平面为投影平面；在 **投影方向** 区域的 **方向** 中选择沿矢量 选项，再选择 YC 轴对应的矢量；并单击"反向"按钮；其他参数按系统默认设置；单击 < 确定 > 按钮，完成投影曲线特征 2 的操作。

图 6.2.14　投影曲线特征 2

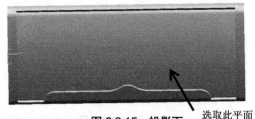

图 6.2.15　投影面

选取此平面

Step 10. 创建如图 6.2.16 所示的分割面特征 2。执行下拉菜单中的 插入⑤ → 修剪⑦ → 分割面⑩... 命令（或单击 按钮）；系统弹出"分割面"对话框，在 **要分割的面** 区域中选择如图 6.2.15 所示面为分割面；在 **分割对象** 区域中选择如图 6.2.14 所示投影曲线为分割对象；其他参数按系统默认设置；单击 < 确定 > 按钮，完成分割面特征 2 的操作。

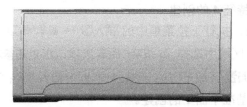

图 6.2.16　分割面特征 2

图 6.2.17　加厚特征 2

Step 11. 创建如图 6.2.17 所示的加厚特征 2。执行下拉菜单中的 插入⑤ → 偏置/缩放⑩ → 加厚⑦...命令（或单击 按钮）；系统弹出"加厚"对话框，在 **面** 区域中选择如图 6.2.13 所示平面；在 **厚度** 区域的 **偏置 1** 文本框内输入"−1.5"；在 **布尔** 区域中 **布尔** 下拉菜单中选择 求差 选项；并选择如图 6.2.4 所示拉伸特征 2 为选择体；其他参数按系统默认设置；单击 < 确定 > 按钮，完成加厚特征 2 的操作。

Step 12. 创建如图 6.2.18 所示的拉伸特征 3。执行下拉菜单中的 插入⑤ → 设计特征⑥ → 拉伸⑧... 命令（或单击 按钮）；单击"拉伸"对话框中的"绘画截面"按钮 ，系统弹出"创建草图"对话框，选择如图 6.2.19 所示平面为草图平面，单击 < 确定 > 按钮，绘制如图 6.2.20 所示的截面草图，然后退出草图环境；在 **限制** 区域的 **开始** 下方的 **距离** 文本框中输入"6.8"；在 **限制** 区域的 **结束** 下方的 **距离** 文本框中输入"33.8"；方向为反向；在 **布尔** 区域 **布尔** 下拉菜单中选择 减去 选项；并选择如图 6.2.4 所示拉伸特征 2 为选择体；其他参数按系统默认设置；单击 < 确定 > 按钮，完成拉伸特征 3 的创建。

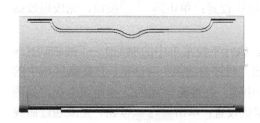

图 6.2.18　拉伸特征 3

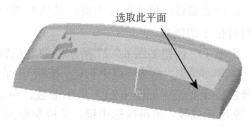

图 6.2.19　定义草图平面

选取此平面

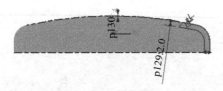

图 6.2.20　截面草图

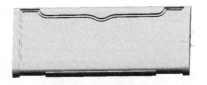

图 6.2.21　拉伸特征 4

Step 13. 创建如图 6.2.21 所示的拉伸特征 4。执行下拉菜单中的 插入(S) → 设计特征(E) → ▥ 拉伸(X)… 命令（或单击 ▥ 按钮）；单击"拉伸"对话框中的"绘画截面"按钮 ▦ ，系统弹出"创建草图"对话框，选择如图 6.2.19 所示平面为草图平面，单击< 确定 >按钮，绘制如图 6.2.20 所示的截面草图，然后退出草图环境；在 限制 区域的开始 下方的 距离 文本框中输入"146.2"；在 限制 区域的 结束 下方的 距离 文本框中输入"173.2"；方向为反向；在 布尔 区域 布尔 下拉菜单中选择 ❑ 减去 选项；并选择如图 6.2.4 所示拉伸特征 2 为选择体；其他参数按系统默认设置；单击< 确定 >按钮，完成拉伸特征 4 的创建。

Step 14. 创建如图 6.2.22 所示的基准平面 1。执行下拉菜单中的 插入(S) → 基准/点(D) → ❑ 基准平面(D)…命令（或单击❑按钮）；在 类型 区域中选择 ❑ 按某一距离选项；在 平面参考 区域中选择如图 6.2.19 所示平面为参考平面；在 偏置 区域下方的 距离 文本框中输入"9"；其他参数按系统默认设置；单击< 确定 >按钮，完成基准平面 1 的创建。

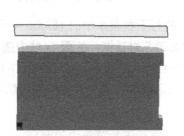

图 6.2.22　基准平面 1

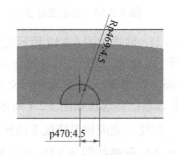

图 6.2.23　截面草图

Step 15. 创建如图 6.2.23 所示的截面草图。执行下拉菜单中的 插入(S) → ▦ 草图(H)… 命令（或单击 ▦ 按钮）；选择如图 6.2.22 所示基准平面 1 为草图平面，绘制如图 6.2.23 所示截面草图，之后单击 ▧ 完成草图 按钮，完成草图的绘制。

Step 16. 创建如图 6.2.24 所示的曲线组特征 1。执行下拉菜单中的 插入(S) → 网格曲面(M) → ▨ 通过曲线组(T)… 命令（或单击▨按钮）；系统弹出"通过曲线组"对话框；在 截面 区域中的选择曲线中先选中如图 6.2.25 所示曲线，单击鼠标中键；在 截面 区域的选择曲线中选中如图 6.2.26 所示曲线，单击鼠标中键；其他参数按系统默认设置；单击< 确定 >按钮，完成通过曲线组特征 1 的创建。

Step 17. 创建如图 6.2.27 所示的曲线组特征 2。执行下拉菜单中的 插入(S) → 网格曲面(M) → ▨ 通过曲线组(T)… 命令（或单击▨按钮）；系统弹出"通过曲线组"对话框；在 截面 区域中的选择曲线中先选中如图 6.2.28 所示曲线，单击鼠标中键；在 截面 区域的选择曲线中选中如图 6.2.29 所示曲线，单击鼠标中键；其他参数按系统默认设置；单击< 确定 >按钮，完成通过曲线组特征 2 的创建。

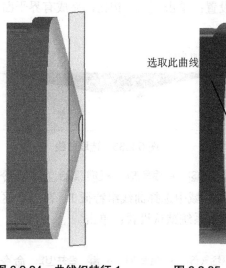
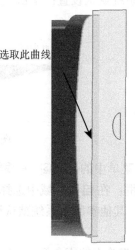
选取此曲线

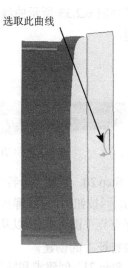
选取此曲线

图 6.2.24　曲线组特征 1　　　　图 6.2.25　选取曲线 1　　　　图 6.2.26　选取曲线 2

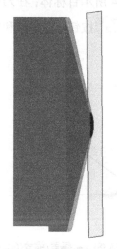

选取此曲线

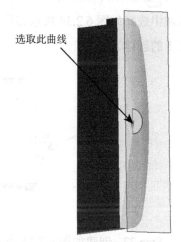
选取此曲线

图 6.2.27　曲线组特征 2　　　　图 6.2.28　选取曲线 1　　　　图 6.2.29　选取曲线 2

Step 18. 创建如图 6.2.30 所示的有界平面 1。执行下拉菜单中的 插入(S) → 曲面(R) → 🔲 有界平面(B)... 命令（或单击 🔲 按钮）；系统弹出"有界平面"对话框；在**平面截面**区域中选择如图 6.2.31 所示曲线；其他参数按系统默认设置；单击 < 确定 > 按钮，完成有界平面 1 的创建。

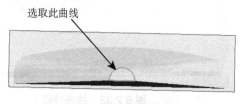
选取此曲线

图 6.2.30　有界平面 1　　　　　　　　　　图 6.2.31　选取曲线

Step 19. 创建如图 6.2.32 所示的有界平面 2。执行下拉菜单中的 插入(S) → 曲面(R) → 🔲 有界平面(B) ... 命令（或单击 🔲 按钮）；系统弹出"有界平面"对话框；在**平面截面**区域中选择如图 6.2.33 所示曲线；其他参数按系统默认设置；单击 < 确定 > 按钮，完成有界平面 2 的创建。

图 6.2.32　有界平面 2

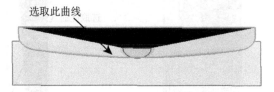

选取此曲线

图 6.2.33　选取曲线

Step 20. 创建缝合特征 1。执行下拉菜单中的 插入(S) → 组合(B) → 📖 缝合(W)... 命令（或单击 📖 按钮）；系统弹出"缝合"对话框；在目标区域中选择曲线组特征 1；在刀具区域中选择有界平面 1、2，以及曲线组特征 2；其他参数按系统默认设置；单击 < 确定 > 按钮，完成缝合特征 1 的创建。

Step 21. 创建求和特征 1。执行下拉菜单中的 插入(S) → 组合(B) → 合并(U)... 命令（或单击 按钮）；系统弹出"求和"对话框；在目标区域中选择如图 6.2.34 所示目标体；在刀具区域中选择如图 6.2.34 所示刀体；其他参数按系统默认设置；单击 < 确定 > 按钮，完成求和特征 1 的创建。

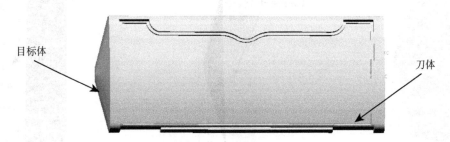

目标体　　刀体

图 6.2.34　求和特征 1

Step 22. 创建如图 6.2.35 所示的抽壳特征 1。执行下拉菜单中的 插入(S) → 偏置/缩放(O) → 🗃 抽壳(H)... 命令（或单击 🗃 按钮）；系统弹出"抽壳"对话框；在要冲裁的面区域中选择如图 6.2.36 所示平面；在厚度区域厚度后面的文本框中输入值"1"；其他参数按系统默认设置；单击 < 确定 > 按钮，完成抽壳特征 1 的创建。

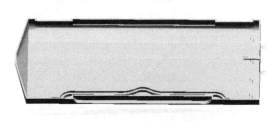

图 6.2.35　抽壳特征 1

选取此平面

图 6.2.36　选择平面

Step 23. 创建如图 6.2.37 所示的边倒圆特征 1。执行下拉菜单中的 插入(S) → 细节特征(L) → 🗃 边倒圆(E)... 命令（或单击 🗃 按钮），系统弹出"边倒圆"对话框；在选择边中选择如图 6.2.38

中所示的 2 条边线，并在 <u>半径 1</u> 文本框中输入"3.5"；其他参数按系统默认设置；单击 < 确定 > 按钮，完成边倒圆特征 1 的创建。

选取此线

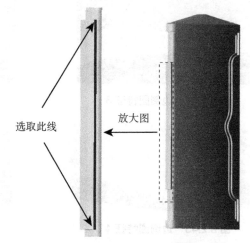

放大图

图 6.2.37 边倒圆特征 1

图 6.2.38 边线选取

Step 24. 创建如图 6.2.39 所示的边倒圆特征 2。执行下拉菜单中的 插入(S) → 细节特征(L) → 边倒圆(E)... 命令（或单击 按钮），系统弹出"边倒圆"对话框；在 选择边 中选择如图 6.2.40 中所示的 1 条边线，并在 <u>半径 1</u> 文本框中输入"1"；其他参数按系统默认设置；单击 < 确定 > 按钮，完成边倒圆特征 2 的创建。

选取此线

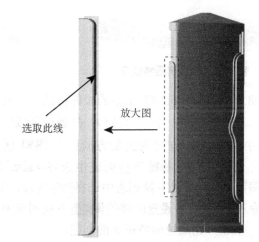

放大图

图 6.2.39 边倒圆特征 2

图 6.2.40 边线选取

Step 25. 创建如图 6.2.41 所示的边倒圆特征 3。执行下拉菜单中的 插入(S) → 细节特征(L) → 边倒圆(E)... 命令（或单击 按钮），系统弹出"边倒圆"对话框；在 选择边 中选择如图 6.2.42 中所示的 1 条边线，并在 <u>半径 1</u> 文本框中输入"1.5"；其他参数按系统默认设置；单击 < 确定 > 按钮，完成边倒圆特征 3 的创建。

Step 26. 创建如图 6.2.42 所示的边倒圆特征 4。执行下拉菜单中的 插入(S) → 细节特征(L) → 边倒圆(E)... 命令（或单击 按钮），系统弹出"边倒圆"对话框；在 选择边 中选择如图 6.2.44 中所示的 1 条边线，并在 <u>半径 1</u> 文本框中输入"1"；其他参数按系统默认设置；单击 < 确定 >

按钮，完成边倒圆特征 4 的创建。

图 6.2.41　边倒圆特征 3

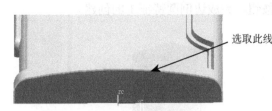

图 6.2.42　边线选取

选取此线

图 6.2.43　边倒圆特征 4

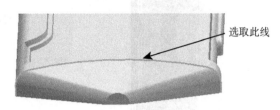

图 6.2.44　边线选取

选取此线

Step 27. 创建如图 6.2.45 所示的边倒圆特征 5。执行下拉菜单中的 插入(S) → 细节特征(L) → 边倒圆(E)... 命令（或单击 按钮），系统弹出"边倒圆"对话框；在 选择边 中选择如图 6.2.46 中所示的 1 条边线，并在 半径1 文本框中输入"1"；其他参数按系统默认设置；单击 < 确定 > 按钮，完成边倒圆特征 5 的创建。

选取此线

图 6.2.45　边倒圆特征 5

图 6.2.46　边线选取

Step 28. 创建如图 6.2.47 所示的拉伸特征 5。执行下拉菜单中的 插入(S) → 设计特征(E) → 拉伸(X)... 命令（或单击 按钮）；在 截面 区域中选择如图 6.2.48 所示的模型内边线；在 方向 区域中选择 YC 方向为矢量方向；在 限制 区域的 结束 下方的 距离 文本框中输入 "1.25"；在 拔模 区域的拔模下拉列表中选择从起始限制 选项，在下方的角度 文本框中输入 "0.5"；在偏置区域的偏置下拉列表中选择两侧选项，在下方的开始 文本框中输入"0"，在结束 文本框中输入"0.5"；在设置区域的体类型下拉列表中选择片体；其他参数按系统默认设置；单击 < 确定 > 按钮，完成拉伸特征 5 的创建。

图 6.2.47　拉伸特征 5

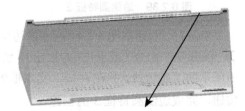

图 6.2.48　边线选取

Step 29. 创建求和特征 2。执行下拉菜单中的 插入(S) → 组合(B) → 合并(U)... 命令（或

单击 按钮）；系统弹出"求和"对话框；在**目标**区域中选择如图 6.2.49 所示目标体；在**刀具**区域中选择如图 6.2.49 所示刀体；其他参数按系统默认设置；单击 < 确定 > 按钮，完成求和特征 2 的创建。

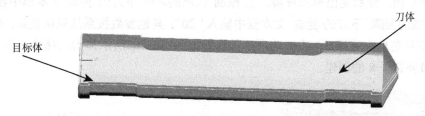

图 6.2.49　求和特征 2

Step 30. 创建如图 6.2.50 所示的拉伸特征 6。执行下拉菜单中的 插入(S) → 设计特征(E) → 拉伸(X)... 命令（或单击 按钮）；单击"拉伸"对话框中的"绘画截面"按钮 ，系统弹出"创建草图"对话框，选取 YZ 基准平面为草图平面，单击 < 确定 > 按钮，绘制如图 6.2.51 所示的截面草图，然后退出草图环境；在**限制**区域的**开始**下方的 距离 文本框中输入"2"；在**限制**区域的**结束**下方的 距离 文本框中输入"–2"；其他参数按系统默认设置；在**布尔**区域中**布尔**下拉菜单中选择 减去 选项；并选择如图 6.2.49 所示体为选择体；单击 < 确定 > 按钮，完成拉伸特征 6 的创建。

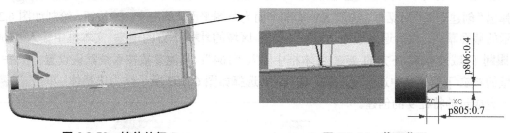

图 6.2.50　拉伸特征 6　　　　　　图 6.2.51　截面草图

Step 31. 创建如图 6.2.52 所示的拉伸特征 7。执行下拉菜单中的 插入(S) → 设计特征(E) → 拉伸(X)... 命令（或单击 按钮）；单击"拉伸"对话框中的"绘画截面"按钮 ，系统弹出"创建草图"对话框，选择 YX 基准平面为草图平面，单击 < 确定 > 按钮，绘制如图 6.2.53 所示的截面草图，然后退出草图；在**限制**区域的**开始**下方的 距离 文本框中输入"88"；在**限制**区域的**结束**下方的 距离 文本框中输入"92"；其他参数按系统默认设置；在**布尔**区域中**布尔**下拉菜单中选择 减去 选项；并选择如图 6.2.49 所示体为选择体；单击 < 确定 > 按钮，完成拉伸特征 7 的创建。

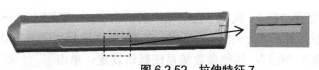

图 6.2.52　拉伸特征 7　　　　　　图 6.2.53　截面草图

Step 32. 创建如图 6.2.54 所示的拉伸特征 8。执行下拉菜单中的 插入(S) → 设计特征(E) → 📖 拉伸(X)... 命令（或单击 📖 按钮）；单击"拉伸"对话框中的"绘画截面"按钮 🔲，系统弹出"创建草图"对话框，选取 XY 基准平面为草图平面，单击 < 确定 > 按钮，绘制如图 6.2.55 所示的截面草图，然后退出草图环境；在 限制 区域的 开始 下方的 距离 文本框中输入"16"；在 限制 区域的 结束 下方的 距离 文本框中输入"20"；其他参数按系统默认设置；在 布尔 区域中 布尔 下拉菜单中选择 🗐 减去 选项；并选择如图 6.2.50 所示体为选择体；单击 < 确定 > 按钮，完成拉伸特征 8 的创建。

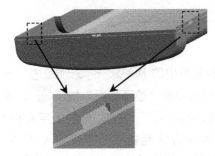

图 6.2.54 拉伸特征 8

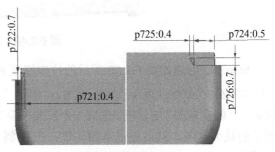

图 6.2.55 截面草图

Step 33. 创建如图 6.2.56 所示的拉伸特征 9。执行下拉菜单中的 插入(S) → 设计特征(E) → 📖 拉伸(X)... 命令（或单击 📖 按钮）；单击"拉伸"对话框中的"绘画截面"按钮 🔲，系统弹出"创建草图"对话框，选取 XY 基准平面为草图平面，单击 < 确定 > 按钮，绘制如图 6.2.55 所示的截面草图，然后退出草图环境；在 限制 区域的 开始 下方的 距离 文本框中输入"160"；在 限制 区域的 结束 下方的 距离 文本框中输入"164"；其他参数按系统默认设置；在 布尔 区域的 布尔 下拉菜单中选择 🗐 减去 选项；并选择如图 6.2.52 所示体为选择体；单击 < 确定 > 按钮，完成拉伸特征 9 的创建。

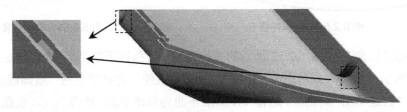

图 6.2.56 拉伸特征 9

Step 34. 创建如图 6.2.57 所示的边倒圆特征 6。执行下拉菜单中的 插入(S) → 细节特征(L) → 🗐 边倒圆(E)... 命令（或单击 🗐 按钮），系统弹出"边倒圆"对话框；在 选择边 中选择如图 6.2.58 中所示的边线，并在 半径 1 文本框中输入"0.2"；其他参数按系统默认设置；单击 < 确定 > 按钮，完成边倒圆特征 6 的创建。

Step 35. 创建如图 6.2.59 所示的边倒圆特征 7。执行下拉菜单中的 插入(S) → 细节特征(L) → 🗐 边倒圆(E)... 命令（或单击 🗐 按钮），系统弹出"边倒圆"对话框；在 选择边 中选择如图 6.2.60 中所示的边线，并在 半径 1 文本框中输入"0.2"；其他参数按系统默认设置；单击 < 确定 > 按钮，完成边倒圆特征 7 的创建。

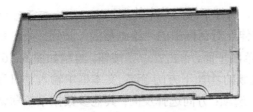

图 6.2.57　边倒圆特征 6

图 6.2.58　边线选取

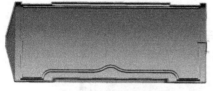

图 6.2.59　边倒圆特征 7

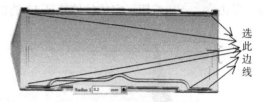

图 6.2.60　边线选取

Step 36. 创建如图 6.2.61 所示的拉伸特征 10。执行下拉菜单中的 插入(S) → 设计特征(E) →
📖 拉伸(X)… 命令（或单击 📖 按钮）；单击"拉伸"对话框中的"绘画截面"按钮 🔲，系
统弹出"创建草图"对话框，选择如图 6.2.62 所示平面为草图平面，单击< 确定 >按钮，绘制
如图 6.2.63 所示的截面草图，然后退出草图环境；在 **限制** 区域的 开始 下方的 距离 文本框中
输入"–3.5"；在 **限制** 区域的 结束 下方的 距离 文本框中输入"2.5"；其他参数按系统默认设
置；在 **布尔** 区域的 布尔 下拉菜单中选择 📎 减去 选项；并选择如图 6.2.59 所示体为选择体；
单击< 确定 >按钮，完成拉伸特征 10 的创建。

图 6.2.61　拉伸特征 10

图 6.2.62　定义平面

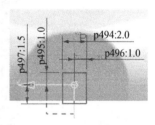

图 6.2.63　截面草图

Step 37. 创建如图 6.2.64 所示的边倒圆特征 8。执行下拉菜单中的 插入(S) → 细节特征(L) →
🔲 边倒圆(E)… 命令（或单击 🔲 按钮），系统弹出"边倒圆"对话框；在 选择边 中选择如图 6.2.65
中所示的边线，并在 半径 1 文本框中输入"0.3"；其他参数按系统默认设置；单击< 确定 >按钮，
完成边倒圆特征 8 的创建。

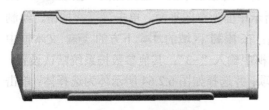

图 6.2.64　边倒圆特征 8

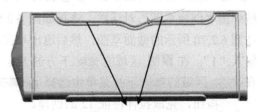

图 6.2.65　边线选取

Step 38. 创建如图 6.2.66 所示的拉伸特征 11。执行下拉菜单中的 插入(S) → 设计特征(E) → ⬛ 拉伸(X)... 命令（或单击 ⬛ 按钮）；单击"拉伸"对话框中的"绘画截面"按钮 🖼，系统弹出"创建草图"对话框，选取 XZ 基准平面为草图平面，单击 < 确定 > 按钮，绘制如图 6.2.67 所示的截面草图，然后退出草图环境；在 **限制** 区域的 **开始** 下方的 **距离** 文本框中输入"−1"；在 **限制** 区域的 **结束** 的下拉列表中选择 **直至下一个** 选项；方向选择反向；其他参数按系统默认设置；在 **布尔** 区域 **布尔** 下拉菜单中选择 📌 **合并(U)**... 选项；并选择如图 6.2.61 所示体为选择体；单击 < 确定 > 按钮，完成拉伸特征 11 的创建。

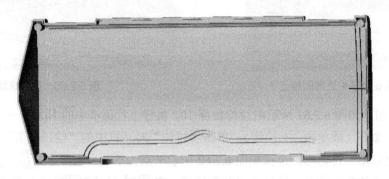

图 6.2.66　拉伸特征 11

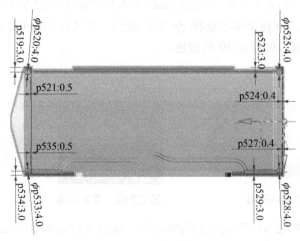

图 6.2.67　截面草图

Step 39. 创建如图 6.2.68 所示的拉伸特征 12。执行下拉菜单中的 插入(S) → 设计特征(E) → ⬛ 拉伸(X)... 命令（或单击 ⬛ 按钮）；单击"拉伸"对话框中的"绘画截面"按钮 🖼，系统弹出"创建草图"对话框，选择如图 6.2.69 所示平面为草图平面，单击 < 确定 > 按钮，绘制如图 6.2.70 所示的截面草图，然后退出草图环境；在 **限制** 区域的 **开始** 下方的 **距离** 文本框中输入"1"；在 **限制** 区域的 **结束** 下方的 **距离** 文本框中输入"−3"；其他参数按系统默认设置；在 **布尔** 区域的 **布尔** 下拉菜单中选择 📌 **减去** 选项；并选择如图 6.2.64 所示体为选择体；单击 < 确定 > 按钮，完成拉伸特征 12 的创建。

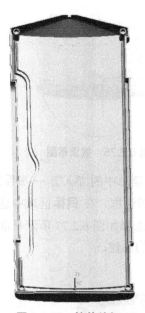

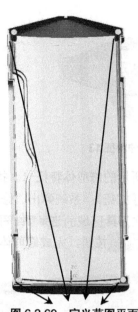

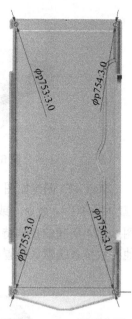

图 6.2.68 拉伸特征 12　　　　图 6.2.69 定义草图平面　　　　图 6.2.70 截面草图

Step 40. 创建如图 6.2.71 所示的拔模特征 1。执行下拉菜单中的 插入(S) → 细节特征(L) → ⚙ 拔模(T)... 命令（或单击 ⚙ 按钮）；系统弹出"拔模"对话框，在**脱模方向**的 指定矢量 下拉列表中选择 YC 选项；选取如图 6.2.72 所示的面为固定平面；选取如图 6.2.73 所示的面为拔模面；在**角度 1** 文本框中输入"0.5"；其他参数按系统默认设置；单击< 确定 >按钮，完成拔模特征 1 的创建。

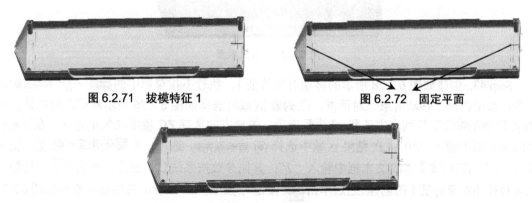

图 6.2.71 拔模特征 1　　　　　　　　　　图 6.2.72 固定平面

图 6.2.73 拔模面

Step 41. 创建如图 6.2.74 所示的拉伸特征 13。执行下拉菜单中的 插入(S) → 设计特征(E) → 🔲 拉伸(X)... 命令（或单击 🔲 按钮）；单击"拉伸"对话框中的"绘画截面"按钮 🔲，系统弹出"创建草图"对话框，选取 XY 基准平面为草图平面，单击< 确定 >按钮，绘制如图 6.2.75 所示的截面草图，然后退出草图环境；在**限制**区域**开始**下方的 距离 文本框中输入"40"；在**限制**区域的**结束**下方的 距离 文本框中输入"40.2"；其他参数按系统默认设置；单击< 确定 >按钮，完成拉伸特征 13 的创建。

图 6.2.74　拉伸特征 13

图 6.2.75　截面草图

Step 42. 创建如图 6.2.76 所示的修剪体特征 1。执行下拉菜单中的 插入(S) → 修剪(T) → ⊞ 修剪体(T)… 命令（或单击 按钮）；系统弹出"修剪体"对话框，在 **目标** 区域中选择如图 6.2.74 所建的拉伸特征 13；在 **刀具** 区域的 **选择面或平面 (0)** 中选择如图 6.2.77 所示平面；其他参数按系统默认设置；单击 < 确定 > 按钮，完成修剪体特征 1 的创建。

图 6.2.76　修剪体特征 1

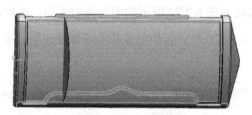

图 6.2.77　选择平面

Step 43. 创建如图 6.2.78 所示的移动对象特征 1。执行下拉菜单中的 编辑(E) → 移动对象(O)… 命令；系统弹出"移动对象"对话框，在 **对象** 区域内选择如图 6.2.76 所示修剪之后的体；在 **变换** 区域的 **运动** 下拉列表中选择 距离 选项，矢量方向选择 ZC 轴所在矢量方向；在 **距离** 后面的文本框中输入"50"；在 **结果** 区域中选择 ◉ **复制原先的** 选项，在 **距离/角度分割** 文本框中输入"1"，在 **非关联副本数** 文本框中输入"2"；其他参数按系统默认设置；单击 < 确定 > 按钮，完成对移动对象特征 1 的创建。之后单击 按钮，把如图 6.2.78 所示的移动对象和如图 6.2.74 所示的修剪体和本体进行求和。

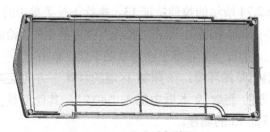

图 6.2.78　移动对象特征 1

Step 44. 创建如图 6.2.79 所示的边倒圆特征 9。执行下拉菜单中的 插入(S) → 细节特征(L) → 边倒圆(E)... 命令（或单击按钮），系统弹出"边倒圆"对话框；在 选择边 中选择如图 6.2.80 中所示的边线，并在 半径1 文本框中输入 "0.1"；其他参数按系统默认设置；单击 < 确定 > 按钮，完成边倒圆特征 9 的创建。

Step 45. 创建如图 6.2.81 所示的边倒圆特征 10。选择如图 6.2.82 中所示的外边框边线作为边倒圆参照，其圆角半径为 0.5。

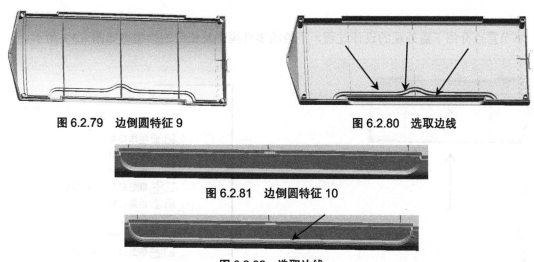

图 6.2.79　边倒圆特征 9　　　　　　　　图 6.2.80　选取边线

图 6.2.81　边倒圆特征 10

图 6.2.82　选取边线

Step 46. 将对象移动至图层并隐藏。执行下拉菜单中的 编辑(E) → 显示和隐藏(H) → 全部显示(A) 命令，所有对象将会处于显示状态；执行下拉菜单中的 格式(R) → 移动至图层(M)... 命令，系统弹出"类选择"对话框；在"类选择"对话框的 过滤器 区域中单击 按钮，系统弹出"根据类型选择"对话框；在此对话框中选择 曲线 选项，并按住 Ctrl 键，依次选取 草图、片体 和基准 选项，单击对话框中的 < 确定 > 按钮，系统再次弹出"类选择"对话框；单击"类选择"对话框 对象 区域中的 按钮，单击 < 确定 > 按钮，此时系统弹出"图层移动"对话框，在 目标图层或类别 文本框中输入 "62"，单击 < 确定 > 按钮；执行下拉菜单中的 格式(R) 图层设置(S)... 命令，系统弹出"图层设置"对话框，在 显示 下拉列表中选择 所有图层 选项，在 图层 列表框中选择 ☑ 62 选项，单击 ▼ 按钮，打开隐藏项目，然后单击 设为不可见 右边的 按钮，单击 关闭 按钮，完成对象隐藏。

Step 47. 保存零件模型。

注：扫此二维码可观看相应数字资源（含视频及拓展课外资源）。

6.3 太阳能随身充下盖外观设计

本节重点介绍下盖外观的设计过程，下盖的零件模型及相应的模型树如图 6.3.1 所示。

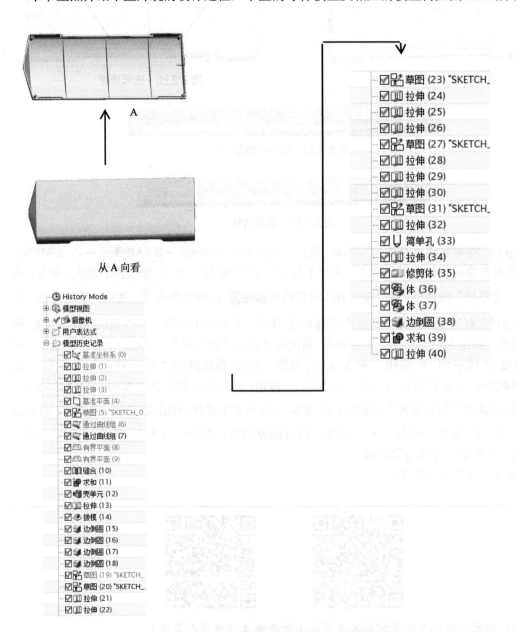

图 6.3.1 上盖的零件模型及相应的模型树

Step 1. 新建文件。执行下拉菜单中的 文件(F) → 新建(N)... 命令，系统弹出"新建"的对话框。在 模型 选项卡的 模板 区域中选取模板类型为 模型 ，在 名称 文本框中输入文件名称"xiagai_prt"，单击 <确定> 按钮，进入建模环境。

Step 2. 创建如图 6.3.2 所示的拉伸特征 1。执行下拉菜单中的 插入(S) → 设计特征(E) → 拉伸(X)... 命令（或单击 按钮）；单击"拉伸"对话框中的"绘画截面"按钮 ，系统弹出"创建草图"对话框，选 XY 基准平面为草图平面，单击 <确定> 按钮，绘制如图 6.3.3 所示的截面草图，然后退出草图环境；在 限制 区域的 结束 下方的 距离 文本框中输入"180"；其他参数按系统默认设置；单击 <确定> 按钮，完成拉伸特征 1 的创建。

图 6.3.2　拉伸特征 1

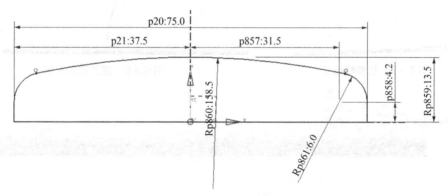

图 6.3.3　截面草图

Step 3. 创建如图 6.3.4 所示的拉伸特征 2。执行下拉菜单中的 插入(S) → 设计特征(E) → 拉伸(X)... 命令（或单击 按钮）；单击"拉伸"对话框中的"绘画截面"按钮 ，系统弹出"创建草图"对话框，选择如图 6.3.5 所示平面为草图平面，单击 <确定> 按钮，绘制如图 6.3.6 所示的截面草图，然后退出草图环境；在 限制 区域的 结束 下方的 距离 文本框中输入"3"；在 布尔 区域的 布尔 选项中选择 减去 选项，并在 选择体 中选择如图 6.3.2 所示拉伸特征 1；其他参数按系统默认设置；单击 <确定> 按钮，完成拉伸特征 2 的创建。

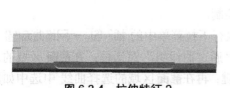

图 6.3.4　拉伸特征 2

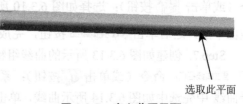

选取此平面

图 6.3.5　定义草图平面

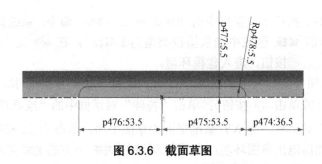

图 6.3.6　截面草图

Step 4. 创建如图 6.3.7 所示的拉伸特征 3。执行下拉菜单中的 插入(S) → 设计特征(E) → 拉伸(X)... 命令（或单击 按钮）；单击"拉伸"对话框中的"绘画截面"按钮，系统弹出"创建草图"对话框，选择如图 6.3.8 所示平面为草图平面，单击 确定 按钮，绘制如图 6.3.9 所示的截面草图，然后退出草图环境；在 限制 区域的 结束 下方的 距离 文本框中输入"3"；在 布尔 区域的 布尔 选项中选择 减去 选项，并在 选择体 中选择如图 6.3.4 所示拉伸特征 2；其他参数按系统默认设置；单击 确定 按钮，完成拉伸特征 3 的创建。

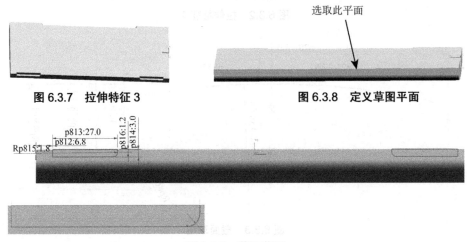

图 6.3.7　拉伸特征 3　　　　　　　图 6.3.8　定义草图平面

图 6.3.9　截面草图

Step 5. 创建如图 6.3.10 所示的基准平面 1。执行下拉菜单中的 插入(S) → 基准/点(D) → 基准平面(D)...命令（或单击 按钮）；在 类型 区域中选择 按某一距离选项；在 平面参考 区域中选择如图 6.3.11 所示平面为参考平面；在 偏置 区域下方的 距离 文本框中输入"9"；其他参数按系统默认设置；单击 确定 按钮，完成基准平面 1 的创建。

Step 6. 创建如图 6.3.12 所示的截面草图。执行下拉菜单中的 插入(S) → 草图(H)... 命令（或单击 按钮）；选择如图 6.3.10 所示基准平面 1 为草图平面，绘制如图 6.3.12 所示截面草图，之后单击 完成草图 按钮，完成草图的绘制。

Step 7. 创建如图 6.3.13 所示的曲线组特征 1。执行下拉菜单中的 插入(S) → 网格曲面(M) → 通过曲线组(T)... 命令（或单击 按钮）；系统弹出"通过曲线组"对话框；在 截面 区域的选择曲线 中先选中如图 6.3.14 所示曲线，单击鼠标中键；再在 截面 区域的选择曲线 中选中如图 6.3.15 所示曲线，单击鼠标中键；其他参数按系统默认设置；单击 确定 按钮，完成曲线组特征 1 的创建。

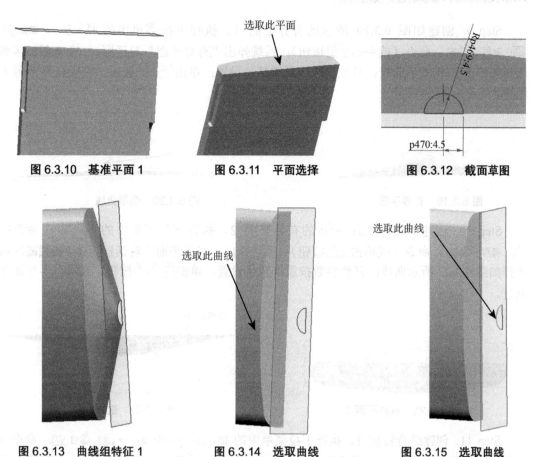

图 6.3.10　基准平面 1　　　　图 6.3.11　平面选择　　　　图 6.3.12　截面草图

图 6.3.13　曲线组特征 1　　　　图 6.3.14　选取曲线　　　　图 6.3.15　选取曲线

Step 8. 创建如图 6.3.16 所示的曲线组特征 2。执行下拉菜单中的 插入(S) → 网格曲面(M) → 通过曲线组(T)... 命令（或单击 按钮）；系统弹出"通过曲线组"对话框；在**截面**区域的**选择曲线**中先选中如图 6.3.17 所示曲线，单击鼠标中键；再在**截面**区域的**选择曲线**中选中如图 6.3.18 所示曲线，单击鼠标中键；其他参数按系统默认设置；单击 < 确定 > 按钮，完成曲线组特征 2 的创建。

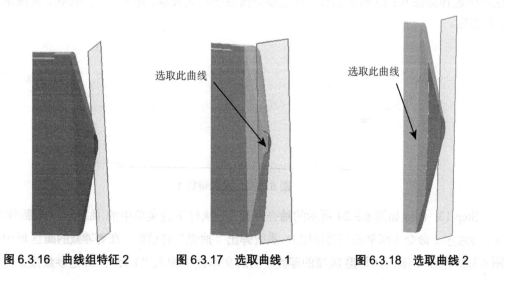

图 6.3.16　曲线组特征 2　　　　图 6.3.17　选取曲线 1　　　　图 6.3.18　选取曲线 2

Step 9. 创建如图 6.3.19 所示的有界平面 1。执行下拉菜单中的 插入(S) → 曲面(R) → ⌷ 有界平面(B)... 命令（或单击⌷按钮）；系统弹出"有界平面"对话框；在**平面截面**区域中选择如图 6.3.20 所示曲线；其他参数按系统默认设置；单击< 确定 >按钮，完成有界平面 1 的创建。

 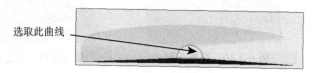

选取此曲线

图 6.3.19　有界平面 1　　　　　　　　图 6.3.20　选取曲线

Step 10. 创建如图 6.3.21 所示的有界平面 2。执行下拉菜单中的 插入(S) → 曲面(R) → ⌷ 有界平面(B)... 命令（或单击⌷按钮）；系统弹出"有界平面"对话框；在**平面截面**区域中选择如图 6.3.22 所示曲线；其他参数按系统默认设置；单击< 确定 >按钮，完成有界平面 2 的创建。

 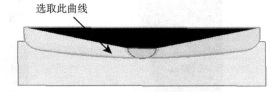

选取此曲线

图 6.3.21　有界平面 2　　　　　　　　图 6.3.22　选取曲线

Step 11. 创建缝合特征 1。执行下拉菜单中的 插入(S) → 组合(B) → ▥ 缝合(W)... 命令（或单击▥按钮）；系统弹出"缝合"对话框；在**目标**区域中选择曲线组特征 1；在**刀具**区域中选择有界平面 1、2，以及曲线组特征 2；其他参数按系统默认设置；单击< 确定 >按钮，完成缝合特征 1 的创建。

Step 12. 创建求和特征 1。执行下拉菜单中的 插入(S) → 组合(B) → ▜ 合并(U)... 命令（或单击▜按钮）；系统弹出"求和"对话框；在**目标**区域中选择如图 6.3.23 所示目标体；在**刀具**区域中选择如图 6.3.23 所示刀体；其他参数按系统默认设置；单击< 确定 >按钮，完成求和特征 1 的创建。

目标体　　　　　　　　　　　　　　　　　　　　刀体

图 6.3.23　求和特征 1

Step 13. 创建如图 6.3.24 所示的抽壳特征 1。执行下拉菜单中的 插入(S) → 偏置/缩放(O) → ▦ 抽壳(H)... 命令（或单击▦按钮）；系统弹出"抽壳"对话框；在**要冲裁的面**区域中选择如图 6.3.25 所示平面；在**厚度**区域的**厚度**后面的文本框中输入"1.15"；其他参数按系统默认设置；单击 < 确定 > 按钮，完成抽壳特征 1 的创建。

图 6.3.24　抽壳特征 1

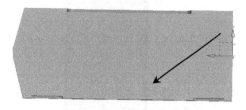

图 6.3.25　选择平面

Step 14. 创建如图 6.3.26 所示的拉伸特征 4。执行下拉菜单中的 插入(S) → 设计特征(E) → 拉伸(X)... 命令（或单击 按钮）；在**截面**区域中选择如图 6.3.27 所示的模型内边线；在**方向**区域中选择 YC 方向为矢量方向；在**限制**区域的 结束 下方的 距离 文本框中输入"1.5"；在**拔模**区域的拔模下方的角度文本框中输入"0.5"；在**偏置**区域的偏置下拉列表中选择两侧选项，在下方的开始文本框中输入"0.5"，在结束文本框中输入"0.5"；在**设置**区域的体类型下拉列表中选择片体；在**布尔**区域的 布尔 选项中选择 减去 选项，并在 选择体 中选择如图 6.3.24 所示物体；其他参数按系统默认设置；单击 < 确定 > 按钮，完成拉伸特征 4 的创建。

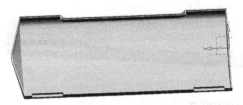

图 6.3.26　拉伸特征 4

图 6.3.27　边线选取

Step 15. 创建如图 6.3.28 所示的拔模特征 1。执行下拉菜单中的 插入(S) → 细节特征(L) → 拔模(T)... 命令（或单击 按钮）；系统弹出"拔模"对话框，在**类型**下拉列表中选择 从边 选项；在**脱模方向**的 指定矢量 下拉列表中选择 YC 选项；在**固定边缘**区域中选择如图 6.3.29 所示边线，在**角度 1** 文本框中输入"0.5"；其他参数按系统默认设置；单击 < 确定 > 按钮，完成拔模特征 1 的创建。

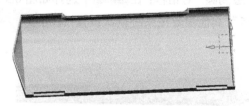

图 6.3.28　拔模特征 1

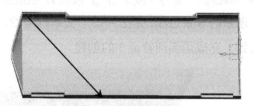

图 6.3.29　选取边线

Step 16. 创建如图 6.3.30 所示的边倒圆特征 1。执行下拉菜单中的 插入(S) → 细节特征(L) → 边倒圆(E)... 命令（或单击 按钮），系统弹出"边倒圆"对话框；在 选择边 中选择如图 6.3.31 中所示的 2 条边线，并在 'Radius 1 文本框中输入"1.5"；其他参数按系统默认设置；单击 < 确定 > 按钮，完成边倒圆特征 1 的创建。

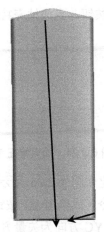

图 6.3.30　边倒圆特征 1　　　　　　　　图 6.3.31　选取边线

Step 17. 创建如图 6.3.32 所示的边倒圆特征 2。执行下拉菜单中的 插入(S) → 细节特征(L) → ⬤ 边倒圆(E)... 命令（或单击 ⬤ 按钮），系统弹出"边倒圆"对话框；在 选择边 中选择如图 6.3.33 中所示的 6 条边线，并在 半径1 文本框中输入"1"；其他参数按系统默认设置；单击 < 确定 > 按钮，完成边倒圆特征 2 的创建。

图 6.3.32　边倒圆特征 2

图 6.3.33　选取边线

Step 18. 创建如图 6.3.34 所示的边倒圆特征 3。执行下拉菜单中的 插入(S) → 细节特征(L) → ⬤ 边倒圆(E)... 命令（或单击 ⬤ 按钮），系统弹出"边倒圆"对话框；在 选择边 中选择如图 6.3.35 中所示的 6 条边线，并在 半径1 文本框中输入"0.5"；其他参数按系统默认设置；单击 < 确定 > 按钮，完成边倒圆特征 3 的创建。

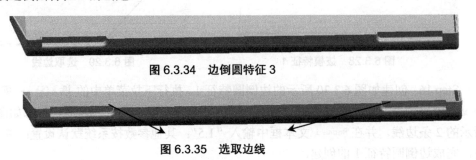

图 6.3.34　边倒圆特征 3

图 6.3.35　选取边线

Step 19. 创建如图 6.3.36 所示的拉伸特征 5。执行下拉菜单中的 插入(S) → 设计特征(E) → 🔲 拉伸(X)... 命令（或单击 🔲 按钮）；单击"拉伸"对话框中的"绘画截面"按钮 🔝，系统弹出"创建草图"对话框，选择如图 6.3.37 所示平面为草图平面，单击 < 确定 > 按钮，绘制如图 6.3.38 所示的截面草图，然后退出草图环境；在 限制 区域的 结束 下方的 距离 文本框中输入"0.6"；在 布尔 区域的 布尔 选项中选择 🖈 减去 选项，并在 选择体 中选择主体；其他参数按系统默认设置；单击 < 确定 > 按钮，完成拉伸特征 5 的创建。

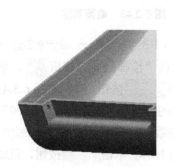

图 6.3.36　拉伸特征 5

图 6.3.37　定义草图平面

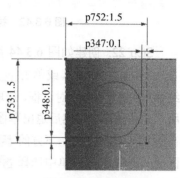

图 6.3.38　截面草图

Step 20. 创建如图 6.3.39 所示的拉伸特征 6。执行下拉菜单中的 插入(S) → 设计特征(E) → 🔲 拉伸(X)... 命令（或单击 🔲 按钮）；单击"拉伸"对话框中的"绘画截面"按钮 🔝，系统弹出"创建草图"对话框，选择如图 6.3.40 所示平面为草图平面，单击 < 确定 > 按钮，绘制如图 6.3.41 所示的截面草图，然后退出草图环境；在 限制 区域的 结束 下方的 距离 文本框中输入"0.6"；在 布尔 区域的 布尔 选项中选择 🖈 减去 选项，并在 选择体 中选择主体；其他参数按系统默认设置；单击 < 确定 > 按钮，完成拉伸特征 6 的创建。

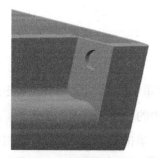

图 6.3.39　拉伸特征 6

图 6.3.40　定义草图平面

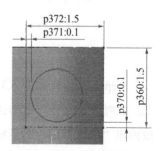

图 6.3.41　截面草图

Step 21. 创建如图 6.3.42 所示的拉伸特征 7。执行下拉菜单中的 插入(S) → 设计特征(E) → 🔲 拉伸(X)... 命令（或单击 🔲 按钮）；单击"拉伸"对话框中的"绘画截面"按钮 🔝，系统弹出"创建草图"对话框，选 XY 基准平面为草图平面，单击 < 确定 > 按钮，绘制如图 6.3.43 所示的截面草图，然后退出草图环境；在 限制 区域的 开始 下方的 距离 文本框中输入"16"；在 限制 区域的 结束 下方的 距离 文本框中输入"20"；其他参数按系统默认设置；在 布尔 区域中 布尔 下拉菜单中选择 🖈 合并(U)... 选项；并选择主体为选择体；单击 < 确定 > 按钮，完成拉伸特征 7 的创建。

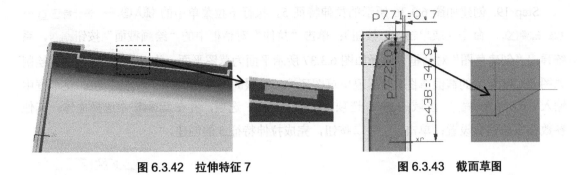

图 6.3.42　拉伸特征 7　　　　　　　　图 6.3.43　截面草图

Step 22. 创建如图 6.3.44 所示的拉伸特征 8。执行下拉菜单中的 插入(S) → 设计特征(E) → 拉伸(X)... 命令（或单击 按钮）；单击"拉伸"对话框中的"绘画截面"按钮 ，系统弹出"创建草图"对话框，选取 XY 基准平面为草图平面，单击 < 确定 > 按钮，绘制如图 6.3.43 所示的截面草图，然后退出草图环境；在 **限制** 区域的 **开始** 下方的 距离 文本框中输入"160"；在 **限制** 区域的 **结束** 下方的 距离 文本框中输入"164"；其他参数按系统默认设置；在 **布尔** 区域的 **布尔** 下拉菜单中选择 合并(U)... 选项；并选择主体为选择体；单击 < 确定 > 按钮，完成拉伸特征 8 的创建。

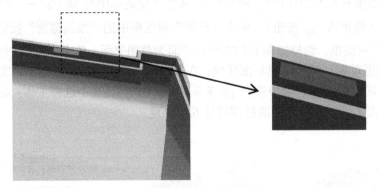

图 6.3.44　拉伸特征 8

Step 23. 创建如图 6.3.45 所示的拉伸特征 9。执行下拉菜单中的 插入(S) → 设计特征(E) → 拉伸(X)... 命令（或单击 按钮）；单击"拉伸"对话框中的"绘画截面"按钮 ，系统弹出"创建草图"对话框，选取 XY 基准平面为草图平面，单击 < 确定 > 按钮，绘制如图 6.3.46 所示的截面草图，然后退出草图环境；在 **限制** 区域的 **开始** 下方的 距离 文本框中输入"88"；在 **限制** 区域的 **结束** 下方的 距离 文本框中输入"92"；其他参数按系统默认设置；在 **布尔** 区域的 **布尔** 下拉菜单中选择 合并(U)... 选项；并选择主体为选择体;单击 < 确定 > 按钮，完成拉伸特征 9 的创建。

Step 24. 创建如图 6.3.47 所示的拉伸特征 10。执行下拉菜单中的 插入(S) → 设计特征(E) → 拉伸(X)... 命令（或单击 按钮）；单击"拉伸"对话框中的"绘画截面"按钮 ，系统弹出"创建草图"对话框，选取 YZ 基准平面为草图平面，单击 < 确定 > 按钮，绘制如图 6.3.48 所示的截面草图，然后退出草图环境；在 **限制** 区域的 **开始** 下方的 距离 文本框中输入"2"；

在 **限制** 区域的 结束 下方的 距离 文本框中输入 "-2"；其他参数按系统默认设置；在 布尔 区域中的 **布尔** 下拉菜单中选择 合并(U)... 选项；并选择主体为选择体;单击 < 确定 > 按钮，完成拉伸特征 10 的创建。

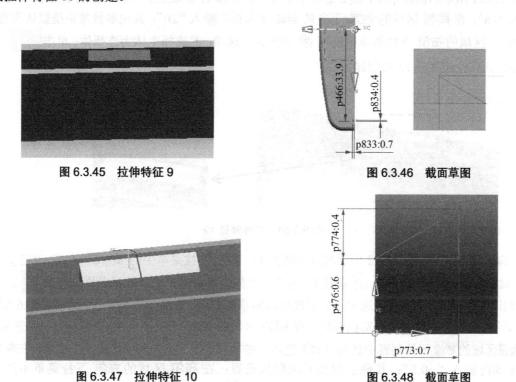

图 6.3.45　拉伸特征 9

图 6.3.46　截面草图

图 6.3.47　拉伸特征 10

图 6.3.48　截面草图

Step 25. 创建如图 6.3.49 所示的拉伸特征 11。执行下拉菜单中的 插入(S) → 设计特征(E) → 拉伸(X)... 命令（或单击 按钮）；单击 "拉伸" 对话框中的 "绘画截面" 按钮 ，系统弹出 "创建草图" 对话框，选取 YZ 基准平面为草图平面，单击 < 确定 > 按钮，绘制如图 6.3.50 所示的截面草图，然后退出草图环境；在 **限制** 区域的 开始 下方的 距离 文本框中输入 "160"；在 **限制** 区域的 结束 下方的 距离 文本框中输入 "164"；其他参数按系统默认设置；在 布尔 区域中的 **布尔** 下拉菜单中选择 合并(U)... 选项；并选择主体为选择体；单击 < 确定 > 按钮，完成拉伸特征 11 的创建。

图 6.3.49　拉伸特征 11

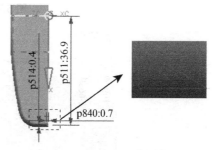

图 6.3.50　截面草图

Step 26. 创建如图 6.3.51 所示的拉伸特征 12。执行下拉菜单中的 插入(S) → 设计特征(E) →

拉伸(X)... 命令（或单击 按钮）；单击"拉伸"对话框中的"绘画截面"按钮 ，系统弹出"创建草图"对话框，选取 YZ 基准平面为草图平面，单击 < 确定 > 按钮，绘制如图 6.3.51 所示的截面草图，然后退出草图环境；在 限制 区域的 开始 下方的 距离 文本框中输入"16"；在 限制 区域的 结束 下方的 距离 文本框中输入"20"；其他参数按系统默认设置；在 布尔 区域的 布尔 下拉菜单中选择 合并(U)... 选项；并选择主体为选择体；单击 < 确定 > 按钮，完成拉伸特征 12 的创建。

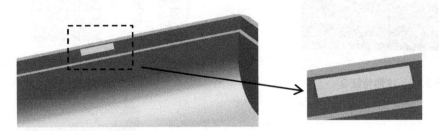

图 6.3.51 拉伸特征 12

Step 27. 创建如图 6.3.52 所示的拉伸特征 13。执行下拉菜单中的 插入(S) → 设计特征(E) → 拉伸(X)... 命令（或单击 按钮）；单击"拉伸"对话框中的"绘画截面"按钮 ，系统弹出"创建草图"对话框，选取 XY 基准平面为草图平面，单击 < 确定 > 按钮，绘制如图 6.3.53 所示的截面草图，然后退出草图环境；在 限制 区域的 结束 下拉列表中选择 直至下一个 选项；在 拔模 区域的 拔模 下拉列表中选择 从截面 选项，在 角度选项 下拉列表中选择 单个 选项，在 角度 文本框内输入"−0.5"；其他参数按系统默认设置；在 布尔 区域的 布尔 下拉菜单中选择 合并(U)... 选项；并选择主体为选择体；单击 < 确定 > 按钮，完成拉伸特征 13 的创建。

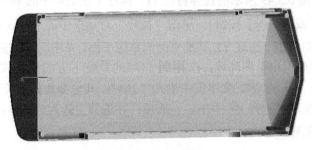

图 6.3.52 拉伸特征 13

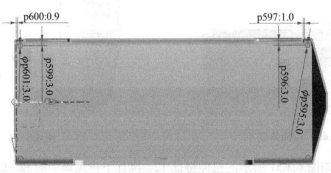

图 6.3.53 截面草图

Step 28. 创建如图 6.3.54 所示的孔特征 1。执行下拉菜单中的 插入(S) → 设计特征(E) → 孔(H)... 命令（或单击 按钮）；系统弹出"孔"对话框；在**类型**下拉列表中选择 常规孔 选项；单击 指定点 右方的 ⁺₊₊ 按钮，确认"选择条"工具条中的 按钮被按下，选择如图 6.3.55 所示的 4 条圆弧边线，完成孔中心点的指定；在 **成形** 下拉列表中选择 简单选项，在**直径** 文 本框中输入"1.5"，在**深度限制**下拉列表中选择**值**选项，在**深度**文本框中输入"10"，在**尖角** 文 本框中输入"0"，其余参数按系统默认设置；单击 < 确定 > 按钮，完成孔特征 1 的创建。

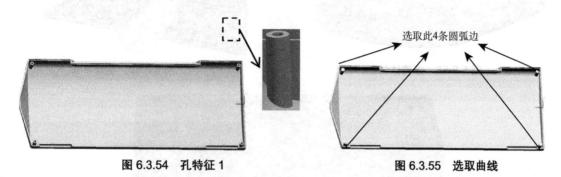

图 6.3.54　孔特征 1　　　　　　　　　　图 6.3.55　选取曲线

选取此4条圆弧边

Step 29. 创建如图 6.3.56 所示的拉伸特征 14。执行下拉菜单中的 插入(S) → 设计特征(E) → 拉伸(X)... 命令（或单击 按钮）；单击"拉伸"对话框中的"绘画截面"按钮 ，系 统弹出"创建草图"对话框，选取 XY 基准平面为草图平面，单击 < 确定 > 按钮，绘制如图 6.3.57 所示的截面草图，然后退出草图环境；在 **限制** 区域的**开始** 下方的 距离 文本框中输入"40"；在 **限制** 区域的 **结束** 下方的 距离 文本框中输入"40.2"；其他参数按系统默认设置；单击 < 确定 > 按钮，完成拉伸特征 14 的创建。

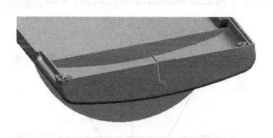　　　　　　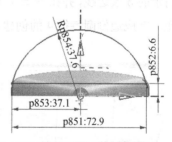

图 6.3.56　拉伸特征 14　　　　　　　　图 6.3.57　截面草图

Step 30. 创建如图 6.3.58 所示的修剪体特征 1。执行下拉菜单中的 插入(S) → 修剪(T) → 修剪体(T)... 命令（或单击 按钮）；系统弹出"修剪体"对话框，在**目标**区域中选择如 图 6.3.56 所示的拉伸特征 14；在**刀具**区域的**选择面或平面 (0)** 中选择如图 6.3.59 所示平面；其 他参数按系统默认设置；单击< 确定 >按钮，完成修剪体特征 1 的创建。

Step 31. 创建如图 6.3.60 所示的移动对象特征 1。执行下拉菜单中的 编辑(E) → 移动对象(O)...命令；系统弹出"移动对象"对话框，在**对象** 区域内选择如图 6.3.58 所示所 修剪之后的体；在 **变换** 区域的**运动** 下拉列表中选择 距离 选项，矢量方向选择 ZC 轴所在矢 量方向；在**距离**后面的文本框中输入"50"；在 **结果** 区域中选择 ⊙ 复制原先的 选项，在 **距离/角度分割** 文本框中输入"1"，在**非关联副本数**文本框中输入"2"；其他参数按系统默认设置；单击 < 确定 > 按钮，完成对移动对象特征 1 的创建。之后单击 ⊕ 按钮，把如图 6.3.60 所示的移动对象和如图 6.3.58 所示的修剪体与本体求和。

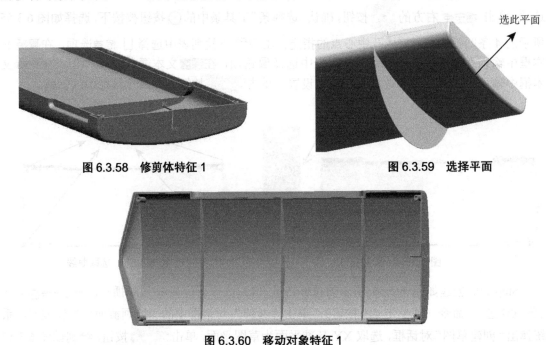

图 6.3.58　修剪体特征 1　　　　　　　　　　　　图 6.3.59　选择平面

图 6.3.60　移动对象特征 1

Step 32. 创建如图 6.3.61 所示的边倒圆特征 4。执行下拉菜单中的 插入(S) → 细节特征(L) → 边倒圆(E)... 命令（或单击 按钮），系统弹出"边倒圆"对话框；在选择边 中选择如图 6.3.62 中所示的 6 条边线，并在 半径 1 文本框中输入"0.1"；其他参数按系统默认设置；单击 < 确定 > 按钮，完成边倒圆特征 4 的创建。

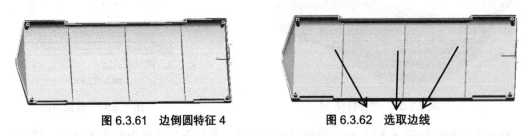

图 6.3.61　边倒圆特征 4　　　　　　　　　　图 6.3.62　选取边线

Step 33. 创建如图 6.3.63 所示的边倒圆特征 5。选择如图 6.3.64 中所示的外边框边线作为边倒圆参照，其圆角半径为 0.5。

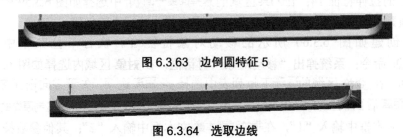

图 6.3.63　边倒圆特征 5

图 6.3.64　选取边线

Step 34. 创建如图 6.3.65 所示的拉伸特征 15。执行下拉菜单中的 插入(S) → 设计特征(E) → ▥ 拉伸(X)... 命令（或单击 ▥ 按钮）；单击"拉伸"对话框中的"绘画截面"按钮 ▦ ，系统弹出"创建草图"对话框，选择如图 6.3.66 所示的平面为草图平面，单击 < 确定 > 按钮，绘制如图 6.3.67 所示的截面草图，然后退出草图环境；在 限制 区域的 开始 下方的 距离 文本框中输入"4"；在 限制 区域的 结束 下方的 距离 文本框中输入"−4"；其他参数按系统默认设置；在 布尔 区域的 布尔 下拉菜单中选择 ◔ 减去 选项；并选择主体为选择体；单击 < 确定 > 按钮，完成拉伸特征 15 的创建。

图 6.3.65　拉伸特征 15

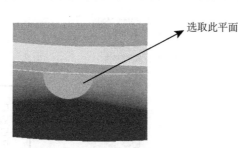

图 6.3.66　定义草图平面

选取此平面

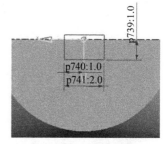

图 6.3.67　截面草图

Step 35. 将对象移动至图层并隐藏。执行下拉菜单中的 编辑(E) → 显示和隐藏(H) → ◔ 全部显示(A) 命令，所有对象将会处于显示状态；执行下拉菜单中的 格式(R) → ◔ 移动至图层(M)... 命令，系统弹出"类选择"对话框；在"类选择"对话框的 过滤器 区域中单击 ◔ 按钮，系统弹出"根据类型选择"对话框；在此对话框中选择曲线 选项，并按住 Ctrl 键，依次选取草图、片体 和基准 选项，单击对话框中的 < 确定 > 按钮，系统再次弹出"类选择"对话框；单击"类选择"对话框 对象 区域中的 ◔ 按钮，单击 < 确定 > 按钮，此时系统弹出"图层移动"对话框，在目标图层或类别文本框中输入"62"，单击 < 确定 > 按钮；执行下拉菜单中的 格式(R) ◔ 图层设置(S)... 命令，系统弹出"图层设置"对话框，在 显示 下拉列表中选择 所有图层 选项，在 图层 列表框中选择 ☑ 62 选项，单击 ▼ 图标打开隐藏项目，然后单击设为不可见右边的 ◔ 按钮，再单击 关闭 按钮，完成对象隐藏。

Step 36. 保存零件模型。

注：扫此二维码可观看相应数字资源（含视频及拓展课外资源）。

6.4 太阳能随身充外盖外观设计

本节重点介绍外盖外观的设计过程，外盖的零件模型及相应的模型树如图6.4.1所示。

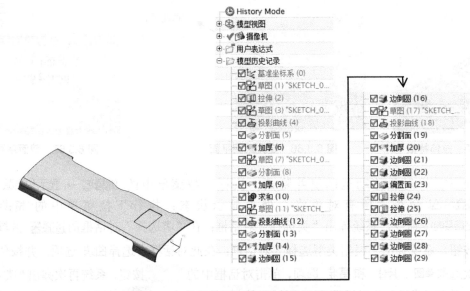

图 6.4.1 外盖的零件模型及相应的模型树

Step 1. 新建文件。执行下拉菜单中的 文件(F) → 🗋 新建(N)... 命令，系统弹出"新建"的对话框。在 模型 选项卡的 模板 区域中选取模板类型为🌐模型，在 名称 文本框中输入文件名称"waigai_prt"，单击< 确定 >按钮，进入建模环境。

Step 2. 创建如图 6.4.2 所示的拉伸特征 1。执行下拉菜单中的 插入(S) → 设计特征(E) → 🗐 拉伸(X)... 命令（或单击 🗐 按钮）；单击"拉伸"对话框中的"绘画截面"按钮🔲，系统弹出"创建草图"对话框，选取 XY 基准平面为草图平面，单击< 确定 >按钮，绘制如图 6.4.3 所示的截面草图，然后退出草图环境；在 限制 区域的 结束 下方的 距离 文本框中输入"180"；其他参数按系统默认设置；单击< 确定 >按钮，完成拉伸特征 1 的创建。

图 6.4.2 拉伸特征 1

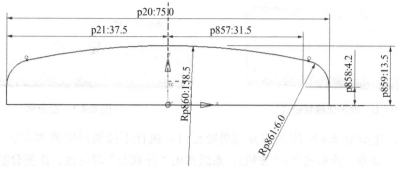

图 6.4.3　截面草图

Step 3. 创建如图 6.4.4 所示的截面草图。执行下拉菜单中的 插入(S) → 🔲 草图(H)... 命令（或单击 🔳 按钮）；选择如图 6.4.5 所示平面为草图平面，绘制如图 6.4.4 所示截面草图，之后单击 🏁 完成草图 按钮，完成草图的绘制。

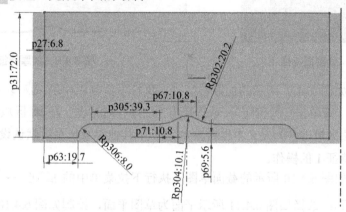

图 6.4.4　截面草图

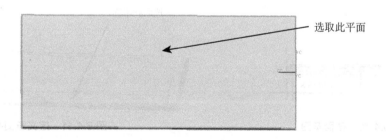

选取此平面

图 6.4.5　自定义草图平面

Step 4. 创建如图 6.4.6 所示的投影曲线特征 1。执行下拉菜单中的 插入(S) → 派生曲线(U) → 🔩 投影(P)... 命令（或单击 🔩 按钮）；系统弹出"投影曲线"对话框，在**要投影的曲线或点**区域中选择如图 6.4.4 所示的截面草图；在**要投影的对象**区域中选择如图 6.4.7 所示平面为投影平面；在**投影方向**区域的**方向**中选择沿矢量 选项，并选择 YC 轴对应的矢量；并单击"反向"按钮；其他参数按系统默认设置；单击 < 确定 > 按钮，完成投影曲线特征 1 的操作。

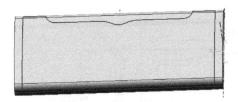

图 6.4.6　投影曲线特征 1

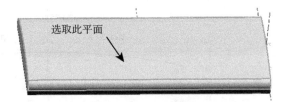

图 6.4.7　投影面

Step 5. 创建如图 6.4.8 所示的分割面特征 1。执行下拉菜单中的 插入(S) → 修剪(T) → ◈ 分割面(D)... 命令（或单击 ◈ 按钮）；系统弹出"分割面"对话框，在 **要分割的面** 区域中选择如图 6.4.7 所示面为分割面；在 **分割对象** 区域中选择如图 6.4.6 所示投影曲线为分割对象；其他参数按系统默认设置；单击 < 确定 > 按钮，完成分割面特征 1 的操作。

图 6.4.8　分割面特征 1

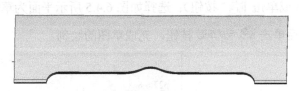

图 6.4.9　加厚特征 1

Step 6. 创建如图 6.4.9 所示的加厚特征 1。执行下拉菜单中的 插入(S) → 偏置/缩放(O) → ⬚ 加厚(T)... 命令（或单击 ⬚ 按钮）；系统弹出"加厚"对话框，在 **面** 区域中选择如图 6.4.8 所示平面；在 **厚度** 区域的 **偏置 2** 文本框内输入"1.5"；其他参数按系统默认设置；单击 < 确定 > 按钮，完成加厚特征 1 的操作。

Step 7. 创建如图 6.4.10 所示的截面草图。执行下拉菜单中的 插入(S) → ⬚ 草图(H)... 命令（或单击 ⬚ 按钮）；选择如图 6.4.11 所示平面为草图平面，绘制如图 6.4.10 所示截面草图，之后单击 ▦ 完成草图 按钮，完成草图的绘制。

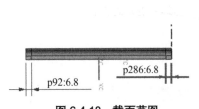

图 6.4.10　截面草图

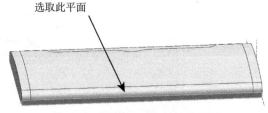

图 6.4.11　定义草图平面

Step 8. 创建如图 6.4.12 所示的投影曲线特征 2。执行下拉菜单中的 插入(S) → 派生曲线(U) → ⬚ 投影(P)... 命令（或单击 ⬚ 按钮）；系统弹出"投影曲线"对话框，在 **要投影的曲线或点** 区域中选择如图 6.4.10 所示的截面草图；在 **要投影的对象** 区域中选择如图 6.4.11 所示平面为投影平面；在 **投影方向** 区域的 **方向** 中选择沿矢量 选项，并选择 YC 轴对应的矢量；并单击"反向"按钮；其他参数按系统默认设置；单击 < 确定 > 按钮，完成投影曲线特征 2 的操作。

Step 9. 创建如图 6.4.13 所示的分割面特征 2。执行下拉菜单中的 插入(S) → 修剪(T) → ◈ 分割面(D)... 命令（或单击 ◈ 按钮）；系统弹出"分割面"对话框，在 **要分割的面** 区域中选择如图 6.4.11 所示面为分割面；在 **分割对象** 区域中选择如图 6.4.12 所示投影曲线为分割对象；其他参数按系统默认设置；单击< 确定 >按钮，完成分割面特征 2 的操作。

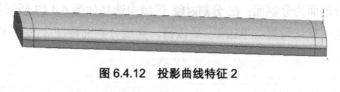

图 6.4.12　投影曲线特征 2

图 6.4.13　分割面特征 2

Step 10. 创建如图 6.4.14 所示的加厚特征 2。执行下拉菜单中的 插入(S) → 偏置/缩放(O) → 加厚(T)... 命令（或单击 按钮）；系统弹出"加厚"对话框，在 **面** 区域中选择如图 6.4.13 所示平面；在 **厚度** 区域的 **偏置 2** 文本框内输入 "1.5"；在 **布尔** 区域的 **布尔** 下拉菜单中选择 合并(U)... 选项，并选择如图 6.4.9 所示体为选择体；其他参数按系统默认设置；单击< 确定 >按钮，完成加厚特征 2 的操作。

图 6.4.14　加厚特征 2

Step 11. 创建如图 6.4.15 所示的截面草图。执行下拉菜单中的 插入(S) → 草图(H)... 命令（或单击 按钮）；选择如图 6.4.16 所示平面为草图平面，绘制如图 6.4.15 所示截面草图，之后单击 完成草图 按钮，完成草图的绘制。

图 6.4.15　截面草图　　　　**图 6.4.16　定义草图平面**

Step 12. 创建如图 6.4.17 所示的投影曲线特征 3。执行下拉菜单中的 插入(S) → 派生曲线(U) → 投影(P)... 命令（或单击 按钮）；系统弹出"投影曲线"对话框，在 **要投影的曲线或点** 区域中选择如图 6.4.15 所示的截面草图；在 **要投影的对象** 区域中选择如图 6.4.18 所示平面为投影平面；在 **投影方向** 区域的 **方向** 中选择 沿矢量 选项，并选择 XC 轴对应的矢量；并单击"反向"按钮；其他参数按系统默认设置；单击< 确定 >按钮，完成投影曲线特征 3 的操作。

图 6.4.17　投影曲线特征 3　　　　**图 6.4.18　平面选择**

Step 13. 创建如图 6.4.19 所示的分割面特征 3。执行下拉菜单中的 插入(S) → 修剪(T) → 分割面(D)... 命令（或单击 按钮）；系统弹出"分割面"对话框，在**要分割的面** 区域中选择如图 6.4.18 所示面为分割面；在**分割对象** 区域中选择如图 6.4.17 所示投影曲线为分割对象；其他参数按系统默认设置；单击 < 确定 > 按钮，完成分割面特征 3 的操作。

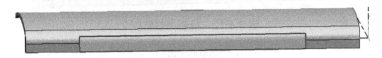

图 6.4.19　分割面特征 3

Step 14. 创建如图 6.4.20 所示的加厚特征 3。执行下拉菜单中的 插入(S) → 偏置/缩放(O) → 加厚(T)... 命令（或单击 按钮）；系统弹出"加厚"对话框，在**面** 区域中选择如图 6.4.19 所示平面；在**厚度** 区域的**偏置 2** 文本框内输入"3"，在**厚度** 区域的**偏置 1** 文本框内输入"−1"；在**布尔** 区域的**布尔** 下拉菜单中选择 减去 选项，并选择如图 6.4.19 所示体为选择体；其他参数按系统默认设置；单击 < 确定 > 按钮，完成加厚特征 3 的操作。

图 6.4.20　加厚特征 3

Step 15. 创建如图 6.4.21 所示的边倒圆特征 1。执行下拉菜单中的 插入(S) → 细节特征(L) → 边倒圆(E)... 命令（或单击 按钮），系统弹出"边倒圆"对话框；在 选择边 中选择如图 6.4.22 中所示的 2 条边线，并在 半径 1 文本框中输入"3.5"；其他参数按系统默认设置；单击 < 确定 > 按钮，完成边倒圆特征 1 的创建。

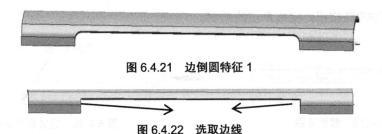

图 6.4.21　边倒圆特征 1

图 6.4.22　选取边线

Step 16. 创建如图 6.4.23 所示的截面草图。执行下拉菜单中的 插入(S) → 草图(H)... 命令（或单击 按钮）；选择 XY 基准平面为草图平面，绘制如图 6.4.23 所示截面草图，之后单击 完成草图 按钮，完成草图的绘制。

Step 17. 创建如图 6.4.24 所示的投影曲线特征 4。执行下拉菜单中的 插入(S) → 派生曲线(U) → 投影(P)... 命令（或单击 按钮）；系统弹出"投影曲线"对话框，在**要投影的曲线或点** 区域中选择如图 6.4.23 所示的截面草图；在**要投影的对象** 区域中

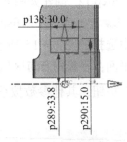

图 6.4.23　截面草图

选择如图 6.4.25 所示平面为投影平面；在 **投影方向** 区域的 **方向** 中选择 沿矢量 选项，并选择 YC 轴对应的矢量；其他参数按系统默认设置；单击 < 确定 > 按钮，完成投影曲线特征 4 的操作。

选取此平面

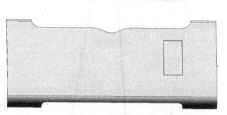

图 6.4.24　投影曲线特征 4

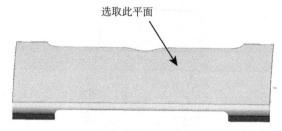

图 6.4.25　平面选择

Step 18. 创建如图 6.4.26 所示的分割面特征 4。执行下拉菜单中的 插入(S) → 修剪(T) → 分割面(D)... 命令（或单击 按钮）；系统弹出"分割面"对话框，在 **要分割的面** 区域中选择如图 6.4.25 所示面为分割面；在 **分割对象** 区域中选择如图 6.4.24 所示投影曲线为分割对象；其他参数按系统默认设置；单击 < 确定 > 按钮，完成分割面特征 4 的操作。

图 6.4.26　分割面特征 4

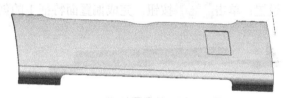

图 6.4.27　加厚特征 4

Step 19. 创建如图 6.4.27 所示的加厚特征 4。执行下拉菜单中的 插入(S) → 偏置/缩放(O) → 加厚(T)... 命令（或单击 按钮）；系统弹出"加厚"对话框，在 **面** 区域中选择如图 6.4.26 所示平面；在 **厚度** 区域的 偏置 2 文本框内输入 "0.4"；在 **布尔** 区域的 布尔 下拉菜单中选择 减去 选项，并选择如图 6.4.26 所示体为选择体；其他参数按系统默认设置；单击 < 确定 > 按钮，完成加厚特征 4 的操作。

Step 20. 创建如图 6.4.28 所示的边倒圆特征 2。执行下拉菜单中的 插入(S) → 细节特征(L) → 边倒圆(E)... 命令（或单击 按钮），系统弹出"边倒圆"对话框；在 选择边 中选择如图 6.4.29 中所示的 4 条边线，并在 半径 1 文本框中输入 "1"；其他参数按系统默认设置；单击 < 确定 > 按钮，完成边倒圆特征 2 的创建。

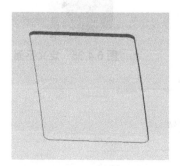

图 6.4.28　边倒圆特征 2

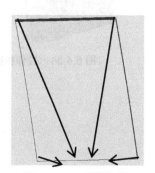

图 6.4.29　选取边线

Step 21. 创建如图 6.4.30 所示的边倒圆特征 3。选择如图 6.4.31 中所示的边线作为边倒圆参照，其圆角半径为 0.5。

图 6.4.30   边倒圆特征 3

图 6.4.31   选取边线

Step 22. 创建如图 6.4.32 所示的偏置面特征 1。执行下拉菜单中的 插入(S) → 偏置/缩放(O) → 🔲 偏置面(F)... 命令（或单击 🔲 按钮）；系统弹出"偏置面"对话框，在**要偏置的面**区域中选择如图 6.4.33 所示平面；在**偏置**区域中的 偏置 后文本框中输入"2.5"；其他参数按系统默认设置；单击 < 确定 > 按钮，完成偏置面特征 1 的创建。

图 6.4.32   偏置面特征 1

图 6.4.33   选取平面

Step 23. 创建如图 6.4.34 所示的拉伸特征 2。执行下拉菜单中的 插入(S) → 设计特征(E) → 🔲 拉伸(X)... 命令（或单击 🔲 按钮）；单击"拉伸"对话框中的"绘画截面"按钮 📷，系统弹出"创建草图"对话框，选择如图 6.4.35 为草图平面，单击 < 确定 > 按钮，绘制如图 6.4.36 所示的截面草图，然后退出草图环境；在**限制**区域的 结束 下方的 距离 文本框中输入"0.8"；其他参数按系统默认设置；单击 < 确定 > 按钮，完成拉伸特征 2 的创建。

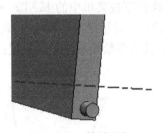

图 6.4.34   拉伸特征 2

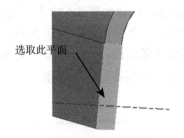

选取此平面

图 6.4.35   定义平面

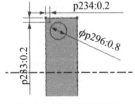

图 6.4.36   截面草图

Step 24. 创建如图 6.4.37 所示的拉伸特征 3。执行下拉菜单中的 插入(S) → 设计特征(E) → 📖 拉伸(X)... 命令（或单击 📖 按钮）；单击"拉伸"对话框中的"绘画截面"按钮 🔲 ，系统弹出"创建草图"对话框，选择如图 6.4.38 所示的平面为草图平面，单击 < 确定 > 按钮，绘制如图 6.4.39 所示的截面草图，然后退出草图环境；在 限制 区域的 结束 下方的 距离 文本框中输入"0.8"；其他参数按系统默认设置；单击 < 确定 > 按钮，完成拉伸特征 3 的创建。

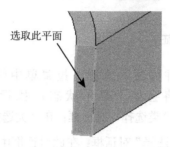
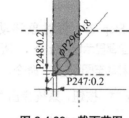

选取此平面

图 6.4.37　拉伸特征 3　　　　图 6.4.38　定义平面　　　　图 6.4.39　截面草图

Step 25. 创建如图 6.4.40 所示的边倒圆特征 4。选择如图 6.4.41 中所示的边线作为边倒圆参照，其圆角半径为 1.8。

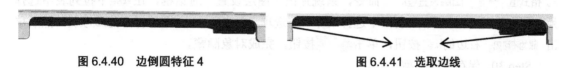

图 6.4.40　边倒圆特征 4　　　　　　　　　图 6.4.41　选取边线

Step 26. 创建如图 6.4.42 所示的边倒圆特征 5。选择如图 6.4.43 中所示的边线作为边倒圆参照，其圆角半径为 0.2。

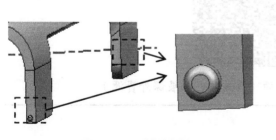

图 6.4.42　边倒圆特征 5　　　　　　　　　图 6.4.43　选取边线

Step 27. 创建如图 6.4.44 所示的边倒圆特征 6。选择如图 6.4.45 中所示的边线作为边倒圆参照，其圆角半径为 0.5。

图 6.4.44　边倒圆特征 6　　　　　　　　　图 6.4.45　选取边线

Step 28. 创建如图 6.4.46 所示的边倒圆特征 7。选择如图 6.4.47 中所示的边线作为边倒圆参照，其圆角半径为 0.4。

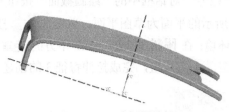

图 6.4.46　边倒圆特征 7

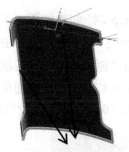

图 6.4.47　选取边线

Step 29. 将对象移动至图层并隐藏。执行下拉菜单中的 编辑(E) → 显示和隐藏(H) → 全部显示(A) 命令，所有对象将会处于显示状态；执行下拉菜单中的 格式(R) → 移动至图层(M)... 命令，系统弹出"类选择"对话框；在"类选择"对话框的**过滤器**区域中单击 按钮，系统弹出"根据类型选择"对话框；在此对话框中选择曲线 选项，并按住 Ctrl 键，依次选取草图、片体 和基准 选项，单击对话框中的< 确定 > 按钮，系统再次弹出"类选择"对话框；单击"类选择"对话框**对象**区域中的 按钮，单击< 确定 > 按钮，此时系统弹出"图层移动"对话框，在目标图层或类别 文本框中输入"62"，单击< 确定 > 按钮；执行下拉菜单中的 格式(R) → 图层设置(S)... 命令，系统弹出"图层设置"对话框，在**显示** 下拉列表中选择所有图层 选项，在**图层** 列表框中选择 ☑ 62 选项，单击 ▼ 图标打开隐藏项目，然后单击 设为不可见 右边的 按钮，单击 关闭 按钮，完成对象隐藏。

Step 30. 保存零件模型。

注：扫此二维码可观看相应数字资源（含视频及拓展课外资源）。

6.5　太阳能随身充侧壳外观设计

本节重点介绍侧壳外观的设计过程，侧壳的零件模型及相应的模型树如图 6.5.1 所示。

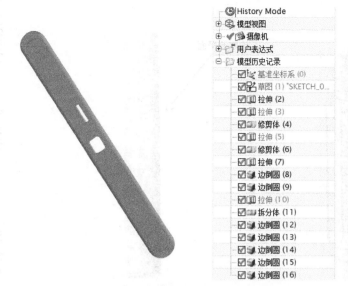

图 6.5.1　侧壳的零件模型及相应的模型树

Step 1. 新建文件。执行下拉菜单中的 文件(F) → □ 新建(N)... 命令，系统弹出"新建"对话框。在 模型 选项卡的 **模板** 区域中选取模板类型为 □模型 ，在 名称 文本框中输入文件名称 "ceke_prt"，单击 <确定> 按钮，进入建模环境。

Step 2. 创建如图 6.5.2 所示的拉伸特征 1。执行下拉菜单中的 插入(S) → 设计特征(E) → □ 拉伸(X)... 命令（或单击 □ 按钮）；单击"拉伸"对话框中的"绘画截面"按钮 □，系统弹出"创建草图"对话框，选取 XY 基准平面为草图平面，单击 <确定> 按钮，绘制如图 6.5.3 所示的截面草图，然后退出草图环境；在 **限制** 区域的 结束 下方的 距离 文本框中输入"180"；其他参数按系统默认设置；单击 <确定> 按钮，完成拉伸特征 1 的创建。

图 6.5.2　拉伸特征 1

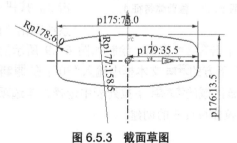

图 6.5.3　截面草图

Step 3. 创建如图 6.5.4 所示的拉伸特征 2。执行下拉菜单中的 插入(S) → 设计特征(E) → □ 拉伸(X)... 命令（或单击 □ 按钮）；单击"拉伸"对话框中的"绘画截面"按钮 □，系统弹出"创建草图"对话框，选择如图 6.5.5 所示平面为草图平面，单击 <确定> 按钮，绘制如图 6.5.6 所示的截面草图，然后退出草图环境；在 **限制** 区域的 结束 下方的 开始 文本框中输入"–50"；在 **限制** 区域的 结束 下方的 距离 文本框中输入"95"；在 **设置** 区域的 **体类型** 下拉列表中选择片体选项；其他参数按系统默认设置；单击 <确定> 按钮，完成拉伸特征 2 的创建。

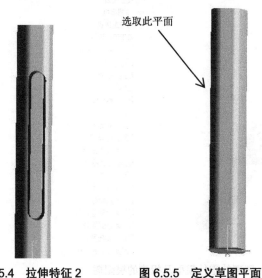

选取此平面

图 6.5.4　拉伸特征 2　　　　　　图 6.5.5　定义草图平面　　　　　　图 6.5.6　截面草图

Step 4. 创建如图 6.5.7 所示的修剪体特征 1。执行下拉菜单中的 插入(S) → 修剪(T) → 修剪体(T)... 命令（或单击 按钮）；系统弹出"修剪体"对话框，在 目标 区域中选择如图 6.5.2 所示的拉伸特征 1；在 刀具 区域的 选择面或平面 (0) 中选择如图 6.5.4 所示的拉伸特征 2；其他参数按系统默认设置；单击 < 确定 > 按钮，完成修剪体特征 1 的创建。

图 6.5.7　修剪体特征 1

Step 5. 创建如图 6.5.8 所示的拉伸特征 3。执行下拉菜单中的 插入(S) → 设计特征(E) → 拉伸(X)... 命令（或单击 按钮）；单击"拉伸"对话框中的"绘画截面"按钮 ，系统弹出"创建草图"对话框，选取 XY 基准平面为草图平面，单击 < 确定 > 按钮，绘制如图 6.5.9 所示的截面草图，然后退出草图环境；在 限制 区域的 结束 下方的 开始 文本框中输入"30"；在 限制 区域的 结束 下方的 距离 文本框中输入"150"；在 设置 区域的 体类型 下拉列表中选择 片体 选项；其他参数按系统默认设置；单击 < 确定 > 按钮，完成拉伸特征 3 的创建。

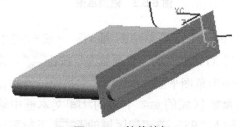

图 6.5.8　拉伸特征 3

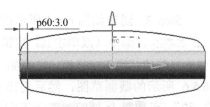
p60:3.0

图 6.5.9　截面草图

Step 6. 创建如图 6.5.10 所示的修剪体特征 2。执行下拉菜单中的 插入(S) → 修剪(T) → 修剪体(T)... 命令（或单击 按钮）；系统弹出"修剪体"对话框，在 目标 区域中选择如

图 6.5.7 所示的修剪体特征 1；在**刀具**区域的 选择面或平面 (0) 中选择如图 6.5.8 所示的拉伸特征 3；其他参数按系统默认设置；单击 < 确定 > 按钮，完成修剪体特征 2 的创建。

图 6.5.10　修剪体特征 2

Step 7. 创建如图 6.5.11 所示的拉伸特征 4。执行下拉菜单中的 插入(S) → 设计特征(E) → ▥ 拉伸(X)... 命令（或单击 ▥ 按钮）；单击"拉伸"对话框中的"绘画截面"按钮 ᠍᠍᠍᠍᠍᠍᠍᠍᠍᠍᠍᠍，系统弹出"创建草图"对话框，选取 ZY 基准平面为草图平面，单击 < 确定 > 按钮，绘制如图 6.5.12 所示的截面草图，然后退出草图环境；在 **限制** 区域的 结束 下方的**开始** 文本框中输入"0"；在 **限制** 区域的 结束 下方的 距离 文本框中输入"60"；在**布尔**区域的**布尔**下拉列表中选择 ᠍ 减去 选项，选择如图 6.5.10 所示修剪体为目标体；其他参数按系统默认设置；单击 < 确定 > 按钮，完成拉伸特征 4 的创建。

图 6.5.11　拉伸特征 4

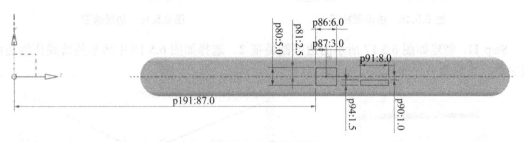

图 6.5.12　截面草图

Step 8. 创建如图 6.5.13 所示的拉伸特征 5。执行下拉菜单中的 插入(S) → 设计特征(E) → ▥ 拉伸(X)... 命令（或单击 ▥ 按钮）；单击"拉伸"对话框中的"绘画截面"按钮 ᠍᠍᠍᠍᠍᠍᠍᠍᠍᠍᠍᠍，系统弹出"创建草图"对话框，选取 XY 基准平面为草图平面，单击 < 确定 > 按钮，绘制如图 6.5.14 所示的截面草图，然后退出草图环境；在 **限制** 区域的 结束 下方的**开始** 文本框中输入 "0"；在 **限制** 区域的 结束 下方的 距离 文本框中输入"150"；在**设置**区域的**体类型** 下拉列表中选择片体选项；其他参数按系统默认设置；单击 < 确定 > 按钮，完成拉伸特征 5 的创建。

图 6.5.13　拉伸特征 5

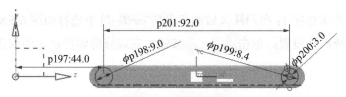

图 6.5.14　截面草图

Step 9. 创建拆分体特征 1。执行下拉菜单中的 插入(S) → 修剪(T) → ⬜ 拆分体(P)... 命令（或单击 ⬜ 按钮）；系统弹出"拆分体"对话框，在 **目标** 区域中选择如图 6.5.11 所示拉伸特征 4 为目标体；在 **刀具** 区域中选择如图 6.5.13 所示拉伸特征 5 为刀具体；其他参数按系统默认设置；单击 < 确定 > 按钮，完成拆分体特征 1 的创建。

Step 10. 创建如图 6.5.15 所示的边倒圆特征 1。执行下拉菜单中的 插入(S) → 细节特征(L) → 🔵 边倒圆(E)... 命令（或单击 🔵 按钮），系统弹出"边倒圆"对话框；在 选择边 中选择如图 6.5.16 中所示的 6 条边线，并在 'Radius 1' 文本框中输入"0.1"；其他参数按系统默认设置；单击 < 确定 > 按钮，完成边倒圆特征 1 的创建。

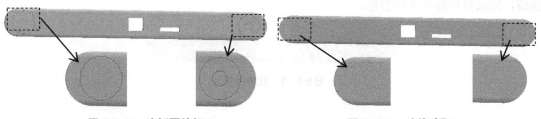

图 6.5.15　边倒圆特征 1　　　　　　　　　　　　图 6.5.16　边线选取

Step 11. 创建如图 6.5.17 所示的边倒圆特征 2。选择如图 6.5.18 中所示的边线作为边倒圆参照，其圆角半径为 0.3。

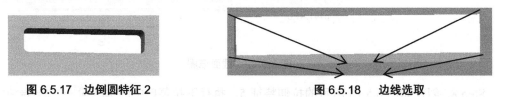

图 6.5.17　边倒圆特征 2　　　　　　　　　　　　图 6.5.18　边线选取

Step 12. 创建如图 6.5.19 所示的边倒圆特征 3。选择如图 6.5.20 中所示的边线作为边倒圆参照，其圆角半径为 1。

　　　　　　　　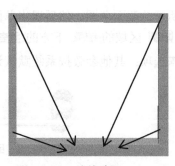

图 6.5.19　边倒圆特征 3　　　　　　　　　　　　图 6.5.20　边线选取

Step 13.创建如图 6.5.21 所示的边倒圆特征 4。选择如图 6.5.22 中所示的外边框边线作为边倒圆参照，其圆角半径为 0.5。

图 6.5.21　边倒圆特征 4　　　　　　　图 6.5.22　边线选取

Step 14. 将对象移动至图层并隐藏。执行下拉菜单中的 编辑(E) → 显示和隐藏(H) → 全部显示(A) 命令，所有对象将会处于显示状态；执行下拉菜单中的 格式(R) → 移动至图层(M)... 命令，系统弹出"类选择"对话框；在"类选择"对话框的过滤器 区域中单击 按钮，系统弹出"根据类型选择"对话框；在此对话框中选择曲线 选项，并按住 Ctrl 键，依次选取草图、片体 和基准 选项，单击对话框中的 <确定> 按钮，系统再次弹出"类选择"对话框；单击"类选择"对话框对象 区域中的 按钮，单击 <确定> 按钮，此时系统弹出"图层移动"对话框，在目标图层或类别文本框中输入"62"，单击 <确定> 按钮；执行下拉菜单中的 格式(R) → 图层设置(S)... 命令，系统弹出"图层设置"对话框，在显示 下拉列表中选择所有图层 选项，在图层 列表框中选择 ☑ 62 选项，单击 ▼ 图标打开隐藏项目，然后单击设为不可见 右边的 按钮，单击 关闭 按钮，完成对象隐藏。

Step 15.保存零件模型。

注：扫此二维码可观看相应数字资源（含视频及拓展课外资源）。

6.6　太阳能随身充显示灯外观设计

本节重点介绍显示灯外观的设计过程，显示灯的零件模型及相应的模型树如图 6.6.1 所示。

Step 1. 新建文件。执行下拉菜单中的 文件(F) → 新建(N)... 命令，系统弹出"新建"对话框。在 模型 选项卡的 模板 区域中选取模板类型为 模型 ，在 名称 文本框中输入文件名称"xianshideng_prt"，单击 <确定> 按钮，进入建模环境。

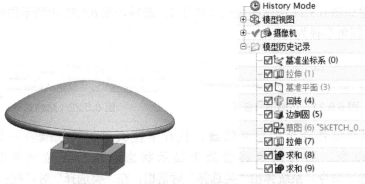

图 6.6.1　显示灯的零件模型及相应的模型树

Step 2. 创建如图 6.6.2 所示的拉伸特征 1。执行下拉菜单中的 插入(S) → 设计特征(E) → ⬜ 拉伸(X)... 命令（或单击 ⬜ 按钮）；单击"拉伸"对话框中的"绘画截面"按钮 🔲，系统弹出"创建草图"对话框，选取 XY 基准平面为草图平面，单击 < 确定 > 按钮，绘制如图 6.6.3 所示的截面草图，然后退出草图环境；在 **限制** 区域的 **结束** 下方的 **距离** 文本框中输入"1.15"；其他参数按系统默认设置；单击 < 确定 > 按钮，完成拉伸特征 1 的创建。

图 6.6.2　拉伸特征 1

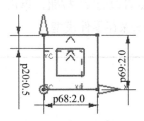

图 6.6.3　截面草图

Step 3. 创建如图 6.6.4 所示的拉伸特征 2。执行下拉菜单中的 插入(S) → 设计特征(E) → ⬜ 拉伸(X)... 命令（或单击 ⬜ 按钮）；单击"拉伸"对话框中的"绘画截面"按钮 🔲，系统弹出"创建草图"对话框，选取 XY 基准平面为草图平面，单击 < 确定 > 按钮，绘制如图 6.6.5 所示的截面草图，然后退出草图环境；在 **限制** 区域的 **结束** 下方的 **距离** 文本框中输入"1"，方向为反向；在 **布尔** 区域的 **布尔** 下拉列表中选择 🔲 减去 选项，选择如图 6.6.2 所示的体为目标体；其他参数按系统默认设置；单击 < 确定 > 按钮，完成拉伸特征 2 的创建。

图 6.6.4　拉伸特征 2

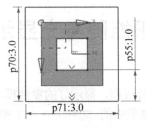

图 6.6.5　截面草图

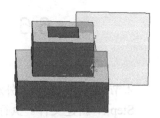

图 6.6.6　基准平面 1

Step 4. 创建如图 6.6.6 所示的基准平面 1。执行下拉菜单中的 插入(S) → 基准/点(D) → ⬜ 基准平面(D)...命令（或单击 ⬜ 按钮）；在 **类型** 区域中选择 🔲 按某一距离选项；在**平面参考**区域中选择 YZ 基准平面为参考平面；在 **偏置** 区域下方的 距离 文本框中输入 "1"；其他参数按系统默认设置；单击 < 确定 > 按钮，完成基准平面 1 的创建。

　　Step 5. 创建如图 6.6.7 所示的回转特征 1。执行下拉菜单中的 插入(S) → 设计特征(E) → 🗊 旋转(R)... 命令（或单击 🗊 按钮）；单击 "回转" 对话框中的 "绘画截面" 按钮 🖾 ，系统弹出 "创建草图" 对话框，选择如图 6.6.6 所示基准平面 1 为草图平面，单击 < 确定 > 按钮，绘制如图 6.6.8 所示的截面草图，然后退出草图环境；在 **轴** 区域中选择如图 6.6.8 所示竖线；在 **限制** 区域的 结束 下方的 角度 文本框中输入 "360"；其他参数按系统默认设置；单击 < 确定 > 按钮，完成回转特征 1 的创建。

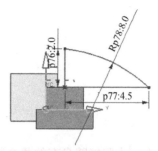

图 6.6.7　回转特征 1　　　　　　　　　　图 6.6.8　截面草图

　　Step 6. 创建如图 6.6.9 所示的边倒圆特征 1。执行下拉菜单中的 插入(S) → 细节特征(L) → 🗊 边倒圆(E)... 命令（或单击 🗊 按钮），系统弹出 "边倒圆" 对话框；在 选择边 中选择如图 6.6.10 中所示的 1 条边线，并在 ￼Radius 1 文本框中输入 "0.2"；其他参数按系统默认设置；单击 < 确定 > 按钮，完成边倒圆特征 1 的创建。

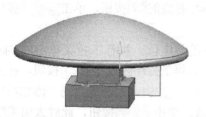

图 6.6.9　边倒圆特征 1　　　　　　　　　图 6.6.10　选取曲线

　　Step 7. 将对象移动至图层并隐藏。执行下拉菜单中的 编辑(E) → 显示和隐藏(H) → 🗊 全部显示(A) 命令，所有对象将会处于显示状态；执行下拉菜单中的 格式(R) → 🗊 移动至图层(M)... 命令，系统弹出 "类选择" 对话框；在 "类选择" 对话框的 **过滤器** 区域中单击 ⊕▽ 按钮，系统弹出 "根据类型选择" 对话框；在此对话框中选择 曲线 选项，并按住 Ctrl 键，依次选取草图 、片体 和基准 选项，单击对话框中的 < 确定 > 按钮，系统再次弹出 "类选择" 对话框；单击 "类选择" 对话框 **对象** 区域中的 ⊕ 按钮，单击 < 确定 > 按钮，此时系统弹出 "图层移动" 对话框，在 **目标图层或类别** 文本框中输入 "62"，单击 < 确定 > 按钮；执行下拉菜单中的 格式(R) 🗊 图层设置(S)... 命令，系统弹出 "图层设置" 对话框，在 显示 下拉列表中选择 所有图层 选项，在 **图层** 列表框中选择 ☑ 62 选项，单击 ▼ 图标打开隐藏项目，然后单击 设为不可见 右边的 🗊 按钮，单击 关闭 按钮，完成对象隐藏。

　　Step 8. 保存零件模型。

注：扫此二维码可观看相应数字资源（含视频及拓展课外资源）。

6.7　零件装配

本节介绍太阳能随身充的整个装配过程，使读者进一步熟悉 UG 的装配操作。

Step 1. 新建文件。执行下拉菜单中的 文件(F) → □ 新建(N)... 命令，系统弹出"新建"对话框。在 模型 选项卡的 模板 区域中选取模板类型为 装配 ，在 名称 文本框中输入文件名称"base_prt"，单击 确定 按钮，进入装配环境。

Step 2. 在系统弹出的"添加组件"对话框中单击 取消 按钮，执行下拉菜单中的 格式(R) → 图层设置(S)... 命令，系统弹出"图层设置"对话框;，在 显示 下拉列表中选择所有图层选项，然后在 图层 列表框中选择 ☑ 62 选项，然后单击 设为不可见 右边的 按钮，单击 关闭 按钮，完成对象隐藏。

Step 3. 添加如图 6.7.1 所示的太阳能随身充下盖并定位。执行下拉菜单中的 装配(A) → 组件(C) → 添加组件(A)... 命令，单击在"添加组件"对话框的 打开 区域中的 按钮，在弹出的"部件名"对话框中选择文件"xiagai.prt"，单击 OK 按钮，系统返回到"添加组件"对话框；在 放置 区域的 定位 下拉列表中选择绝对原点选项，单击 确定 按钮，此时太阳能随身充下盖已被添加到装配文件中。

图 6.7.1　太阳能随身充下盖

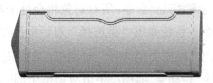

图 6.7.2　太阳能随身充上盖

Step 4. 添加如图 6.7.2 所示的太阳能随身充上盖并定位。

（1）添加组件。执行下拉菜单中的 装配(A) → 组件(C) → 添加组件(A)... 命令，单击在"添加组件"对话框的 打开 区域中的 按钮，在弹出的"部件名"对话框中选择文件"shanggai.prt"，单击 OK 按钮，系统返回到"添加组件"对话框（由于建模时位置定好，不需要定位）。

（2）完成太阳能随身充上盖的添加。

Step 5. 添加如图 6.7.3 所示的太阳能随身充外盖并定位。

（1）添加组件。执行下拉菜单中的装配(A) → 组件(C) → ⁺̣ 添加组件(A)...命令，单击在"添加组件"对话框的打开区域中的 ◎ 按钮，在弹出的"部件名"对话框中选择文件"waigai.prt"，单击 OK 按钮，系统返回到"添加组件"对话框。

（2）选择定位方式。选中导入的外盖模型，单击鼠标右键，在快捷菜单中选择 ⊕ 移动(E)... 选项，系统弹出"移动组件"对话框，在**类型**区域下拉列表中选择 ✔ 绕轴旋转 选项；在**旋转轴**区域选择 ZC 轴所在矢量为指定矢量，在**绕轴的角度**区域中**角度**后面的文本框中输入"180"；其他参数按照系统默认设置，单击 < 确定 > 按钮。

（3）完成太阳能随身充外盖的添加。

图 6.7.3　太阳能随身充外盖

图 6.7.4　太阳能随身充显示灯

Step 6. 添加如图 6.7.4 所示的太阳能随身充显示灯并定位。

（1）添加组件。执行下拉菜单中的装配(A) → 组件(C) → ⁺̣ 添加组件(A)...命令，单击在"添加组件"对话框的打开区域中的 ◎ 按钮，在弹出的"部件名"对话框中选择文件"xianshideng.prt"，单击 OK 按钮，系统返回到"添加组件"对话框。

（2）选择定位方式。在**放置**区域中选择 ◉ 约束选项，系统弹出"装配约束"对话框。

（3）添加约束。在 约束类型 区域中选择 ⨉⨉ 选项，在**要约束的几何体**区域的**方位**下拉列表中选择 ↘ 首选接触 选项，在 选择两个对象 区域首先选择如图 6.7.5 所示的模型表面，然后再选取如图 6.7.6 所示的模型表面（为便于观察，将每个接触对齐面分组，共 3 组，每组的两个面相互接触对齐，分别如图 6.7.7～图 6.7.10 所示）。

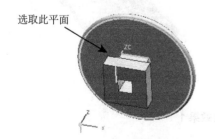

选取此平面

图 6.7.5　模型表面（组 1）

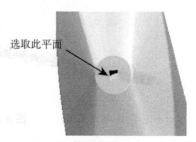

选取此平面

图 6.7.6　模型表面（组 1）

图 6.7.7　模型表面（组 2）

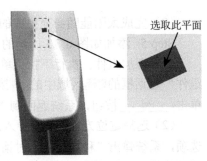

图 6.7.8　模型表面（组 2）

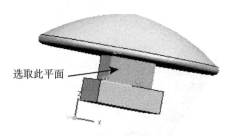

图 6.7.9　模型表面（组 3）

图 6.7.10　模型表面（组 3）

（4）在"装配约束"对话框中单击 取消 按钮，完成显示灯的添加。

Step 7. 添加如图 6.7.11 所示的太阳能随身充侧壳并定位。

（1）添加组件。执行下拉菜单中的 装配(A) → 组件(C) → 添加组件(A)...命令，单击在"添加组件"对话框的 打开 区域中的 按钮，在弹出的"部件名"对话框中选择文件"ceke.prt"，单击 OK 按钮，系统返回到"添加组件"对话框。

（2）选择定位方式。选中导入的外盖模型，单击鼠标右键，在快捷菜单中选择 移动(E)... 选项，系统弹出"移动组件"对话框，在 类型 区域下拉列表中选择 绕轴旋转 选项；在 旋转轴 区域中选择 ZC 轴所在矢量为指定矢量，在 绕轴的角度 区域中 角度 后面的文本框中输入"180"；其他参数按照系统默认设置，单击 < 确定 > 按钮。

（3）完成太阳能随身充侧壳的添加。

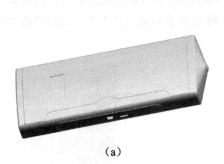

（a）

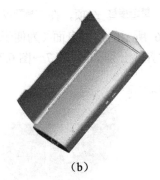

（b）

图 6.7.11　太阳能随身充最终效果 1

Step 8. 保存零件模型。执行下拉菜单中的 文件(F) → 保存(S) 命令，即可保存零件模型，至此完成装配设计。

太阳能随身充渲染后效果如图 6.7.12 所示。

图 6.7.12　渲染后效果

图 C.2.12　海岛与海岸